LA

# SOUDE ÉLECTROLYTIQUE

BIBLIOTHÈQUE DES ACTUALITÉS INDUSTRIELLES. Nº 137

# LA

# SOUDE ÉLECTROLYTIQUE

## THÉORIE — LABORATOIRE — INDUSTRIE

PAR

## ANDRÉ BROCHET

DOCTEUR ÈS SCIENCES
EXPERT PRÈS LE TRIBUNAL DE LA SEINE
CONFÉRENCIER ET CHEF DE TRAVAUX D'ÉLECTROCHIMIE A L'ÉCOLE DE PHYSIQUE
ET DE CHIMIE INDUSTRIELLES

76 figures dans le texte

PARIS

Librairie Bernard TIGNOL

PUBLICATIONS DE LA

LIBRAIRIE de l'ÉCOLE CENTRALE des ARTS et MANUFACTURES
53 bis, Quai des Grands-Augustins, 53 bis

Usine de Jemeppe-sur-Sambre (Procédé Solvay).

Usine d'Osternienburg (Procédé Solvay).

# INTRODUCTION



L'Industrie de la soude électrolytique qui représente d'une part, des capitaux importants et, d'autre part, une somme de travail scientifique considérable, n'a donné lieu, jusqu'à présent, à aucune publication d'ensemble. Même en Allemagne, où cependant un grand nombre d'ouvrages théoriques et pratiques concernant les industries électrochimiques ont été publiés, où toutes les industries, même les plus insignifiantes, ont leur monographie, la présentation de cette industrie si complexe n'a encore tenté personne.

Pour être rigoureux signalons cependant un chapitre, relatif à la soude électrolytique, faisant partie de la deuxième édition de l'ouvrage classique de Lunge et Naville : Handbuch der Soda-Industrie (1896) ; il a été traduit en français, en un volume spécial par Kienlen qui y a ajouté un article très documenté, qu'il avait fait paraître peu avant dans le Moniteur Scientifique, sur l'évaporation des lessives. Cette publication déjà ancienne est plutôt une série de résumés des articles et brevets concernant la soude électrolytique, qu'un manuel proprement dit. D'autre part, Lucion a publié une monographie sur les procédés à cathode liquide : Elektrolytische Alkalichloridzerlegung mit flüssigen Metallkathoden (1906).

A la soude électrolytique se rattachent de nombreuses questions : théorie, appareillage, diaphragmes, électrodes, concentration des lessives, utilisation du chlore, de l'hydrogène, questions économiques, etc... qui en l'étendant, augmentent l'attrait de son étude.

Avec un programme aussi vaste il ne nous a pas été possible de donner la bibliographie complète du sujet. Nous avons signalé la presque totalité des articles scientifiques en vérifiant à la source l'indication bibliographique, toutes les fois que cela nous a été possible. En ce qui concerne les procédés brevetés, nous avons dû *élaguer, laissant de côté un certain nombre, signalant la plupart et décrivant avec plus ou moins de détails, ceux qui paraissent utilisés à l'heure actuelle ou qui présentent soit un intérêt historique soit une certaine originalité pouvant intéresser les chercheurs et leur donner des idées.*

*Pour la bibliographie des brevets nous avons donné de préférence l'indication correspondant au pays de l'auteur, cependant toutes les fois que le procédé a été breveté en France, nous avons signalé le numéro du brevet français. Lorsque les textes ne se rapportaient pas, nous avons signalé, pour les procédés importants, le numéro des brevets pris dans différents pays ; nous avons de même indiqué les dates lorsque des questions de priorité étaient en jeu.*

*Comme remarque concernant l'Industrie qui nous intéresse, il y a lieu de signaler que la plupart des procédés ont été présentés dans le but de satisfaire les grandes usines des produits chimiques ayant un débouché important. Peu d'inventeurs ont pensé, et cela se conçoit facilement en raison surtout de la complexité de l'opération, aux petites installations.*

*Il y aurait cependant quelque chose à faire de ce côté, un certain nombre d'usines de blanchiment et de fabriques de cellulose de bois utilisent la solution décolorante obtenue par électrolyse directe du chlorure de sodium, mais la plupart ont toujours recours au chlorure de chaux, beaucoup emploient également la soude caustique ; de sorte qu'un procédé parfaitement étudié comportant un appareillage correspondant à une production, sous forme de chlorure de chaux, de 100 à 500 kgs de chlore gazeux et livrant la soude sous forme de lessive concentrée serait certainement fort bien accueilli.*

*Paris, le 16 octobre 1909.*

# CHAPITRE PREMIER

## LE PROBLÈME DE LA SOUDE ÉLECTROLYTIQUE

Les alcalis électrolytiques à la fin du xix⁰ siècle. — La mise en œuvre des procédés. — Mode d'électrolyse des chlorures alcalins. — Les causes de l'arrêt de la soude électrolytique. — La surproduction du chlore. — La question du matériel. — La question des rendements. — Différentes façons d'envisager le rendement. — La question des chutes d'eau.

## Les alcalis électrolytiques à la fin du XIX⁰ siècle

La découverte par Moissan du carbure de calcium à l'état de corps cristallisé, défini et pur; l'idée d'employer l'acétylène à l'éclairage, et partant celle de produire industriellement ce carbure de calcium, émises par Bullier, suscitèrent, il y a quelques années, une lutte mémorable pour la suprématie de la fabrication du nouveau produit.

L'industrie du carbure de calcium progressa d'une façon inouïe, inconnue dans les annales industrielles; en effet, le carbure de calcium découvert en 1894, connu en 1896 avait monopolisé en 1900 pour sa fabrication 52 usines dont 26 en France; ces dernières représentant une puissance de près de 60.000 chevaux.

Ce fut, il est vrai, son apogée.

On avait enfoui capitaux sur capitaux, élevé usines sur usines, sans se demander à quoi pourrait servir la production considérable de ce produit né d'hier, et seulement, on s'aperçut que si l'acétylène avait de grands avantages, il possédait aussi de graves inconvénients. La consommation ne justifia pas les prévisions et nombre d'usines furent presque satisfaites de l'interdiction qui leur était signifiée de produire du carbure, afin de pouvoir honorablement fermer leurs portes ou utiliser leur énergie à d'autres fabrications.

La *fièvre du carbure* eut une répercussion considérable sur les industries électrochimiques et la soude électrolytique, notamment, devint à l'ordre du jour.

Les conditions étaient toutes différentes, on avait affaire à un produit dont la consommation était assurée d'avance et l'engouement avait quelque raison d'être, d'autant plus que l'industrie des chlorates électrolytiques était en pleine prospérité. Le chlorate de potassium, produit presque exclusivement fabriqué en Angleterre autrefois, était obtenu par électrolyse dans un certain nombre d'usines du continent et l'on pouvait espérer préparer économiquement celui de sodium que l'on ne fabriquait pas industriellement jusqu'alors.

La fabrication du chlorate de potassium est le type de l'opération électrolytique simple. Il suffit en effet de faire passer le courant dans une solution du chlorure, dans des conditions à peu près quelconques, pour que le sel se fasse avec un bon rendement ; de plus il se dépose en majeure partie par refroidissement.

Naturellement on emploie à l'heure actuelle des perfectionnements permettant d'obtenir un rendement sensiblement théorique.

L'industrie naissante avait en outre bénéficié de ce que les chutes d'eau n'avaient jusqu'alors aucune valeur, de sorte que les dépenses correspondantes à l'achat de la puissance hydraulique furent facilement amorties.

Si l'Exposition de 1900 marqua l'apogée de l'industrie du carbure de calcium, ce fut également en France, au point de vue moral, tout au moins, l'apogée de la soude électrolytique.

L'effet a été d'autant plus sensible dans notre pays que sa richesse en chutes d'eau est plus considérable, beaucoup s'étant figurés et se figurant encore à l'heure actuelle que la puissance hydraulique est indispensable pour la fabrication de la soude électrolytique. C'est une erreur profonde comme nous le verrons.

Le cas est tout différent entre la fabrication des chlorates, de l'aluminium, du carbure, etc., qui ne demandent en dehors de l'énergie électrique que des quantités faibles de charbon et celle de la soude qui en consomme nécessairement beaucoup plus.

Trente-sept usines destinées à la fabrication électrolytique des alcalis existaient en 1900. Elles étaient ainsi réparties :

FRANCE. — Chauny, *Aisne*. Clavaux, *Isère*. Lamotte-Breuil, *Oise*. Mont-Girod, *Savoie*. Saint-Michel-de-Maurienne, *Savoie*.

ALLEMAGNE. — Bitterfeld (2 usines), *Saxe*. Griesheim, *Hesse-Nassau*.

Leopoldshall, *Anhalt*. Ludwigshafen, *Bavière*. Osternienburg, *Anhalt*. Rheinfelden, *Bade*. Westregeln, *Anhalt*.

ANGLETERRE. — Farnworth, *Lancashire*. Middlewich, *Cheshire*. Northwich, *Cheshire*. Oldbury, *Worcestershire*. St-Helens, *Lancashire*. Weston-Point, *Cheshire*. Windsford, *Cheshire*.

AUTRICHE. — Golling, *Salzbourg*. Aussig, *Bohême*.

BELGIQUE. — Jemeppe-sur-Sambre, *Namur*.

ESPAGNE. — Flix, *Tarragone*.

ÉTATS-UNIS. — Berlin-Falls. Cumberland, *Maryland*. Niagara-Falls (deux usines), *Niagara*. Sault-Sainte-Marie, *Michigan*.

ITALIE. — Bussi, *Aquila*.

RUSSIE. — Lissitchansk, *Donetz*. Slaviansk, *Kharkoff*. Zomkowitz.

SUISSE. — Chèvres, *Genève*. Monthey, *Valais*.

Un certain nombre de ces usines avaient été montées spécialement en vue de la production des alcalis électrolytiques, quelques-unes n'étaient que des ateliers faisant partie d'une grande usine, d'autres enfin n'étaient que des installations d'étude.

Une ou deux de ces usines étaient indiquées comme inachevées, deux comme récemment fermées et une comme momentanément arrêtée.

Beaucoup de ces usines fabriquaient la soude, plusieurs cependant, en particulier en Allemagne, donnaient, pour des raisons théoriques et pratiques, la préférence à la potasse.

Sans atteindre le mouvement en faveur du carbure, celui occasionné par la soude fut donc extrêmement vif. Aussi demandait-on moins de dix ans pour la transformation intégrale de sa fabrication. Ces dix années étant écoulées, nous avons pensé qu'il serait intéressant de voir les causes qui ont empêché cette révolution.

## La mise en œuvre des procédés

Un grand mouvement en faveur de la fabrication électrolytique des alcalis, marque donc la fin du XIXe siècle. Sociétés nouvelles, usines anciennes désirant se tenir au courant du progrès, luttaient à qui mieux mieux pour atteindre la solution du problème si ardemment cherchée ; les unes travaillant dans le plus grand secret, les autres publiant avec ostentation leurs résultats, merveilleux naturellement.

Le procédé Leblanc et le procédé Solvay n'avaient qu'à bien se tenir, le temps de construire les usines et c'en était fait de ces deux industries, car naturellement on ne s'arrêtait pas à la soude caustique ; celle-ci devenait si bon marché que l'on avait intérêt à passer par son intermédiaire pour fabriquer le carbonate.

Le procédé Hargreaves Bird puissamment patronné par une société anglaise fut bientôt en exploitation à Farnworth (Angleterre) et à Chauny pour la fabrication des *cristaux de soude*.

La société de Saint-Gobain faisait figurer à l'Exposition de 1900 un modèle minuscule de cette cellule et en regard un bocal de 500 gr. environ de cristaux de soude. Peut-être était-ce un commencement de méfiance dans le résultat ?

Cette exposition placée dans le haut de la vitrine de la société passa presque inaperçue et fut remarquée seulement des initiés.

La maison Kuhlmann, de Lille, semble avoir fait les premiers essais sérieux et avoir rapidement conçu les difficultés de la question, aussi se retira-t-elle de la lutte après avoir breveté l'appareil Lambert qui est un modèle du genre et n'avait que le défaut, de par sa disposition à électrodes bipolaires, d'exiger l'emploi du platine. Il est vrai qu'à l'époque à laquelle nous faisons allusion, ce métal était loin d'avoir sa valeur actuelle.

Quant aux établissements Péchiney ils ne semblent pas avoir, à notre connaissance, fait d'études sur ce sujet. Tenant d'une part, avec le procédé Leblanc, la soude et le chlore ; possédant d'autre part une usine importante dans les Alpes pour la fabrication de l'aluminium, ils pensèrent qu'il valait mieux laisser venir et qu'il serait toujours temps pour eux de se mettre au niveau des autres.

Restait enfin la puissante société Solvay. Elle se trouvait dans une situation spéciale. Tandis que les usines travaillant par le procédé Leblanc avaient un certain équilibre entre le chlore, l'acide chlorhydrique, les hypochlorites et les chlorates d'une part, le sulfate, le carbonate de sodium et la soude caustique d'autre part, elle ne faisait que le carbonate perdant son chlore sous forme de chlorure de calcium.

C'était donc pour elle une grosse affaire que de se lancer dans la production intensive du chlore.

Elle n'hésita pas, entra dans la lutte, mais rejetant les procédés avec diaphragme eut recours à la méthode au mercure. Elle mit rapidement un procédé sur pied et bientôt trois usines disposant chacune d'une puissance de quinze cents chevaux furent établies. Ce furent évidemment celles qui, de *prime-abord*, donnèrent les meilleurs résultats.

En 1900, outre sa brillante exposition de produits, la maison Solvay faisait figurer un certain nombre de photographies de ses usines et notamment celles de deux salles d'électrolyse.

En France, elle n'avait pas jugé le moment opportun pour monter une fabrication. En raison des moyens dont elle dispose, ce n'eut été d'ailleurs qu'une question de mois le jour où la décision aurait été prise.

De l'avis de personnes compétentes, la maison Solvay n'eut d'autre but que celui de montrer que la campagne en faveur de la soude électrolytique ne l'effrayait pas et qu'elle était en état de tenir tête à l'orage.

Parmi les sociétés établies dans le but immédiat de faire des alcalis et du chlore il y a lieu de signaler principalement la « Volta ».

Cette société d'origine suisse et ses filiales française, italienne et espagnole utilisèrent l'appareil Outhenin-Chalandre qui, par la disposition de ses diaphragmes tubulaires, rendait industriel l'appareil à vase poreux employé dans les laboratoires. Tandis que la Volta et ses filiales employaient uniquement les chutes d'eau, la société allemande *Elektron*, de Griesheim, utilisait le charbon dans ses différentes usines allemandes, russes, suisse, etc. L'usine française de Lamotte-Breuil en conserve, à l'orée de la forêt de Compiègne, le mystère des procédés. Cette société possède une puissance considérable en raison du patronage de la Badische Anilin- und Soda-Fabrik qui emploie ses méthodes.

La partie essentielle des appareils consiste en un grand diaphragme en ciment de fabrication spéciale; mais la société Elektron a pris également des brevets pour les procédés au mercure. Elle ne paraît pas cependant avoir continué ses recherches dans cette direction.

Les diaphragmes en ciment étaient utilisés également dans le procédé Hargreaves-Bird dont nous avons déjà parlé et employés en même temps à Chauny et à Farnworth.

Le procédé au mercure Castner-Kellner antérieur au procédé Solvay a été utilisé dans plusieurs usines anglaises, en Autriche et aux Etats-Unis. Il n'a pas été essayé en France.

L'appareil Rhodin est le seul appareil qui figura à l'exposition de 1900; il avait entre autres inconvénients celui d'être de dimensions trop exiguës pour pouvoir se prêter à une opération industrielle, d'autant plus que toutes ses pièces et notamment sa cuve circulaire en grès ne permettaient pas de le construire à une plus grande échelle. Enfin la force motrice qu'il nécessitait était considérable.

Outre ces différents procédés un certain nombre d'autres furent l'objet d'essais plus ou moins intéressants.

Le procédé Hulin employait l'électrolyse par fusion ignée et donnait naissance à un alliage plomb-sodium permettant par un lessivage méthodique, d'arriver directement à des solutions relativement concentrées de soude, laquelle, comme dans la méthode au mercure, était beaucoup plus pure que dans la méthode avec diaphragme.

Mais ici l'ennemi, le chlore, était encore plus gênant par ses propriétés chimiques et son action à haute température sur tout l'appareillage, que par son excès.

Il en a été de même pour tous les procédés ayant eu pour but de faire de la soude par l'intermédiaire du sodium obtenu au moyen de l'électrolyse par fusion. Cependant le procédé Acker, basé sur le même principe que celui de Hulin, est encore employé aux États-Unis.

Ajoutons pour terminer que beaucoup de procédés furent mis à l'essai dans un grand nombre d'usines d'études, il serait trop long de les passer en revue ou même de les énumérer.

Malgré tous ces efforts la soude électrolytique ne s'est pas imposée, elle ne paraît pas devoir s'imposer ; et, se rappelant une controverse célèbre qui fit beaucoup de bruit il y a une dizaine d'années, certains seraient tentés de dire : *La soude électrolytique n'a pas tenu ses promesses ; la soude électrolytique à fait faillite.*

Cette accusation serait grave, elle serait excessive.

En effet, la soude électrolytique peut vivre, puisqu'elle vit certainement en Allemagne, où elle a pris une grande extension ; chez nous elle végète. Si, en France, les grandes fabriques de produits chimiques ont abandonné leurs essais peut-être par une crainte exagérée des usines montées sur les chutes d'eau ; celles-ci se sont aperçues, malheureusement un peu tard, qu'elles avaient fait fausse route. A qui la faute? Il est probable qu'une étude plus éclairée aurait montré l'écueil et aurait signalé que les promesses faites pour la soude avaient été exagérées et qu'il en était de même pour certaines industries annexes comme la fabrication des permanganates et celles des chromates.

On se serait aperçu qu'au point de vue économique le problème est plus complexe, que la dépense d'énergie électrique, facteur important il est vrai, plus important même qu'on ne le pensait, n'est pas le seul à considérer comme prédominant et que la dépense de charbon nécessaire à l'évaporation des solutions faibles, les seules que l'on puisse se permettre pour une dépense admissible d'énergie électrique, doit être mise au moins sur le même pied.

Quelles sont donc les causes qui tiennent la soude électrolytique en échec ? C'est ce que nous allons exposer.


## Modes d'électrolyse des chlorures alcalins


L'électrolyse des chlorures alcalins, branche assez complexe de l'électrochimie, peut se faire de différentes façons conformément à la classification du tableau I.

Cette électrolyse peut avoir deux objets distincts : d'une part, préparation du chlore et de la soude, d'autre part, préparation des hypochlorites et des chlorates, donnant ainsi naissance à deux groupes d'industries complètement indépendantes l'une de l'autre. En effet, il ne faut pas prendre en considération la fabrication des chlorates par action du chlore électrolytique sur la soude électrolytique. Tout au plus pourrait-on envisager celle de l'hypochlorite concentré, la préparation directe ne pouvant donner que des solutions très étendues.

## TABLEAU I

### *Électrolyse des chlorures alcalins*

Electrolyse par voie humide.

|  |  |  |  |
|---|---|---|---|
| Sans diaphragme | Cathode solide | A chaud...... | Chlorate de potassium. Chlorate de sodium. |
|  |  | A froid....... | Hypochlorites. Perchlorates. |
|  | Cathode liquide ............. | | Alcalis, chlore. |
| Méthode avec circulation................. | | | Alcalis, chlore. |
| Avec diaphragme | Utilisation directe des produits . | | Alcalis, chlore. |
|  | Utilisation indirecte des produits. | | Chlorates, hypochlorites. |

Electrolyse par fusion.

|  |  |
|---|---|
| Avec cathode solide........ ............... | Métaux : sodium, lithium. |
| Avec cathode fondue........................ | Alliages, alcalis, chlore. |

Si nous considérons le produit fabriqué, la classification plus simple sera la suivante :

a) *Alcalis et chlore.*

> Méthode avec *diaphragme.*
> — avec *circulation.*
> — avec cathode de *mercure.*
> — par *fusion.*

b) *Hypochlorites.*
c) *Chlorates.*

Il faudrait ajouter pour mémoire les *métaux alcalins* bien que, sauf dans le cas particulier du lithium, qui n'est d'ailleurs qu'un produit de laboratoire, l'électrolyse des chlorures alcalins n'a donné jusqu'à présent que de mauvais résultats. Si nous jetons les yeux sur les familles voisines nous voyons par contre que le magnésium est obtenu de cette façon, ainsi que le calcium lancé industriellement il y a quelques années.

### Les causes de l'arrêt de la soude électrolytique

Ces causes peuvent être soit d'ordre général, soit d'ordre particulier. Pour simplifier cette étude nous la ferons porter en premier lieu sur la méthode avec diaphragme la plus répandue, la plus étudiée et *a priori* la plus simple.

Les différentes classes de procédés à diaphragme pourront être réunies dans une discussion commune car ils représentent les mêmes inconvénients.

Il sera aisé ensuite de passer à l'analyse des autres types et notamment de la méthode avec circulation dans laquelle le diaphragme, hypothétique, est formé par une couche de la solution elle-même ; en ce qui concerne la méthode au mercure, la pierre d'achoppement se trouve dans sa base même, l'emploi de ce métal difficile à manœuvrer par quantité et dont les moindres pertes, impossibles à éviter sur de telles masses, représentent une valeur considérable. Pour ce qui est de l'électrolyse ignée l'action destructive du chlore à haute température en est le principal inconvénient, elle repose d'ailleurs sur un principe tout différent.

Si nous examinons les causes qui ont été mises en avant comme ayant entravé le développement de l'industrie de la soude électrolytique, nous pouvons les rapporter à trois principales :

1° La surproduction du chlore ;

2° La question des appareils ;

3° La question des rendements.

Il y a lieu de faire remarquer de suite que si nous laissons de côté la partie purement économique pour n'envisager que le côté électrochimique, on est surpris de constater qu'un certain nombre de procédés qui ont été montés en grand ne résistent pas à une critique basée sur le simple raisonnement et complétée au besoin par quelques essais de laboratoire.

Évidemment on ne peut étendre *a priori* des expériences de laboratoire à des essais industriels, cependant il y a lieu de faire remarquer que dans le cas présent si certaines opérations faites en petit sont difficiles à réaliser en grand, l'inverse a généralement lieu et tel procédé sera beaucoup plus commode à répéter sur une grande échelle du fait de la complication des appareils, des questions de circulation, de refroidissement ou de chauffage, questions presque insurmontables avec un appareil de dimensions réduites.

D'ailleurs, en ce qui concerne les constantes, il y a lieu de faire observer que pour passer d'un petit appareil à un grand on se contente d'augmenter deux dimensions constituant la surface des électrodes ou du diaphragme en laissant la troisième dimension constante ou sensiblement. C'est cette dernière dimension, écart entre les électrodes, qui commande la résistance du bain, facteur important de la dépense d'énergie.

A densité de courant égale deux appareils constitués de la même façon auront sensiblement la même tension aux bornes, quelles que soient les dimensions de leurs électrodes, si celles-ci ont le même écartement.

Ainsi que nous l'avons déjà fait remarquer, l'appareil Outhenin-Chalandre, par exemple, n'est autre chose qu'un immense appareil de laboratoire dans lequel on a cherché à maintenir constante ou tout au moins au même ordre de grandeur le facteur important, l'écart entre les électrodes.

Par contre, il est certains faits, soit d'ordre matériel, soit d'ordre théorique, qui se produisent aussi bien en grand qu'en petit, faits dont quelques-uns sont d'une importance capitale.

## Surproduction du chlore

Dès les débats préliminaires au sujet de la soude électrolytique, une question se posa :

Que fera-t-on du chlore ?

Le procédé Leblanc fonctionne toujours grâce au chlore et à l'acide chlorhydrique, ce qui fait que le carbonate de sodium peut être considéré comme le résidu de la fabrication de ces produits. On peut admettre *grosso modo* que les quantités fabriquées sont équimoléculaires.

La substitution des procédés électrolytiques au procédé Leblanc pouvait donc se faire sans difficulté de ce côté.

En ce qui concerne le procédé Solvay, la question était plus délicate. Comme nous l'avons fait remarquer, celui-ci transforme le sodium du chlorure en carbonate que l'on peut ensuite caustifier ; il ne libère nullement le chlore qui se retrouve finalement à l'état de chlorure de calcium sans valeur, mais assez facile à éliminer même en grande quantité. Remarquons que le procédé Solvay est de beaucoup le plus important.

Les procédés électrochimiques donneront, comme dans le premier cas, quantités équimoléculaires de chlore et de soude ou carbonate. Leur substitution à la méthode à l'ammoniaque devait donc amener nécessairement la rupture de l'équilibre qui existait entre le chlore et la soude.

Quant à admettre que c'est la surproduction du chlore qui a provoqué la fermeture de certaines usines ou l'abandon de certains procédés, c'est évidemment mettre la charrue avant les bœufs.

Comme nous venons de le voir, cette question avait été posée dès le début de l'industrie naissante et bien avant la constitution de sociétés qui savaient ce qu'elles faisaient, et ce n'est pas cette surproduction qui a pu engager certaines usines montées spécialement en vue de la soude électrolytique à employer leur énergie à toute autre production, voire même à la transporter à 180 kilomètres pour faire de l'éclairage. Ce n'est pas ce qui a pu faire abandonner, en France tout au moins, les installations établies dans les grandes usines de produits chimiques. Pour mettre l'échec sur le compte de la surproduction du chlore, il aurait fallu que cette surproduction fût effective, ce qui ne s'est jamais produit.

Il n'empêche que cette éventualité devait être envisagée et qu'il y avait lieu de chercher à en combattre les conséquences en trouvant au chlore des débouchés nouveaux, sous une forme toute différente.

Une tonne de soude à 90 0/0 NaOH correspond pratiquement à un peu plus de deux tonnes de chlorure de chaux à 35 0/0 de chlore.

Le plus grand débouché de ce produit est le blanchiment de la pâte de bois, mais cette application malgré le développement de l'industrie du papier ne tend pas à croître du fait de la fabrication, dans les usines mêmes, d'hypochlorite de sodium électrolytique.

Naturellement la fabrication des lessives de blanchiment, pas plus que celle de l'hypochlorite de sodium concentré préparé par voie indirecte ne correspond pas à une utilisation du chlore puisque l'on détruit la quantité de soude correspondante.

Parmi les procédés employés pour utiliser le chlore, le plus élégant est sans contredit celui qui consiste à le transformer en tétrachlorure de carbone, produit que l'on peut presque considérer comme du chlore liquide, puisqu'il en renferme 92,2 0/0.

L'emploi d'autres dérivés chlorés des carbures, également employés comme solvants, la fabrication de certains produits chimiques ou pharmaceutiques dont plusieurs représentent une production considérable, correspondent à une certaine quantité de chlore absorbé.

Un appoint intéressant pour la consommation du chlore a été apporté par l'industrie des matières colorantes, notamment pour la fabrication de certains noirs et surtout de l'indigo artificiel.

Mais, s'il fallait uniquement considérer la question de se débarrasser du chlore à titre de produit gênant, le plus simple consistait évidemment à faire de l'oxygène en chauffant le chlorure de chaux en présence d'oxyde de cobalt, de nickel ou plus économiquement de cuivre.

On se retrouvait, toutes proportions gardées, dans les mêmes conditions qu'avec le procédé Solvay au point de vue du chlorure de calcium.

Quant à la proportion d'oxygène obtenue, qui évidemment paraît faible par rapport au chlore, elle correspond, *au rendement près*, à celle qui serait dégagée par électrolyse directe, de la soude par exemple, dans les procédés usuels actuellement en usage en utilisant la même quantité d'électricité.

En un mot, ces quantités sont équimoléculaires.

On peut en effet écrire la réaction générale de ces opérations de la façon suivante :

$$2NaCl + 2H^2O = 2NaOH + Cl^2 + H^2$$
$$2NaCl + CaO + 2H^2O = 2NaOH + H^2 + O + CaCl^2$$

Il est vrai que maintenant cette manière de comprendre la question n'est plus aussi intéressante, bien que la consommation de l'oxygène croisse considérablement de jour en jour, en raison des procédés d'extraction de ce gaz basés sur la distillation fractionnée de l'air liquide.

Il faut donc admettre que l'oxygène, à moins d'en avoir l'utilisation immédiate, et par conséquent le chlore est perdu ; la soude seule doit supporter les frais de l'opération. Mais si le procédé à l'ammoniaque a pu lutter contre le procédé Leblanc et vivre sans chlore, la soude électrolytique ne semble pas, quant à présent, pouvoir faire ce sacrifice et il est nécessaire que le chlore sous une forme quelconque vienne contribuer à l'équilibre économique.

Nous tournons donc dans un cercle vicieux : si d'un côté le chlore est embarrassant, d'un autre côté la soude sans chlore coûte trop cher. [Donc, comme il est dit plus haut, la soude électrolytique peut sans heurt remplacer le procédé Leblanc ; en ce qui concerne le procédé Solvay, il faut avoir le placement de la quantité de chlore correspondante.

Pourquoi la soude sans chlore coûte-t-elle trop cher ? C'est ici une question de rendement comme nous le verrons par la suite.


## La question du matériel

Évidemment l'appareillage est compliqué, délicat, mais c'est le cas pour toute opération électrolytique en général.

Le diaphragme se bouche, l'anode s'attaque, il faut les remplacer à grands frais, mais comme pour la surproduction du chlore, le cas était prévu, il fallait s'y attendre ; un grand progrès a d'ailleurs été réalisé par l'emploi des anodes en graphite Acheson, avantage qui devait apporter un appoint considérable à l'industrie alors en pleine crise.

La soude électrolytique devait également bénéficier d'un autre avantage ; à l'évaporation à feu nu des lessives on substitua avec succès la concentration dans le vide qui, depuis quelques années, s'implantait de plus en plus dans l'industrie des produits chimiques, avantage surtout appréciable pour les usines hydrauliques.

Aussi ne semble-t-il pas qu'il faille davantage chercher de ce côté la raison de l'échec de la soude électrolytique.

## La question du rendement

Ici nous touchons au point délicat.

Dans la plupart des ouvrages traitant, d'une façon plus ou moins sommaire, la question de la soude électrolytique, le chapitre des rendements est passé sous silence. Quelquefois il est admis, plus ou moins tacitement, que ce rendement n'est pas très bon, mais sans autre indication, tout au plus la raison en est-elle rejetée d'une façon vague, soit sur le procédé, soit sur les appareils.

Il semble qu'un certain nombre d'auteurs ayant écrit sur cette intéressante question, d'inventeurs ayant pris des brevets s'y rapportant, méconnaissent le mécanisme des actions qui se passent.

Si le rendement, non défini le plus souvent, est mauvais, cela tient cependant à une cause.

La loi de Faraday est toujours là et la balance des réactions doit la satisfaire. La cause du mauvais rendement est souvent rejetée sur l'électrolyse de l'eau, expression assez vague et qui demande à être précisée dans chaque cas particulier.

La cause du mauvais rendement semble ignorée ou du moins l'on n'en parle que très incidemment.

*Or la vraie raison pour laquelle le rendement est mauvais, c'est qu'il est théoriquement impossible d'en avoir un bon.*

Parmi les mémoires qui ont été écrits sur la question, deux surtout se font remarquer par leur haute portée. Dans la série nombreuse des travaux publiés par le prof. Fœrster de Dresde et ses élèves et auxquels nous aurons souvent recours, celui qui nous intéresse à l'heure actuelle (1) devrait être lu et relu par tous ceux qui s'occupent de près ou de loin de l'industrie de la soude électrolytique.

Il fut complété au point de vue théorique, avec expériences industrielles à l'appui par ceux du prof. Ph.-A. Guye, de Genève et de ses élèves : « Études physico-chimiques sur l'électrolyse des chlorures alcalins » (2).

Ces remarquables publications forment la base de la théorie, non seulement de la fabrication de la soude électrolytique, mais également de tous les procédés à diaphragme.

Il y est clairement exposé que la perte du rendement provient principalement du passage dans le compartiment anodique des ions (OH)' ; de la

(1) F. Fœrster et F. Jorre, « Sur l'électrolyse avec diaphragme, des solutions de chlorures alcalins », *Zeitsch. f. anorg. Chemie*, t. 23, p. 158 ; 1900.

(2) Ph.-A. Guye, « Théorie élémentaire des électrolyseurs à diaphragme », *Journal de chimie physique*, t. 1, pp. 121 et 212 ; 1903, etc.

soude en un mot pour ceux qui n'admettent pas la *théorie de la dissociation électrolytique*.

Cependant, ces mémoires n'ont pas eu, malheureusement, tout le résultat que l'on aurait dû en attendre ; l'importance capitale de ce phénomène ne semble pas avoir été suffisamment comprise et il est regrettable de voir dans des articles souvent très documentés au point de vue pratique, des passages comme celui-ci : « l'étanchéité des deux compartiments de l'électrolyseur n'est jamais absolue. Il passe un peu de soude du côté anodique. Cette soude se transforme en hypochlorite, puis en chlorate de sodium ».

Ce passage de la soude dans le compartiment anodique, prévu, facile à évaluer, indépendant de toute fuite du diaphragme, constitue donc la perte de rendement sur le calcul de la loi de Faraday. Comme corollaire, correspond nécessairement, comme nous le verrons, la même perte de rendement en chlore et en hydrogène.

Mais avant d'aller plus loin, il nous semble nécessaire de définir le rendement.

## Différentes façons d'envisager le rendement.

La détermination du rendement est une question assez complexe en électrochimie, car on peut l'envisager de différentes façons.

La quantité d'énergie fournie à un électrolyseur est en général divisée en deux parties : une servant à opérer la réaction chimique proprement dite et l'autre employée à vaincre la résistance du bain (1) : cette dernière est transformée en chaleur.

$$U I t \text{ (wattheures)} = e I t + R I^2 t$$

Nous pourrons ainsi considérer le *rendement électrochimique* :

$$R_e = \frac{e I t}{U I t} = \frac{e}{U}$$

et le *rendement calorifique* :

$$R_c = \frac{R I^2 t}{U I t} = \frac{R I}{U}$$

Le premier de ces rendements est donc égal au rapport de la tension de décomposition $e$ à la différence de potentiel aux bornes de l'électrolyseur ;

_________

(1) Lorsque l'on dépose d'une solution un métal également employé comme anode soluble il n'y a lieu de considérer que cette dernière partie puisqu'il n'y a pas décomposition chimique apparente, mais simplement transport du métal de l'anode à la cathode.

le second au rapport du produit de la résistance du bain par l'intensité qui le traverse, à cette même différence de potentiel aux bornes.

La somme de ces deux rendements est égale à l'unité.

À un autre point de vue nous pouvons considérer le rendement rapporté à la quantité d'énergie électrique ; c'est-à-dire le rapport du poids de produit obtenu à celui que l'on aurait dû obtenir théoriquement pour la quantité d'énergie électrique fournie à l'électrolyseur.

Malheureusement ce *rendement chimique en quantité d'énergie*, comme d'ailleurs les deux précédents, est imprécis parce que d'une façon générale on ne connaît pas exactement la valeur de la tension de décomposition dans la plupart des réactions électrolytiques.

Le seul rendement que nous puissions déterminer exactement est le *rendement chimique en quantité d'électricité*, que l'on désigne souvent sous le nom de *rendement du courant*. Il est fixé par le rapport du poids de produit obtenu au poids théorique calculé d'après la loi de Faraday.

Cette loi nous enseigne qu'*une quantité d'électricité de 96.540 coulombs* (ou plus commodément 26,8 ampèreheures) *libère une valence-gramme*. Cette quantité d'électricité est désignée par la lettre F (Faraday).

Dans le cas qui nous intéresse 26,8 ampèreheures libèrent 1 gramme d'hydrogène, 35,5 gr. de chlore, 40 gr. de soude, 56 gr. de potasse.

Ce rendement est donc très facile à déterminer, mais il est insuffisant au point de vue pratique et, à défaut du *rendement chimique en quantité d'énergie*, on estime la *production rapportée à cette quantité d'énergie*.

On déterminera ainsi la quantité de produit obtenue par kilowattheure, kilowatjour, kilowattan.

Comme nous l'avons vu précédemment, l'énergie électrique fournie à un appareil d'électrolyse est égale au produit de la différence de potentiel aux bornes de cet appareil par la quantité d'électricité qui l'a traversé.

$$\text{C}_{\text{(wattheures)}} = \text{U}_{\text{(volts)}} \times \text{H}_{\text{(ampèreheures)}}$$

La *puissance*, rapportée à l'unité de temps, étant égale au produit de la différence de potentiel aux bornes par l'intensité.

$$\text{P}_{\text{(watts)}} = \text{U}_{\text{(volts)}} \times \text{I}_{\text{(ampères)}}$$

La production rapportée à l'énergie, que nous appellerons par simplification le *rendement en énergie*, sera en conséquence d'autant plus élevé que, pour obtenir une quantité donnée de produit, la dépense aura été plus faible.

Pour l'améliorer nous pourrons donc chercher à agir sur les deux facteurs de l'énergie, soit en diminuant la tension aux bornes de l'appareil, soit en cherchant à obtenir plus de produit pour une même quantité d'électricité, c'est-à-dire en augmentant le *rendement chimique en quantité d'électricité.*

C'est ce que nous allons examiner.

La différence de potentiel aux bornes est représenté par la formule

$$U = e + RI.$$

Dans laquelle $e$ tension de décomposition est fonction de la chaleur de formation et correspond à l'action chimique. Nous n'y pouvons rien, qu'en changeant l'action chimique elle-même.

D'autre part la résistance R peut s'exprimer d'après la *résistivité ou résistance spécifique* $\rho$ (résistance entre les faces opposées d'un cube de 1 cm. de côté) ou mieux d'après son inverse la *conductivité* $\varkappa$, généralement employée dans le cas des liquides.

$$R = \rho \frac{L}{S} = \frac{1}{\varkappa} \cdot \frac{L}{S}$$

$$U = e + \frac{1}{\varkappa} \cdot \frac{L}{S} I = e + \frac{1}{\varkappa} LD.$$

L étant égal à la distance entre les électrodes et D étant la *densité de courant*, c'est-à-dire l'intensité du courant par unité de surface. Nous pourrons donc faire varier U en agissant sur les trois facteurs $\varkappa$, L et D.

Pour diminuer U il faudra augmenter $\varkappa$ et dans ce but la concentration sera aussi élevée que possible, à moins que la solution ne présente un maximum de conductivité pour une concentration déterminée ou que l'emploi de la solution saturée offre quelqu'inconvénient.

Pour la même raison nous diminuerons L, c'est-à-dire que nous chercherons à avoir des électrodes aussi rapprochées que possible l'une de l'autre.

En ce qui concerne la densité de courant le raisonnement doit être un peu différent. Évidemment plus la densité de courant sera faible, c'est-à-dire, pour un appareil donné, plus l'intensité du courant sera petite, plus la production par kilowattheure sera élevée, puisqu'en diminuant la densité de courant nous diminuons la tension aux bornes, facteur de l'énergie dépensée. Mais on conçoit que dans ces conditions on diminue en même temps la production absolue de l'appareil et de ce fait on augmente les différents frais accessoires : amortissement et intérêt, main-d'œuvre, etc. Il faut donc se placer dans un juste milieu, variable suivant les conditions d'espèce et de lieu. Lorsque l'on définit une production par kilowattheure, un rendement en énergie, il est nécessaire de préciser la valeur de la densité de courant ou de la tension aux bornes.

Les remarques précédentes s'appliquent à un certain nombre d'opérations électrolytiques pour lesquelles, diminution de la densité de courant implique diminution de la production et augmentation du rendement.

Font exception à cette règle les réactions qui ne se produisent qu'à densité de courant élevée. Dans cette catégorie il faut ranger la préparation des persulfates, percarbonates, etc.

Le second facteur de l'énergie sur lequel nous puissions agir pour augmenter notre *rendement* est la quantité d'électricité. Nous devrons chercher quelles sont les conditions pour avoir un *rendement chimique en quantité* aussi élevée que possible.

Or dans le cas de la soude ce rendement doit être théorique. Puisqu'il ne se passe à la cathode qu'une seule réaction, le calcul de la loi de Faraday est strictement applicable à cette réaction et d'après ce que nous avons vu, 26,8 ampèreheures donnent 40 gr. de soude caustique (NaOH).

Cependant les dosages de soude caustique effectués dans une cuve électrolytique en fonctionnement montrent que le *rendement chimique en quantité d'électricité*, sensiblement théorique au début, décroît avec une certaine rapidité.

Cette chute de rendement tient à ce que la soude formée pendant l'opération prend part à l'électrolyse et le phénomène est fortement amplifié du fait que, non contente de prendre une part proportionnelle à son importance, elle entend se tailler la part du lion, de sorte que le rendement décroît et tend vers une limite qui est de 20 0/0 environ.

La soude qui manque est donc passée dans le compartiment anodique, non parce que l'étanchéité des deux compartiments de l'électrolyseur n'est jamais absolue, mais par suite du transport des « *produits ionisés* », *du phénomène de Hittorf* en un mot.

Si la théorie de la dissociation électrolytique n'est pas encore admise par un certain nombre de chimistes de notre pays, peut-être ceux-ci voient-ils dans l'explication ci-dessus une conséquence de cette théorie.

Il n'en est rien puisque le *phénomène de Hittorf* (1) découvert en 1853 est de trente-quatre ans antérieur à la *théorie d'Arrhénius*.

Comme nous le verrons d'ailleurs le phénomène de Hittorf est *un fait expérimental*, absolument indépendant par conséquent de telle ou telle théorie.

## La question des chutes d'eau

Le phénomène de Hittorf fait donc que la soude, comme nous venons de le voir, passe dans le compartiment anodique, d'où impossibilité d'obtenir des lessives concentrées avec un rendement acceptable, d'où grandes masses d'eau à évaporer, importantes quantités de charbon à transporter,

(1) Hittorf. *Annalen Phys. Chem.* (Poggendorff), t. 89, p. 177, 1853.

chutes d'eau rejetées si elles sont loin des charbonnages ou des ports, etc.

Impossible de sortir du dilemme suivant :

Ou avoir un bon rendement électrique, mais alors être obligé d'extraire une faible quantité de soude d'un grand excès d'eau et de sel.

Ou faire une solution plus concentrée, mais voir le rendement baisser rapidement au début puis décroître plus lentement pour tendre vers une limite qui est de 20 0/0 environ.

Même en pays de chutes d'eau, avec l'énergie électrique extrêmement bon marché il faudra pencher pour la première proposition. Mais alors que de charbon nécessaire. Que de tonnes kilométriques à payer de ce fait dans un pays de montagnes éloigné des charbonnages ou de la mer; sans compter celles exigées par le transport des matières premières ou fabriquées. Frais multiples qui ne peuvent être supportés que par des produits de grande valeur laissant une marge considérable aux bénéfices résultant d'un avantage important dans l'emploi des procédés électrochimiques.

L'industrie de la soude électrolytique doit donc être prise sous un jour tout à fait différent de celui sous lequel beaucoup de personnes la voient encore et l'emploi des chutes d'eau, dans notre pays tout au moins et en raison de leur éloignement des charbonnages et des centres de consommation, ne paraît plus devoir être pris en considération en l'état actuel de la question.

Les trois raisons qui ont été mises en avant pour expliquer l'échec de la soude électrolytique devraient s'appliquer à tous les pays. Cependant, comme nous l'avons fait remarquer, si cette industrie a périclité chez nous, elle s'est considérablement développée en Allemagne. Il faut donc ajouter une quatrième raison, c'est que la fabrication de la soude est liée à l'Industrie des matières colorantes et que celle-ci est malheureusement restée stationnaire en France. Nous reviendrons ultérieurement sur ce point.

# CHAPITRE II

## TENSION DE DÉCOMPOSITION

Polarisation. — Formule de Nernst. — Formule de Thomson. — Application de la formule de Thomson à l'électrolyse. — Phénomène de surtension. — Électrolyse des chlorures.

## **Polarisation**.

On appelle *polarisation* l'ensemble des phénomènes qui se passent au contact des électrodes et dont font partie les réactions chimiques. De tous les phénomènes électrolytiques, ce sont évidemment les plus intéressants et bien que ce soient les plus étudiés, ils sont encore les plus obscurs.

On distingue deux sortes de polarisation, la *polarisation électrochimique* et la *polarisation mécanique*, cette dernière résultant de la résistance au passage du courant des produits formés soit à l'état de gaz, soit à l'état de composés insolubles ou peu solubles.

A la polarisation électrochimique se rattachent dans le cas des piles la notion de *force électromotrice* et dans le cas de l'électrolyse, celle de *force contre-électromotrice* et de *tension de décomposition*.

## **Formule de Nernst**.

La théorie des piles et des électrolyseurs est intimement liée à celle des solutions et un grand pas fut fait en avant à la suite de l'hypothèse de van t' Hoff assimilant les solutions aux gaz ce qui permet de leur appliquer les formules de la thermodynamique.

Par suite de cette assimilation et de l'utilisation de la formule bien connue des gaz :

$$pv = RT$$

Nernst a établi la formule suivante donnant la tension d'un métal au contact de la solution d'un de ses sels :

$$\Sigma = \frac{0,0575}{n} \log \frac{P}{p}$$

Dans cette formule $n$ est la valence, $P$ est la pression de dissolution électrolytique, correspondant à la facilité plus ou moins grande que possède le métal de passer à l'état d'ion, $p$ est la pression osmotique des ions, correspondant au contraire à la facilité plus ou moins grande qu'ils ont de passer à l'état moléculaire.

Si nous considérons une pile, la force électromotrice sera égale à la somme des deux tensions, anodique et cathodique.

$$E = \Sigma_a + \Sigma_c$$

La pression de dissolution et la pression osmotique des ions n'étant pas connues, la formule de Nernst ne peut se prêter au calcul, mais seulement à la discussion. Il existe cependant un cas dans lequel elle est applicable, c'est celui des *piles de concentration*. On appelle ainsi des couples formés de deux électrodes du même métal plongeant dans deux solutions, de concentration différentes, d'un même sel de ce métal.

La formule peut alors se mettre sous la forme :

$$E = \frac{0,0575}{n} \log \frac{c}{c_1}$$

$c$ et $c_1$ étant les concentrations des deux solutions. La formule de Nernst se vérifie alors parfaitement.


## Formule de Thomson.


Si l'on désire calculer la force électromotrice d'une pile, il faut avoir recours à la formule de Thomson.

$$E = \frac{Q}{n \times 23,2}$$

$n$ étant la valence et Q la chaleur de réaction rapportée à la molécule-gramme. Cette formule ne donne que des valeurs approchées, du fait que l'*énergie libre*, c'est-à-dire l'énergie intégralement transformable en énergie mécanique, ne correspond pas nécessairement à la chaleur de formation elle-même. Elle est tantôt plus élevée, tantôt plus faible.

Helmholtz a rendu la formule de Thomson applicable par l'emploi d'un *coefficient de température a* en relation avec la température absolue T (température ordinaire augmentée de 273°). Elle peut alors se mettre sous la forme :

$$E_T = E_o (1 + aT) \ (1)$$

La règle de Thomson ne s'applique donc que lorsque le coefficient de température est nul ou presque, c'est le cas de la pile de Daniell pour laquelle $a = + 0,00003$, on obtient ainsi 1,05 volt par le calcul et par l'expérience 1,08-1,10 volt.

Si la force électromotrice *diminue* quand on élève la température, le coefficient de température est *négatif* et la force électromotrice mesurée est plus *petite* que celle calculée par la règle de Thomson. La transformation de l'énergie chimique en énergie électrique n'est pas intégrale et une partie est dissipée dans la pile qui *s'échauffe* de ce fait.

L'inverse se passe si le coefficient de température est *positif* et la pile se *refroidit*.


## Application de la formule de Thomson à l'électrolyse.

En 1882, Berthelot (2) établit que pour la décomposition électrolytique d'un composé donné, il faut lui fournir une force électromotrice minima et que celle-ci correspond précisément à la chaleur de formation de ce composé. C'était donc l'application de la formule de Thomson à l'électrolyse.

Le Blanc (3) de son côté montra expérimentalement que le passage du courant à travers une solution correspond à une force électromotrice minima liée à la décomposition du corps en solution.

A la suite d'une publication de Nourrisson (4) une polémique très vive

(1) L'Equation d'Helmholtz se met généralement sous la forme :

$$E = \frac{Q}{n \times 23,2} + T \frac{dE}{dT}$$

(2) Berthelot. *Ann. Chim. Phys.* 5ᵉ série, t. 27, p. 89 ; 1882.
(3) Le Blanc. *Zeitsch. f. Physik. Chem.* t. 8, p. 299 ; 1891 ; t. 12, p. 333 ; 1893 t. 13, p. 163 ; 1894.
(4) Nourrisson. *Comptes rendus*, t. 118, p. 189 ; 1894.

s'engagea sur ce sujet entre Berthelot (1) et Le Blanc (2), ce dernier rejetant toute relation entre la chaleur de réaction et l'électrolyse et admettant que les résultats de Berthelot étaient le fait d'une simple coïncidence.

Le sujet de la discussion portait notamment sur l'électrolyse des solutions aqueuses, alcalines ou acides, pour lesquelles la formule de Thomson donnait 1,50 volt, correspondant à la chaleur de formation de l'eau et l'expérience 1,69 volt.

Plus tard Glaser (3) modifia la méthode de Le Blanc en utilisant une électrode minuscule réduite à une pointe et une électrode de grande surface. Dans ces conditions les phénomènes de polarisation se faisaient vivement sentir sur la petite électrode (*électrode d'essai*) que l'on pouvait utiliser soit comme anode, soit comme cathode.

### Phénomène de surtension.

Les phénomènes de polarisation se trouvent encore compliqués du fait de la nature du métal constituant l'électrode, c'est ainsi que Caspari (4) a montré que si on remplaçait la cathode d'essai de platine par une d'un autre métal, la tension nécessaire au dégagement d'hydrogène était plus élevée. Les chiffres obtenus sont réunis dans le tableau II.

### TABLEAU II

*Valeurs de la surtension.*

(Caspari)

| | volt | | volt |
|---|---|---|---|
| Platine platiné | 0,00 | Cadmium | 0,48 |
| Or | 0,02 | Étain | 0,53 |
| Platine poli | 0,09 | Plomb | 0,64 |
| Argent | 0,15 | Zinc | 0,70 |
| Nickel | 0,21 | Mercure | 0,78 |
| Cuivre | 0,23 | | |

C'est à ce phénomène de *surtension* que l'on attribue la plupart des différences obtenues, dans la réduction des composés organiques suivant la nature de la cathode.

(1) Berthelot, *Comptes rendus*, t. 118, pp. 411 et 702 ; 1894.
(2) Le Blanc, *Comptes rendus*, t. 118, pp. 411 et 702 ; 1894.
(3) Glaser *Zeitsch. f. Elektrochem*, t. 4, p. 355 ; 1898.
(4) Caspari, *Zeitsch. f. Elektrochem*, t. 6, p. 37 ; 1899.

Un phénomène analogue se produit si, utilisant une grande cathode de platine platiné, on emploie successivement comme anode d'essai un certain nombre de métaux. Cœhn et Osaka (1) ont trouvé ainsi pour la tension de décomposition de l'eau (alcaline), les chiffres réunis dans le tableau III.

TABLEAU III

*Tension de décomposition de l'eau avec différentes anodes.*

(Cœhn et Osaka)

| | volt | | volt |
|---|---|---|---|
| Nickel spongieux | 1,28 | Plomb | 1,61 |
| » poli | 1,35 | Argent | 1,62 |
| Cobalt | 1,36 | Cadmium | 1,65 |
| Platine platiné | 1,47 | Palladium | 1,65 |
| Fer | 1,47 | Platine poli | 1,67 |
| Cuivre | 1,48 | Or | 1,73 |

Il résulte de ces recherches que la discussion Berthelot-Le Blanc est toujours ouverte. Il est certain qu'il existe une relation entre la tension de décomposition et la chaleur de formation, mais la forme exacte de la relation, plus compliquée évidemment que la formule de Thompson, n'est pas connue.

De même qu'Helmholtz a montré qu'un terme de correction, fonction de la température absolue, est nécessaire dans le cas des piles, de même, dans le cas de l'électrolyse, il est nécessaire de faire intervenir une modification tenant entre autres choses, en l'état actuel de la question, à la nature ou à l'état physique du métal.

Un grand nombre de travaux ont été entrepris pour interpréter le phénomène de la surtension. G. Möller lui admet une relation avec la tension superficielle et l'électrocapillarité (2) et C. Marie a établi que tandis que l'addition de produits qui ne modifient pas la viscosité du milieu ne change pas la tension de décomposition, l'addition de gomme et autres produits analogues, crée une *surtension artificielle* d'autant plus importante que la surtension est elle-même plus élevée (3).

**Électrolyse des chlorures.**

En résumé la règle de Thomson ne peut être appliquée théoriquement. Pratiquement les valeurs trouvées ne pourront fournir qu'un ordre de grandeur, une simple indication.

(1) Cœhn et Osaka. *Zeitsch. f. anorg. Chem.* t. 34, p. 86 ; 1903.
(2) G. Möller, *Zeitsch. f. phys. Chem.,* t. 65, p. 226 ; 1908.
(3) C. Marie. *Comptes rendus,* t. 147, p. 1400 ; 1908.

Dans certains cas, notamment si l'on examine l'électrolyse de la solution d'un chlorure ou d'un sel halogéné la concordance est remarquable et les valeurs obtenues par expérience, pour la tension de décomposition, correspondent sensiblement à celles calculées par la formule de Thomson.

C'est ainsi que pour l'électrolyse de la solution de chlorure de sodium avec séparation du métalloïde et de l'alcali, nous avons pour le calcul de la chaleur de réaction et de la tension de décomposition :

$$NaCl + H^2O = NaOH + Cl + H$$
$$96,2 + 69 \qquad 112,1$$
$$e = \frac{(96,2 + 89,0) - 112,1}{23,2} = 2,29 \text{ volts}.$$

OEttel (1) a trouvé par expérience 2,25 — 2,28 volts.

(1) OEttel *Chemiker Zeitung*, t. 18, p. 69 ; 1894.

# CHAPITRE III

## LE PHÉNOMÈNE DE HITTORF. SON IMPORTANCE INDUSTRIELLE

Les facteurs de transport et la théorie d'Arrhénius. — Application des facteurs de transport à l'électrolyse de la solution d'un alcali. — Paradoxe électrolytique. — Fabrication des permanganates et chromates. Régénération de l'acide chromique. — Application des facteurs de transport à l'électrolyse d'une solution de chlorure de sodium. — Soude ou potasse ?

### Les facteurs de transport et la théorie d'Arrhénius

Le phénomène de Hittorf est bien la plus curieuse des manifestations électrolytiques et son importance, *nous dirons presque néfaste*, dans toutes les branches de l'industrie électrochimique est considérable.

(1) *Schéma d'une solution de sulfate de potassium au début de l'électrolyse*

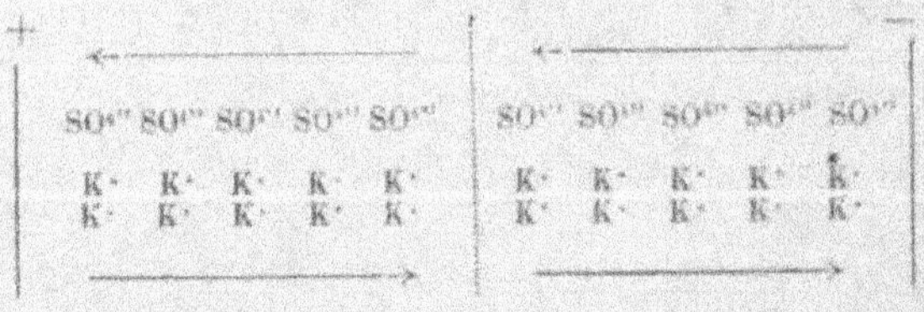

$$SO_4'' \quad SO_4'' \quad SO_4'' \quad SO_4'' \quad SO_4'' \qquad SO_4'' \quad SO_4'' \quad SO_4'' \quad SO_4'' \quad SO_4''$$
$$K' \quad K' \quad K' \quad K' \quad K' \qquad K' \quad K' \quad K' \quad K' \quad K'$$
$$K' \quad K' \quad K' \quad K' \quad K' \qquad K' \quad K' \quad K' \quad K' \quad K'$$

Voyons en quoi il consiste :

Supposons un appareil à diaphragme renfermant une solution de sulfate de potassium. Faisons passer dans cet appareil la quantité d'électricité F nécessaire pour libérer une valence-gramme, soit 26,8 ampèreheures.

Nous obtiendrons ainsi à l'anode un équivalent-gramme, soit 49 gr. d'acide sulfurique et à la cathode un équivalent-gramme, soit 56 gr. de potasse caustique.

Si nous dosons le sulfate de potassium restant en solution nous constaterons qu'il a disparu un équivalent-gramme de ce sel, dont la moitié environ, c'est-à-dire un quart de molécule-gramme dans chaque compartiment.

C'est ce que nous appellerons une *électrolyse normale*.

Nous pourrons la représenter par les schémas (1) et (2) ;

Si nous remplaçons maintenant le sulfate de potassium par celui de sodium, nous obtiendrons encore pour la quantité d'électricité F, un équivalent-gramme d'acide sulforique et un équivalent-gramme de soude caustique.

Mais ici la quantité de sulfate de sodium disparu n'est pas la même dans les deux compartiments.

Nous trouverons qu'il manque, *grosso modo*, trois cinquièmes d'équivalent-gramme dans le compartiment cathodique et deux cinquièmes dans le compartiment anodique.

Il semble donc qu'une partie du sulfate de sodium soit passée du premier compartiment dans le second.

Les schémas (3) et (4) représentent cette électrolyse.

Si nous appelons $n$ la fraction d'équivalent-gramme perdue à la cathode du fait du passage de F et $1-n$ la fraction d'équivalent-gramme perdue à l'anode ; $n$ et $1-n$ sont ce que l'on appelle les *facteurs de transport*.

Hittorf attribua ce phénomène à la différence entre la vitesse des anions et celle des cations.

*Hypothèse d'Arrhénius*. — Comme nous aurons fréquemment à utiliser les théories basées sur l'hypothèse d'Arrhénius rappelons rapidement en quoi elle consiste :

(2) *Schéma de la même solution après le passage de huit F*

```
 +                                                      —
                        |                        | KOH | H
                        |                        | KOH | H
 O    SO⁴H²             |                        | KOH | H
 O    SO⁴H²  SO⁴'' SO⁴'' SO⁴'' | SO⁴'' SO⁴'' SO⁴'' | KOH | H
 O    SO⁴H²  K·    K·    K·     | K·    K·    K·     | KOH | H
 O    SO⁴H²  K·    K·    K·     | K·    K·    K·     | KOH | H
                        |                        | KOH | H
                        |                        | KOH | H
```

Lorsque l'on dissout dans l'eau un composé minéral : acide, base, sel, il se décompose ou mieux, suivant les expressions consacrées, il se *dissocie* ou *s'ionise*.

*Il y a formation sous certaines conditions de deux séries de corpuscules hypothétiques chargés de quantités d'électricité égales et de signe contraire.*

On donne à ces corpuscules hypothétiques le nom d'*ions* ; celui qui est chargé d'électricité négative est l'*anion* ; celui qui est chargé d'électricité positive est le *cation*.

On représente les ions par leur symbole chimique affecté en exposant, suivant qu'ils sont anion ou cation d'autant de virgules ou de points qu'ils possèdent de valences.

(3) *Schéma d'une solution de sulfate de sodium au début de l'électrolyse*

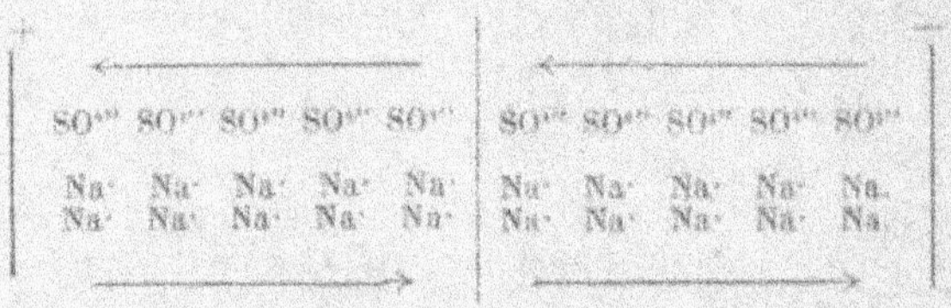

$$\begin{array}{c|c}
\xleftarrow{\hspace{5cm}} & \xleftarrow{\hspace{5cm}} \\
SO'''\ SO'''\ SO'''\ SO'''\ SO''' & SO'''\ SO'''\ SO'''\ SO'''\ SO''' \\
Na^{\cdot}\ Na^{\cdot}\ Na^{\cdot}\ Na^{\cdot}\ Na^{\cdot} & Na^{\cdot}\ Na^{\cdot}\ Na^{\cdot}\ Na^{\cdot}\ Na^{\cdot} \\
Na^{\cdot}\ Na^{\cdot}\ Na^{\cdot}\ Na^{\cdot}\ Na^{\cdot} & Na^{\cdot}\ Na^{\cdot}\ Na^{\cdot}\ Na^{\cdot}\ Na^{\cdot} \\
\xrightarrow{\hspace{5cm}} & \xrightarrow{\hspace{5cm}}
\end{array}$$

La dissociation ne se produit pas avec tous les corps et ceux pour lesquels elle se produit peuvent être plus ou moins facilement dissociables.

Il y a lieu de remarquer de suite que, outre certaines propriétés particulières, les solutions de corps ainsi dissociés présentent celle de conduire le courant électrique d'où le nom d'*électrolytes* qui leur a été donné.

C'est ainsi que les solutions des acides, des bases, des sels minéraux ou organiques sont des électrolytes.

Au contraire les solutions de composés, généralement organiques, ne possédant pas une des fonctions précédentes, ne conduiront pas le courant ; ce sera le cas des solutions de sucre, d'alcool, de glycérine, etc.

*Les acides sont caractérisés par le cation H· et les bases par l'anion OH'.*

L'eau rigoureusement pure ne conduit pas le courant ; mais des traces d'un électrolyte lui font perdre la propriété d'être un isolant, une petite quantité la rend conductrice.

Si nous considérons l'acide sulfurique, le gaz chlorhydrique liquéfié, ces corps rigoureusement secs ne sont pas conducteurs ; de même que l'eau ils ne sont pas ionisés.

Si nous ajoutons de l'eau, l'ionisation se produit et le liquide devient conducteur. La solution présente un certain *degré de dissociation* qui augmente au fur et à mesure que l'on dilue pour atteindre l'unité lorsque la dissociation est complète.

La dilution sera alors plus ou moins grande suivant que le corps sera plus ou moins facilement dissociable.

*Propagation du courant dans un électrolyte. Vitesse des ions.* — Lorsque dans une solution contenant un produit dissocié on introduit deux électrodes communiquant avec les pôles d'une source électrique de tension suffisante, les anions chargés négativement sont attirés par l'anode ; leur charge se trouve neutralisée par une charge positive et de même valeur fournie par cette électrode et l'ion libéré de sa charge passe à l'état moléculaire.

Le même phénomène se passe simultanément pour le cation correspondant.

Les ions sont les véhicules du courant à travers la solution. Ils se propagent avec une certaine vitesse. Elle peut être mesurée et n'est pas la

(4) *Schéma de la même solution après le passage de dix F*

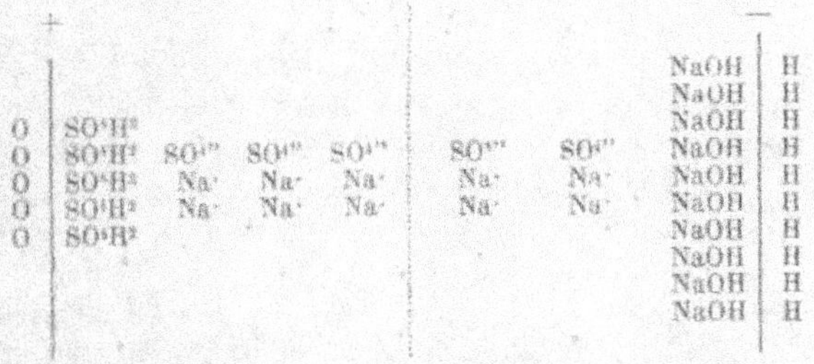

```
+                                                                    —

                                                              NaOH │ H
                                                              NaOH │ H
                                                              NaOH │ H
  O │ SO⁴H²                                                   NaOH │ H
  O │ SO⁴H²  SO⁴''  SO⁴''  SO⁴''      SO⁴'''  SO⁴'''          NaOH │ H
  O │ SO⁴H²  Na·    Na·    Na·        Na·     Na·             NaOH │ H
  O │ SO⁴H²  Na·    Na·    Na·        Na·     Na·             NaOH │ H
  O │ SO⁴H²                                                   NaOH │ H
                                                              NaOH │ H
                                                              NaOH │ H
                                                              NaOH │ H
```

même pour tous ; cependant d'une façon générale, les nombres obtenus sont du même ordre de grandeur.

Deux ions cependant ont une vitesse beaucoup plus grande que celle des autres. Ce sont le cation H· et l'anion hydroxyle OH' qui précisément donnent leurs propriétés aux acides et aux bases.

Tandis que la vitesse des différents ions varie du simple au double, celle de l'ion OH' est représentée par 5 et celle de l'ion H· par 10 environ.

La vitesse d'un ion est proportionnelle à la différence de potentiel. La *vitesse absolue* est de l'ordre de grandeur du millimètre par minute pour une chute de tension de un volt par centimètre.

Le tableau IV donne quelques-unes de ces valeurs.

## TABLEAU IV

*Vitesse absolue et mobilité de quelques ions à 18°*

| anions | $v$ | $l_a$ | cations | $u$ | $l_c$ |
|---|---|---|---|---|---|
| OH' | 1,08 | 174 | H· | 2,05 | 325,8 |
| Cl' | 0,41 | 65,44 | Na· | 0,27 | 43,55 |
| (NO³)' | 0,38 | 61,78 | K· | 0,40 | 64,57 |
| 1/2 (SO⁴)'' | 0,43 | 68,70 | (NH⁴)· | 0,40 | 64,40 |
| (C²H³O²)' | 0,22 | 35 | Ag· | 0,34 | 54,02 |
| (Acétique). |  |  | 1/2Cu·· | 0,30 | 49 |

*Conductibilité équivalente.* — On appelle *conductibilité équivalente* la conductibilité d'une solution placée entre deux électrodes distantes de 1 cm. et renfermant un équivalent-gramme du corps considéré. Cette conductibilité se représente par la lettre $\Lambda$ affecté d'un indice exprimant le volume équivalent, c'est-à-dire le volume en litres renfermant un équivalent-gramme. Volume et surface des électrodes pourront donc être représentés par le même nombre. Donc :

$$\Lambda = 10^2 . \varkappa . S = 10^2 . \varkappa . v .$$

Les ions seuls conduisant le courant à travers le liquide à l'exclusion des molécules non dissociées, il en résulte que la conductibilité équivalente est proportionnelle au nombre d'ions libres que renferme la solution.

Elle croîtra donc avec la dilution, dont l'effet est de dissocier les molécules, et tend vers la *conductibilité équivalente limite* qui correspond à la dissociation complète, c'est-à-dire est proportionnelle au nombre total des ions que renferme le sel en solution, les molécules se trouvant toutes dissociées. On comprend aisément pourquoi une nouvelle dilution ne modifie plus cette conductibilité équivalente.

La conséquence intéressante qui découle de cela, c'est que, à chaque instant, le rapport de la conductibilité équivalente à la conductibilité équivalente limite donnera le *coefficient de dissociation* $\gamma$, c'est-à-dire le rapport du nombre de molécules dissociées N au nombre de molécules totales N' que renferme la solution :

$$\gamma = \frac{\Lambda}{\Lambda_\infty} = \frac{N}{N'}$$

d'où l'on peut tirer :

$$\Lambda = \Lambda_\infty . \gamma = 10^2 . \varkappa . v .$$

$$10^2 . \varkappa = \Lambda_\infty . \gamma . \frac{1}{v} = \Lambda_\infty . \gamma . C .$$

$v$ est comme nous avons dit le volume équivalent, son inverse C est la *concentration équivalente* qui indique le nombre d'équivalents-grammes contenu dans un litre de solution.

Dans le cas d'une solution normale

$$C = 1 .$$

Toutes ces valeurs se déduisent les unes des autres par la simple mesure des conductivités.

Retenons simplement que la conductivité d'une solution correspond au produit de la *conductibilité équivalente limite* par le *coefficient de dissociation* et la *concentration équivalente*.

*Mobilité des ions.* — Au lieu d'utiliser la vitesse absolue des ions on a souvent recours à la *mobilité* ou *vitesse proportionnelle* déterminée de telle façon que la somme des deux mobilités correspondant à l'anion et au cation ($l_a$ et $l_c$) soit égale à la *conductibilité équivalente limite* $\Lambda_\infty$.

Pour une chute de potentiel de un volt par centimètre la mobilité d'un ion est égale au produit de la vitesse absolue par 96.540. On démontre en effet que :

$$v = \frac{l_a}{F}$$

Nous aurons donc :

$$\Lambda_\infty = l_a + l_c.$$

Pour calculer nos facteurs de transport (Tableau V) si nous appelons $v$ la vitesse absolue de l'anion et $u$ celle du cation nous aurons :

$$\frac{v}{u} = \frac{l_a}{l_c} = \frac{n}{1 - n}$$

d'où :

$$1 - n = \frac{l_c}{l_a + l_c} \quad \text{et} \quad n = \frac{l_a}{l_a + l_c}$$

## TABLEAU V

*Facteurs de transport à 18°*

|        | $1 - n$ | $n$   |
|--------|---------|-------|
| KOH    | 0,27    | 0,73  |
| NaOH   | 0,20    | 0,80  |
| $SO^4H^2$  | 0,83    | 0,17  |
| $SO^4K^2$  | 0,49    | 0,51  |
| $SO^4Na^2$ | 0,39    | 0,61  |
| KCl    | 0,50    | 0,50  |
| NaCl   | 0,40    | 0,60  |

En appliquant ces formules au cas du sulfate de sodium d'après les valeurs du tableau IV, on trouve :

$$n = \frac{68,7}{68,7 + 43,55} = 0,61.$$

$$1 - n = 0,39$$

Avec le sulfate de potassium nous aurons :

$$n = \frac{68,7}{68,7 + 64,67} = 0,51.$$

$$1 - n = 0,49$$

Valeurs peu différentes de celles, en chiffre rond, que nous avions adoptées pour notre démonstration.

Remarquons de suite un point intéressant c'est que l'élévation de température tend à faire converger les facteurs de transport vers la valeur 0,5 en les égalisant.

*En résumé* si les deux ions d'un même sel ont des vitesses sensiblement égales, tel les anions $(SO^4)''$ et les cations $K^·$ dans le cas du sulfate de potassium, la teneur de ce sel dans une solution soumise à l'électrolyse, est, après l'opération, la même dans les deux compartiments.

Si la vitesse des deux ions est différente, la solution s'appauvrit inégalement et il semble y avoir transport du sel dans le sens de l'ion le plus rapide et en quantité proportionnelle à la différence entre la vitesse des deux ions.

Nous voyons quel sera l'importance de ce transport dans le cas de produits formés de deux ions de vitesse très différente comme les acides et les bases.

L'examen de la formule

$$10'. \quad \varkappa = A_\infty \cdot \gamma \cdot C$$

montre que la conductivité dépend de trois facteurs.

La *concentration équivalente* qui est sans influence spécifique puisqu'elle s'applique à tous les électrolytes indistinctement et de la même façon.

La *conductibilité équivalente limite* très importante dans le cas des acides et des bases puisqu'elle résulte de l'addition des mobilités (anion et cation) et que l'une de ces valeurs est considérable.

Le *degré de dissociation* très important également pour certains acides, bases et sels.

Il en résulte que les acides et les bases dont le coefficient de dissociation est élevé sont très bons conducteurs, ceux qui ne le sont pas ont un coefficient de dissociation sensiblement nul, comme c'est le cas pour l'acide borique et l'ammoniaque.

Quant aux sels même très fortement dissociés leur conductibilité n'atteint pas celle des acides et des bases du fait de la forte mobilité des ions $H^·$ et $OH'$.

Remarquons que la concentration et le degré de dissociation varient en sens inverse et l'on conçoit que de ce fait la variation de la conductivité en fonction de la concentration puisse dans certains cas passer par un maximum.

*Phénomènes secondaires.* — Le phénomène de Hittorf n'existe pas seul, il est accompagné d'autres tels que la *diffusion*, *l'endosmose électrolytique*, etc., dont les uns sont dépendants et les autres indépendants de l'action du courant. Ils seront étudiés à propos des diaphragmes. Retenons pour l'instant que leur action est beaucoup plus faible que celle du phénomène de Hittorf.

## Application des facteurs de transport à l'électrolyse de la solution d'un alcali

Remplissons maintenant notre électrolyseur avec une solution de soude caustique et examinons ce qui va se passer.

Lorsque la quantité d'électricité F aura traversé la cuve nous aurons libéré à la cathode un équivalent-gramme, soit 40 gr. de soude caustique et 1 gr. d'hydrogène ; à l'anode 8 gr. d'oxygène.

Mais le dosage de la solution cathodique indique seulement 20 0/0 de la valeur théorique ; 80 0/0 ont donc disparu.

Cette forte différence tient à ce que les ions OH' étant quatre fois plus rapides que les ions Na· auront traversé la cloison poreuse en nombre quatre fois plus grand.

Ici une petite confusion est peut-être possible du fait que le composé primitif est identique au composé obtenu.

Nous pouvons ramener ce cas au précédent en admettant que la soude (ou le sodium) est retenue à la cathode. Si nous pouvions en effet, faire que cette soude formée théoriquement d'après la loi de Faraday, ainsi que l'indique d'ailleurs le *dégagement quantitatif d'hydrogène*, reste fixé à l'électrode, nous constaterions que, pour le passage de F, il y a un équivalent-gramme de soude ainsi retenue et un équivalent gramme de soude détruit à raison de 80 0/0 dans le compartiment cathodique et 20 0/0 dans le compartiment anodique.

Le rendement est donc bien de 100 formé moins 80 disparu, soit 20 0/0.

Les schémas (5) et (6) permettent de s'en rendre compte.

Il y a lieu de remarquer que par suite de ces circonstances le rendement rapporté à l'unité correspond précisément au facteur de transport du cation Na·.

Les mêmes raisonnements et calculs appliqués à la potasse donneraient 0,27 pour valeur du rendement et du facteur du transport du cation K·. Dans le cas de l'électrolyse de l'acide sulfurique nous aurions 0,17 pour valeur du rendement (dans le compartiment anodique) et du facteur de transport de l'anion $SO_4^{--}$.

(5) *Schéma d'une solution de soude caustique au début de l'électrolyse*

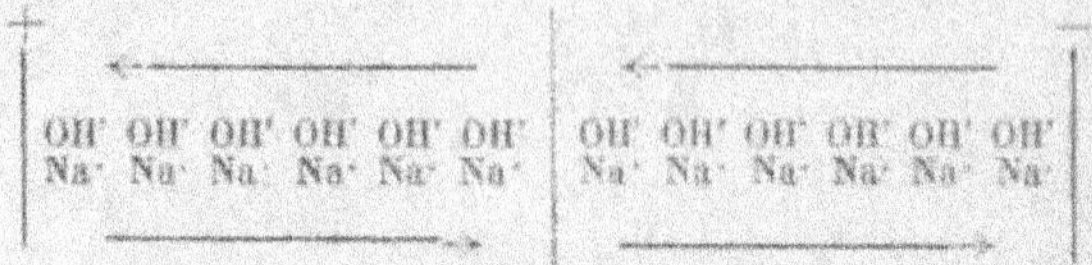



## Paradoxe électrolytique

Le phénomène de Hittorf peut avoir des conséquences curieuses.

Si l'on électrolyse, comme nous l'avons montré (1) une solution de sulfure de sodium, celle-ci très concentrée se comporte exactement comme une de chlorure et donne à la cathode, de la soude et de l'hydrogène, à l'anode du soufre.

$$\mathrm{Na^2S + 2H^2O = \underset{anode}{S} + \underset{cathode}{2NaOH + H^2}}$$

Naturellement le soufre ne se dégage pas, il reste en solution à l'état de polysulfures. Aux autres points de vue le résultat est identique. Peu à peu les ions OH' pénètrent dans le compartiment anodique, comme ils sont beaucoup plus rapides, en d'autres termes, comme la soude est plus conductrice, elle prend rapidement une part prépondérante au transport du courant de sorte *qu'il est pratiquement impossible d'éliminer le sulfure du compartiment cathodique*.

Pour rendre le procédé applicable on peut remplacer, à la cathode, le sulfure par du chlorure. Les ions OH' et Cl' pénètrent dans le compartiment anodique mais seuls les ions S'' sont libérés tant que l'on reste dans certaines conditions et les polysulfures ne sont pas décomposés en présence de soude ; mais il n'est guère possible de séparer ces produits. L'inconvénient est que, dans ce cas, les anodes métalliques et notamment celles de fer sont attaquées

A la cathode l'opération se poursuit dans les mêmes conditions que dans l'électrolyse du chlorure.

Si l'on électrolyse le sulfure de baryum, les choses se passent de la même manière. Ici également impossible de séparer baryte et sulfure par électrolyse. Impossible de les séparer également par cristallisation, les deux produits très solubles à chaud l'étant peu à froid. En employant du chlorure à la cathode, l'opération est déjà plus intéressante. On recueille du

<hr>

(1) André Brochet et Georges Ranson, *Comptes rendus de l'Académie des Sciences*, t. 136, pp. 1134, 1195 et 1258, 1903.

*(6) Schéma de la même solution après le passage de cinq F*

<pre>
  +                                                              —
  O | H²O                                               NaOH | H
  O | H²O  OH' OH' OH' OH' OH'     OH'        OH'        NaOH | H
  |        Na· Na· Na· Na· Na·    Na·        Na·        NaOH | H
  O | H²O                                               NaOH | H
  ─   ─                                                 NaOH | H
  2   2
</pre>

liquide cathodique, par refroidissement (l'électrolyse se faisant à la température de 60°-70°) de la baryte pure. La baryte également sans action sur les polysulfures se dépose de même du liquide anodique. Mais toujours les anodes en fer ne peuvent être employées. Elles deviennent utilisables si on place à la cathode de l'eau de baryte.

Dans ce cas le transport du courant de la cathode à l'anode se fait uniquement par les ions OH', donc le rendement en admettant que la mobilité de l'ion Ba·, soit de l'ordre de grandeur de celle de l'ion Na·, sera de 20 0/0 environ, comme dans le cas de l'électrolyse d'une solution de soude.

Mais la baryte passée à l'anode est, comme nous l'avons vu sans action sur les polysulfures ; de plus elle est peu soluble à froid tandis que la solubilité de ceux-ci est très considérable, de sorte qu'elle se déposera presque intégralement lorsque l'on ramènera les lessives à la température ordinaire.

*Nous recueillerons ainsi dans le compartiment anodique, quatre-vingts pour cent de la baryte qui en réalité a été formée à la cathode* (1).

C'est comme on voit le plus bel exemple que l'on puisse donner de l'existence du phénomène de Hittorf.

Ajoutons que cette baryte anodique passée à l'essoreuse se trouve pure du fait d'une seconde cristallisation.

## Fabrication des chromates et permanganates.
## Régénération de l'acide chromique.

Dans les procédés chimiques de fabrication des chromates et permanganates la matière brute se trouve mélangée avec un excès d'alcali nécessaire au bon rendement. Pour en extraire le produit on neutralise par un acide, généralement sulfurique, nitrique au cas où il y aurait lieu de compléter l'oxydation.

On perd donc ainsi la fonction alcali et, en quantité équivalente, la fonction acide. Pour éviter cet inconvénient on a pensé employer l'électrolyse.

Voyons ce qui doit résulter dans ces conditions, par exemple dans le cas

(1) André Brochet et Georges Ranson, *Bull. Soc. chim.*, 3ᵉ série, t. 29, p. 574 ; 1903.

du permanganate de potassium (1) qui fut fabriqué ainsi, notamment dans une usine du Havre.

La première partie de l'opération est analogue à celle du procédé chimique.

Dans une lessive de potasse concentrée (300 kgs à 50 0/0) portée à l'ébullition, on projette du bioxyde de manganèse à haut titre (100 kgs) pulvérisé finement, on pousse activement le feu pour accélérer l'évaporation jusqu'à dessiccation complète et légère calcination.

Le produit est broyé après l'avoir laissé refroidir à l'abri de l'air et de l'humidité ; on obtient ainsi la « poudre verte », formée de manganate de potassium d'après l'équation :

$$MnO^2 + 2KOH = MnO^4K^2 + H^2O.$$

La poudre vert-clair, grillée au contact de l'air sur des tôles portées au rouge sombre, se transforme en permanganate et devient complètement noire (poudre noire). On épuise cette poudre qui renferme environ le quart de son poids de permanganate, plus ou moins mélangé de manganate, de façon à avoir une lessive à 10 0/0 que l'on décante pour la soumettre à l'électrolyse dans un bac en ardoise à diaphragme.

Les cathodes sont en fer et les anodes en platine. La potasse passe dans le compartiment cathodique et est utilisée pour faire la solution concentrée servant à l'attaque.

Le manganate ayant échappé au grillage est transformé en permanganate. Le liquide anodique est concentré dans le vide et le permanganate mis à cristalliser.

Cela est très joli. Malheureusement, ici également le phénomène de Hittorf exerce son influence.

Dans le compartiment cathodique on introduit au début une lessive faible de potasse caustique. Il en résulte que ce n'est pas 56 gr. de potasse caustique qui sont libérés par le passage de F, soit 2,09 gr par ampère-heure, mais, comme nous le savons, environ 27 0/0 de ce poids (Tableau V), soit 0,56 gr. KOH. C'est donc cette valeur qu'il faut prendre comme *chiffre théorique* pour le calcul de rendement. En raison de la valeur du permanganate l'inconvénient n'est pas prohibitif puisque l'on en fait actuellement par ce procédé ; mais il y a lieu d'en tenir compte dans l'estimation du prix de revient. L'opération n'est donc pas aussi rémunératrice qu'on se le figure *a priori*.

On peut, en outre, faire à ce sujet un certain nombre de remarques inté-

---

(1) Chemische Fabrik auf Aktien, vorm. E. Schering. Brevet allemand, N° 25.782 ; 1884.

ressantes. Il n'est naturellement pas possible de chercher à améliorer le procédé en utilisant le transport du courant par les anions $(MnO^4)'$, le permanganate étant réduit à la cathode.

En ce qui concerne les réactions anodiques, le manganate est oxydé comme nous l'avons dit, mais il y a également destruction de ce composé ou du permanganate par une réaction non encore expliquée.

D'ailleurs jusqu'à présent aucune recherche n'a été publiée, à notre connaissance, sur la préparation électrolytique du permanganate de potassium.

Les inconvénients dus aux facteurs de transport ne se font pas sentir aussi considérablement ou du moins on peut arriver à les éviter en utilisant le procédé consistant à faire usage d'une anode soluble en manganèse (1), ferromanganèse ou carbure de manganèse (2) dans une solution de potasse caustique additionnée ou non de chlorure.

L'industrie des *chromates et bichromates électrolytiques* donne naissance aux mêmes remarques que celle du permanganate de potassium.

Les lessives fortement alcalines provenant de l'attaque du fer chromé, ne donnent à l'électrolyse qu'un mauvais rendement. Les chromates neutres étant extrêmement solubles, si l'on pousse l'appauvrissement en alcali du liquide anodique jusqu'à la formation du bichromate, ce sel peu soluble se dépose en cours d'opération. On peut également partir du chrome et du ferrochrome employés comme anode soluble.

La question est tout autre dans l'*industrie de la fabrication de l'acide chromique* ou mieux de la régénération des résidus de chrome ayant servi à l'oxydation des matières organiques (3).

Ici également le phénomène de Hittorf se fait sentir mais il n'a aucune importance. Sous l'influence du courant, le sulfate de chrome est transformé en acide chromique. Il est intéressant de noter que les anodes en plomb donnent un rendement bien supérieur aux anodes de platine, du fait de l'action catalytique du peroxyde de plomb qui se forme sur l'anode (4).

En ce qui concerne la concentration, les variations sont dues surtout au transport du courant par les ions de l'acide sulfurique. En tablant uniquement sur eux l'augmentation dans le compartiment anodique ne sera donc que de 17 0/0 de ce qu'indique la loi de Faraday, toujours en vertu du

(1) Lorenz, *Zeitsch. f. anorg. chemie*, t. 12, p. 391 ; 1896.
(2) Gruner, Brevet français, N° 300.954 ; 1900.
(3) Compagnie parisienne de couleurs d'aniline. Brevet français, n° 280.689 ; 1898.
(4) Regelsberger, *Zeitsch. für angew. Chem.*, p. 1123, 1899. E. Müller et M. Soller, *Zeitsch. für Elektrochem.*, t. 11, p. 863 ; 1905.

phénomène de Hittorf, indépendamment naturellement de l'acide provenant de la destruction du sulfate de chrome.

$$(SO^4)^3Cr^2 + 6H^2O = \underbrace{2CrO^3 + 3SO^4H^2}_{\text{anode}} + \underbrace{3H^2}_{\text{cathode}}.$$

Mais les variations de concentration ne sont pas gênantes, il suffit de faire circuler le liquide en lui faisant traverser d'abord le compartiment cathodique, il passe ensuite dans le compartiment anodique et en sort oxydé (1). C'est l'alimentation indirecte dont nous reparlerons ultérieurement. On peut d'ailleurs par une disposition appropriée arriver à supprimer le diaphragme (2).

Le rendement chimique en quantité d'électricité est très élevé et la tension aux bornes assez faible en raison de la grande conductivité de l'acide sulfurique.

Cet intéressant procédé n'exige qu'un matériel bon marché puisque les anodes sont en plomb et les cathodes en fer. Il est utilisé dans un certain nombre d'usines françaises et allemandes.

## Application des facteurs de transport à l'électrolyse d'une solution de chlorure de sodium.

Que va-t-il se passer dans le même appareil rempli cette fois d'une solution de chlorure de sodium ?

Ce sel se trouve dissocié dans la solution en anions $Cl'$ et en cations $Na^·$. Sous l'influence du courant ceux-ci se dirigent vers la cathode et échangent leur charge positive contre une charge négative de même valeur fournie par l'électrode.

Le sodium passe à l'état moléculaire (3) et réagit sur l'eau pour donner de la soude.

$$Na + H^2O = NaOH + H.$$

De même le chlore passe à l'état moléculaire et se dégage.

Cette première série est quantitative et se produit exactement d'après la loi de Faraday ; 26,8 ampèreheures donnant 40 gr. de soude et 35,5 gr. de chlore.

Le chlore se dégage donc ; comme il est peu soluble dans l'eau, encore moins dans la solution saline, surtout à chaud comme c'est généralement le cas de l'électrolyse, son action par diffusion pure est absolument insi-

(1) M. Le Blanc, *Zeitsch. für Elektrochem.*, t. 7, p. 290 ; 1900.
(2) Le Blanc, Brevet français, n° 362.103 ; 1906.
(3) On peut admettre cette hypothèse ou l'action directe de l'ion $Na^·$ sur l'eau en raison de ce fait qu'avec une cathode de mercure on obtient directement l'amalgame.

gnifiante et négligeable. D'ailleurs si par suite d'un accident il en passait dans le compartiment cathodique, l'hypochlorite obtenu serait immédiatement réduit.

La soude formée s'accumule dans le compartiment cathodique et prend part au transport du courant comme nous l'avons dit.

D'après une loi, également formulée par Hittorf, *si une solution renferme deux électrolytes les quantités d'électricité transportées par ces deux électrolytes sont dans le rapport de leurs conductivités.*

Cela est tout à fait comparable au cas de deux conducteurs entre lesquels existe une différence de potentiel déterminée. Lorsque ces conducteurs se trouvent réunis par deux résistances de même section et de même longueur mais de nature différente ; deux fils de fer et de cuivre, par exemple ; les intensités traversant ces résistances sont en raison inverse des résistivités.

$$\frac{i}{i'} = \frac{\rho'}{\rho}$$

Si donc nous appelons $x$ la fraction du courant transportée par la soude et $1 - x$ celle transportée par le chlorure de sodium, si d'autre part nous appelons $x_2$ et $x_1$ les conductivités respectives de ces deux électrolytes, nous aurons d'après la loi de Hittorf :

$$\frac{x}{1 - x} = \frac{x_2}{x_1}$$

d'où :

$$x = \frac{1}{1 + \dfrac{x_1}{x_2}}$$

Nous avons vu précédemment que dans le cas de l'électrolyse d'une solution de soude caustique pure le rendement était :

$$1 - n.$$

Dans le cas actuel, c'est-à-dire avec une solution renfermant à la fois de la soude et du chlorure de sodium, si l'on admettait que le transport du courant se fasse uniquement par les ions OH' c'est-à-dire par la soude caustique, le passage dans le compartiment anodique serait encore égal à $n$ et par conséquent le rendement serait toujours $1 - n$.

Mais le transport se faisant également par le chlorure de sodium et la fraction du courant transportée par la soude étant $x$, la fraction d'équivalent de soude passant au travers du diaphragme sera seulement de $nx$. Le rendement sera :

$$r = 1 - nx.$$

C'est le *rendement instantané*.

Il est nécessaire de faire de suite une remarque importante : la loi de Hittorf ne s'applique pas dans deux cas principaux :

1° Lorsque les deux électrolytes ont une action chimique l'un sur l'autre.

Il va de soi que si l'on mélange une solution d'acide et une de base, la loi n'a plus de raison d'être puisque l'on change complètement les conditions.

2° Lorsque les électrolytes ont un ion commun (c'est précisément notre cas), il faudrait que la conductivité du chlorure soit déterminée en présence d'une solution de soude et celle de la soude en présence d'une solution de chlorure. Mais d'après les recherches de Schrader (1), Hopfgartner (2) et Mac Gregor (3), il résulte que si cette formule n'est pas rigoureuse, elle est pratiquement applicable dans le cas présent, d'autant plus que les facteurs de transport, en raison précisément des phénomènes de diffusion, ne sont pas déterminés avec une très grande exactitude.

## Soude ou potasse ?

La potasse ayant une valeur plus grande que la soude et d'autre part son poids moléculaire étant plus élevé, on a donc intérêt à fabriquer ce produit de préférence à la soude. Il est vrai que la matière première, le chlorure de potassium, est plus cher que celui de sodium.

Il est juste également de remarquer que, si la production devenait intense, son prix baisserait forcément par rapport à celui de la soude, car sauf les cas spéciaux où on l'utilise pour elle-même, ceux dans lesquels on emploie uniquement la fonction alcali, c'est-à-dire les ions OH', exigeraient pour son emploi un prix de beaucoup inférieur.

Un autre point, théorique celui-là, pousse à fabriquer la potasse au lieu de soude indépendamment de question de prix et même de question de poids moléculaire et de production, c'est que le rendement est plus élevé.

Considérons la formule du rendement instantané :

$$r = 1 - nx,$$

et remplaçons $x$ la fraction du courant transporté par la soude, par sa valeur en fonction des conductivités du chlorure de sodium $x$, et de la soude caustique $x_1$, nous aurons :

$$r = 1 - \frac{n}{1 + \dfrac{x_1}{x_2}}$$

(1) Schrader, *Zeitsch. f. Elektrochem.*, t. 3, p. 498, 1897.
(2) Hopfgartner, *Zeitsch. f. phys. Chem.*, t. 25, p. 1115.
(3) Mac Gregor, *Elektrochem. Zeitsch.*, t. 7, pp. 26 et 37, 1900.

Or nous savons (p. 28) que :

$$10^3 z = \Lambda_\infty \cdot \gamma \cdot C$$

nous aurons donc :

$$r = 1 - \frac{n}{1 + \dfrac{\Lambda_{\infty 1}\, \gamma_1\, C_1}{\Lambda_{\infty 2}\, \gamma_2\, C_2}}$$

Appliquons donc cette formule au cas de la potasse et de la soude.

D'après les calculs précédents nous avons :

$$n = 0{,}80 \text{ pour la soude.}$$
$$n = 0{,}73 \text{ pour la potasse}$$

D'autre part nous aurons dans le cas de la soude d'après les valeurs du tableau I :

$$\frac{\Lambda_{\infty 1}}{\Lambda_{\infty 2}} = \frac{43{,}6 + 65{,}4}{43{,}6 + 174} = 0{,}502$$

et pour la potasse :

$$\frac{\Lambda_{\infty 1}}{\Lambda_{\infty 2}} = \frac{64{,}7 + 65{,}4}{64{,}7 + 174} = 0{,}545.$$

nous aurons donc finalement pour la soude :

$$r = 1 - \frac{0{,}80}{1 + 0{,}502\, \dfrac{\gamma_1}{\gamma_2} \cdot \dfrac{C_1}{C_2}}$$

et pour la potasse :

$$r = 1 - \frac{0{,}73}{1 + 0{,}545\, \dfrac{\gamma_1}{\gamma_2} \cdot \dfrac{C_1}{C_2}}$$

Au fur et à mesure de la marche d'une électrolyse, le rapport de la concentration du chlorure à celle de l'alcali : $\dfrac{C_1}{C_2}$ diminue, celui des coefficients de dissociation croît au contraire, mais il est facile de se rendre compte à l'examen des tables de Kohlrausch, par exemple, que la variation du premier rapport est bien plus sensible que celle du second et que c'est lui surtout qui amène la variation du rendement.

Si nous appliquons les nombres de Kohlrausch au cas :

$$\frac{C_1}{C_2} = \frac{2{,}5}{1{,}0}$$

c'est-à-dire à des solutions renfermant par litre 186,25 gr. KCl et 56 gr. KOH et 146,25 gr. NaCl et 40 gr. NaOH, nous trouverons :

$$r = 66{,}9 \text{ p. cent. dans le cas de la potasse}$$
$$r = 58{,}7 \text{ p. cent. dans le cas de la soude}$$

Cette différence devient encore plus marquée si au lieu du rendement nous considérons la production, en raison du poids moléculaire plus élevé de la potasse.

Dans l'étude de la méthode avec circulation nous verrons d'une façon très précise que cet avantage est dû, dans ce cas, uniquement à la conductibilité plus grande du chlorure de potassium, c'est-à-dire, à la vitesse plus grande de l'ion $K^{\cdot}$.

En fait en Allemagne on donne la préférence à l'électrolyse du chlorure de potassium. En dehors des raisons précédemment discutées il y a lieu de faire observer que le rapport du prix du chlorure de potassium à celui du chlorure de sodium est plus faible que chez nous.

On voit d'après l'exposé de ces quelques cas l'importance du phénomène de Hittorf, mais son action ne se borne pas à agir sur le rendement ; dans le cas de l'électrolyse des chlorures notamment, son influence se fait sentir sur la série des réactions chimiques du compartiment anodique ; la conséquence immédiate est la désorganisation du fonctionnement et finalement la destruction de l'anode et du diaphragme.

CHAPITRE IV

## THÉORIE DES ÉLECTROLYSEURS A DIAPHRAGME



## Différents modes de fonctionnement d'un électrolyseur

On peut faire fonctionner un électrolyseur en le remplissant d'une solution déterminée au travers de laquelle on fait passer le courant pendant un temps donné, l'appareil est ensuite vidé et le liquide traité comme il convient. L'appareil est rempli pour une nouvelle opération et ainsi de suite. C'est ce que l'on appelle la *marche par cuvée*.

On peut d'autre part faire circuler le liquide d'une façon continue à travers l'électrolyseur; il s'établit au bout d'un certain temps, un régime déterminé. C'est la *marche en régime*.

Ces deux systèmes s'appliquent aux appareils sans diaphragme, ils s'appliquent également aux appareils à diaphragme; mais ici les deux compartiments peuvent fonctionner différemment : un par cuvée, un en régime. On peut également lorsque les deux compartiments fonctionnent en régime avoir une circulation indépendante pour chacun d'eux ou avoir une seule circulation, la solution passant d'abord dans le compartiment dont l'action chimique lui est indifférente pour arriver ensuite dans celui où se passe l'action électrolytique proprement dite, c'est ce que l'on appelle l'alimentation indirecte.

Dans la figure 1, par exemple, le liquide arrive à la partie inférieure du vase poreux P, se déverse par-dessus le bord dans le récipient extérieur et en sort par un tube plongeant à la partie inférieure.

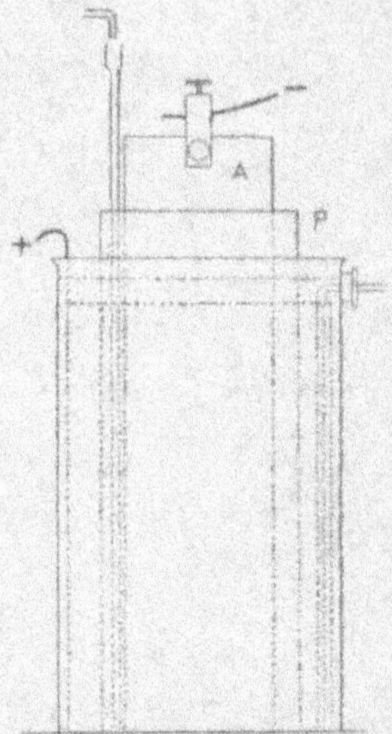

Fig. 4 — Alimentation indirecte.

La disposition relative des écoulements varie avec chaque cas particulier.

Nous avons vu précédemment l'application de ce mode d'alimentation à la régénération de l'acide chromique.

## Rendement instantané et rendement moyen

Le rendement d'un électrolyseur à diaphragme décroît d'une façon continue et d'après une loi que l'on peut déterminer dans chaque cas particulier.

Dans l'électrolyse des chlorures la variation est relativement simple, les ions OH′ passent dans le compartiment anodique ; les réactions qui en résultent ne nous intéressent pas pour l'instant puisqu'elles n'ont aucune répercussion sur le compartiment cathodique, les cations Na⁺ seuls, traversant le diaphragme.

Si nous considérons la formule du *rendement instantané*, nous pouvons comme précédemment appliquer dans le cas de la soude la formule :

$$r = 1 - \frac{0,80}{1 + 0,502 \dfrac{\gamma_1}{\gamma_2} \cdot \dfrac{C_1}{C_2}}$$

Avec les nombres de Kohlrausch nous pourrons déterminer la variation du rendement instantané au cours d'une électrolyse ; c'est ainsi que nous trouverons les valeurs du tableau VI.

## TABLEAU VI

*Rendement instantané dans l'électrolyse du chlorure de sodium.*

| $\dfrac{C_1}{C_2}$ | $\dfrac{\gamma_1}{\gamma_2}$ | NaCl par litre | NaOH par litre | Rendement calculé |
|---|---|---|---|---|
| $\dfrac{4,0}{1}$ | $\dfrac{0,447}{0,740}$ | 234,0 gr. | 40 gr. | 63,9 |
| $\dfrac{4,0}{2}$ | $\dfrac{0,447}{0,609}$ | 234,0 — | 80 — | 53,8 |
| $\dfrac{3,5}{1}$ | $\dfrac{0,490}{0,740}$ | 205,0 — | 40 — | 63,1 |
| $\dfrac{3,5}{2}$ | $\dfrac{0,490}{0,609}$ | 205,0 — | 80 — | 53,2 |
| $\dfrac{3,0}{1}$ | $\dfrac{0,512}{0,740}$ | 175,5 — | 40 — | 60,8 |
| $\dfrac{3,0}{2}$ | $\dfrac{0,512}{0,609}$ | 175,5 — | 80 — | 48,9 |
| $\dfrac{2,5}{1}$ | $\dfrac{0,548}{0,740}$ | 146,25 — | 40 — | 58,7 |
| $\dfrac{2,5}{2}$ | $\dfrac{0,548}{0,609}$ | 146,25 — | 80 — | 49,0 |
| $\dfrac{2,0}{1}$ | $\dfrac{0,587}{0,740}$ | 117,0 — | 40 — | 55,2 |
| $\dfrac{2,0}{2}$ | $\dfrac{0,587}{0,609}$ | 117,0 — | 80 — | 46,2 |

En ce qui concerne le *rendement moyen*, la loi de Faraday nous enseigne que le poids du produit formé par électrolyse est donné par la formule :

$$P = K \frac{M}{n} It.$$

K étant le poids d'hydrogène libéré par l'unité de quantité d'électricité,

soit $0$ gr. $0343 \left( \dfrac{1}{26,8} \right)$ dans le cas de l'ampèreheure ; M le poids moléculaire, $n$ le nombre de valences rompues.

$\dfrac{M}{n}$ est l'équivalent chimique.

$K \dfrac{M}{n}$ est l'équivalent électrochimique.

Nous en déduisons :

$$\frac{It}{26,8} = P \cdot \frac{n}{M}$$

et :

$$\frac{It}{26,8\,V} = \frac{P}{V} \cdot \frac{n}{M} \cdot$$

V étant le volume de la solution cathodique nous voyons que $\dfrac{P}{V}$ est la

concentration et :

$$\frac{P}{V} \cdot \frac{n}{M} = C$$

C est la *concentration équivalente*, c'est-à-dire le nombre d'équivalents-
grammes contenus dans un litre de solution.

Mais C est la concentration équivalente théorique et si nous appelons $c$
la valeur observée, le rapport de ces deux concentrations donnera le rendement moyen :

$$r_m = \frac{c}{C} = \frac{p}{P} \cdot$$

## Formules de M. Ph.-A. Guye

Le calcul du *rendement instantané* est, comme nous l'avons vu, sujet à critique ; d'autre part, le dosage du liquide cathodique permet de déterminer
seulement le *rendement moyen*, tout au plus peut-on sur un appareil industriel déterminer le rendement correspondant à un temps relativement court.
Encore dans ces conditions n'a-t-on qu'une précision très faible. Au laboratoire cela est à peu près impossible.

La difficulté peut être tournée d'une autre façon, la valeur de C étant,
en dehors de la mesure, calculable d'une façon empirique.

Si nous considérons la formule du rendement instantané :

$$r = 1 - nx$$

il est facile de se rendre compte que ce rendement dépend de trois variables : la concentration en soude, la concentration en chlorure et la température.

Cette dernière généralement constante pour une opération déterminée voit son action éliminée de ce fait.

En ce qui concerne le chlorure, sa concentration est fonction de la concentration de la soude, soit que l'on parte d'une concentration déterminée, soit que l'on maintienne la solution de soude obtenue constamment saturée de chlorure. Le rendement instantané peut donc être considéré comme fonction uniquement de cette concentration en soude.

D'après M. Ph.-A. Guye si la solution est maintenue à concentration constante le rendement instantané peut se mettre sous la forme :

$$ r = \frac{1}{(1 + ac)^{\frac{1}{3}}} $$

$c$ étant la concentration équivalente de la solution et $a$ une constante qui peut être modifiée suivant les conditions initiales de l'essai.

Si au contraire partant d'une concentration initiale donnée le liquide s'appauvrit en chlorure d'une façon constante, le rendement sera de la forme :

$$ r = \frac{1}{1 + ac} $$

Ceci étant posé, M. Guye (1) a pu établir une formule donnant les conditions de marche par cuvée dans le premier cas. M. Briner (2) en a donné une se rapportant au second cas.

Examinons la dernière qui est la plus simple.

Considérons un électrolyseur dont le liquide cathodique constamment agité a une volume V. Soit I l'intensité du courant qui le traverse pendant le temps $t$. La quantité d'électricité pouvant se mettre sous la forme :

$$ Q = It = mF = m \times 26,8 \text{ ampèreheures.} $$

Si, comme cela est généralement le cas dans la pratique, la solution primitivement à la concentration équivalente $c_1$ passe au bout du temps $t$, à la concentration $c_2$, on démontre (3) que :

$$ m = \frac{V}{2} \left[ (2c_1 + ac_1^2) - (2c_2 + ac_2^2) \right] $$

<hr>

(1) Ph. A. Guye, *Journal de chimie physique*, t. I, p. 421; 1903.

(2) Briner, *Journal de chimie physique*, t. V, p. 398; 1907.

(3) A un instant donné la concentration équivalente étant $c$, le rendement instantané est :

$$ r = f(c). $$

Si la solution ne renferme pas de soude au début :

$$m = \frac{V}{2} (2c + ac^2).$$

Cette formule nous permet de calculer le nombre de F nécessaires pour arriver à la concentration équivalente $c$.

Nous pourrons tirer :

$$c = \sqrt{\frac{1}{a^2} + \frac{2m}{aV}} - \frac{1}{a}$$

et :

$$P = Vc \text{ équivalents-grammes}$$
$$= 40\, Vc \text{ grammes}.$$

Enfin nous déduirons :

$$\frac{It}{26,8\,V} = \frac{ac^2 + 2c}{2} = C.$$

Cette valeur n'est autre chose, comme nous l'avons dit, que C, c'est-à-dire la concentration équivalente théorique.

Le *rendement moyen* étant égal au rapport de la concentration équivalente trouvée à la concentration équivalente théorique sera donné par :

$$r_m = \frac{c}{C} = \frac{2c}{ac^2 + 2c} = \frac{2}{2 + ac}$$

Ces formules simples permettent donc de faire les différents calculs relatifs aux opérations électrolytiques.

Dans le temps infiniment court qui suit, la quantité d'électricité qui passe est $dF$ et la quantité de soude produite $rdF$ équivalent-gramme.

Pendant ce temps l'accroissement de concentration est $dc$ et l'on a :

$$rdF = Vdc$$

$$dF = \frac{Vdc}{r} = V(1 + ac)dc$$

par intégration :

$$\int dF = V \int (1 + ac)dc.$$

$$F = \frac{V}{2a} (1 + ac)^2 + \text{constante}.$$

Si l'on fait varier F de 0 à $m$ et $c$ de $c_1$ à $c_2$

$$\int_0^m dF = V \int_{c_1}^{c_2} (1 + ac)dc$$

$$m = \frac{V}{2} \left[ (2c_2 + ac_2^2) - (2c_1 + ac_1^2) \right].$$

Elles permettent également d'obtenir $a$ en fonction de C et $c$ ; nous tirons en effet :

$$a = \frac{2C - 2c}{c^2} ;$$

Au cas où l'on maintient l'électrolyte saturé de sel, ce qui a généralement lieu dans l'industrie, les formules sont plus compliquées.

M. Guye a démontré par un calcul analogue au précédent que l'on arrive finalement à :

$$m = \frac{3V}{4a}\left[ (1 + ac_2)^{\frac{4}{3}} - (1 + ac_1)^{\frac{4}{3}} \right]$$

au cas où la solution renferme de la soude au début et à :

$$m = \frac{3V}{4a}\left[ (1 + ac)^{\frac{4}{3}} - 1 \right]$$

s'il n'y en a pas.

On peut tirer également :

$(a)$
$$\frac{It}{26,8\,V} = \frac{3}{4a}\left[ (1 + ac)^{\frac{4}{3}} - 1 \right] = C$$

et

$(b)$
$$t = \left( 26,8\,\frac{V}{I} \right) C$$

Enfin comme précédemment on a :

$(c)$
$$c = \frac{\left( \frac{4}{3}\,\frac{ma}{V} + 1 \right)^{\frac{3}{4}} - 1}{a}$$

$(d)$
$$P = 40\,Vc$$

$(e)$
$$r_m = \frac{c}{C} = \frac{3c}{4a}\left[ (1 + ac)^{\frac{4}{3}} - 1 \right] \qquad\qquad (1)$$

(1) Si on construit une courbe en portant en ordonnées le rendement instantané et en abcisses la concentration, on peut déduire la valeur du rendement moyen correspondant au rapport de la surface ABCD par la valeur de $c$.

$$r_m = \frac{1}{c_2 - c_1} \int_{c_1}^{c_2} \frac{dc}{(1 + ac)^{\frac{1}{3}}}$$

$$= \frac{3}{2(c_2 - c_1)a}\left[ (1 + ac)^{\frac{2}{3}} - (1 + ac)^{\frac{2}{3}} \right]$$

si
$$c_1 = 0, \quad c_2 = c$$

$$r_m = \frac{3}{2ac}\left[ (1 + ac)^{\frac{2}{3}} - 1 \right]$$

Cette expression mathématique du rendement moyen à laquelle arrive M. Ph.-A. Guye.

## TABLEAU VII
### Constantes de la marche par cuvée
(d'après Ph.-A. Guye)

| c | NaOH par litre | C | r | rm |
|---|---|---|---|---|
|  | grammes |  | p. 100 | p. 100 |
| 0,25 | 40 | 0,273 | 85,1 | 94,4 |
| 0,50 | 20 | 0,584 | 76,3 | 85,8 |
| 0,75 | 30 | 0,926 | 70,3 | 81,0 |
| 1,00 | 40 | 1,294 | 65,9 | 77,4 |
| 1,25 | 50 | 1,684 | 62,3 | 74,3 |
| 1,50 | 60 | 2,095 | 59,5 | 71,6 |
| 1,75 | 70 | 2,524 | 57,4 | 69,4 |
| 2,00 | 80 | 2,97 | 55,0 | 67,4 |
| 2,25 | 90 | 3,43 | 53,2 | 65,7 |
| 2,50 | 100 | 3,91 | 51,7 | 64,0 |
| 2,75 | 110 | 4,40 | 50,3 | 62,5 |
| 3,00 | 120 | 4,90 | 49,0 | 61,3 |
| 3,25 | 130 | 5,42 | 47,9 | 60,1 |
| 3,50 | 140 | 5,95 | 46,9 | 58,9 |
| 3,75 | 150 | 6,49 | 45,9 | 57,9 |
| 4,00 | 160 | 7,04 | 45,0 | 56,8 |

c  Concentration équivalente observée

$$C \quad \text{Concentration équivalente théorique} = \frac{3}{4a}\left[(1+ac)^{\frac{4}{3}}-1\right]$$

$$r \quad \text{Rendement instantané} = \frac{1}{(1+ac)^{\frac{1}{3}}}$$

$$r_m \quad \text{Rendement moyen} = \frac{c}{C}$$

Ces formules permettent, comme dans le cas précédent, de réaliser les calculs dont on peut avoir besoin.

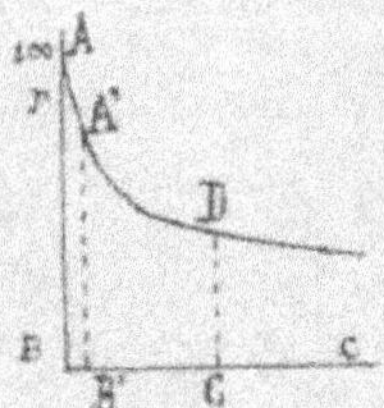


diffère du rendement pratique établi comme nous l'avons vu. La différence est faible en raison de la forme même de la courbe, d'autant plus qu'industriellement la première partie plus accentuée AA'B'B n'existe pas du fait de l'emploi de solutions salines légèrement alcalinisé ; elle serait nulle si la courbe était une droite.

## TABLEAU VIII

### Constantes de la marche en régime
(D'après Ph.-A. Guye).

| $c$ | $C$ | $r_i$ | $r_m - r_i$ | $\dfrac{r_m - r_i}{r_i}$ |
|---|---|---|---|---|
|  |  | p. 100 |  | p. 100 |
| 0,25 | 0,294 | 85,1 | 6,3 | 7,4 |
| 0,50 | 0,655 | 76,3 | 9,5 | 12,4 |
| 0,75 | 1,066 | 70,3 | 10,7 | 15,2 |
| 1,00 | 1,518 | 65,9 | 12,5 | 19,0 |
| 1,25 | 2,005 | 62,3 | 12,0 | 19,2 |
| 1,50 | 2,521 | 59,5 | 12,1 | 20,3 |
| 1,75 | 3,066 | 57,1 | 12,3 | 21,5 |
| 2,00 | 3,63 | 55,0 | 12,4 | 22,6 |
| 2,25 | 4,22 | 53,2 | 12,5 | 23,5 |
| 2,50 | 4,84 | 51,7 | 12,3 | 23,8 |
| 2,75 | 5,47 | 50,3 | 12,2 | 24,2 |
| 3,00 | 6,12 | 49,0 | 12,3 | 25,1 |
| 3,25 | 6,79 | 47,9 | 12,2 | 25,5 |
| 3,50 | 7,48 | 46,9 | 12,0 | 25,6 |
| 3,75 | 8,18 | 45,9 | 12,0 | 26,2 |
| 4,00 | 8,90 | 45,0 | 11,8 | 26,2 |

$c$  Concentration équivalente observée.

$C$  Concentration équivalente théorique $= c\,(1 + ac)^{\frac{1}{3}}$

$r_m - r_i$  Excès du rendement par cuvée sur le rendement en régime.

$\dfrac{r_m - r_i}{r_i}$  Excès précédent ramené au rendement en régime.

Dans le tableau VII, nous donnons quelques valeurs extraites du mémoire de M. Guye ; nous avons ajouté celles du rendement moyen.

De l'établissement de ces formules, M. Guye a tiré les conclusions suivantes :

1° Par des solutions électrolysées de concentration initiale identique, tous les électrolyseurs à diaphragme, dont la caractéristique de marche par cuvée est la même, donnent des solutions sodiques de même concentration finale ;

2° Toutes choses égales, les opérations par cuvée effectuées dans un même électrolyseur, et pour lesquels le produit I*t* est constant, donnent des solutions sodiques de même concentration finale ;

4

3° Les temps $t_1$, $t_2$, ... $t_n$ se calculeront aisément en introduisant dans la relation ($b$) les valeurs de C correspondant aux concentrations $c_1$, $c_2$, ... $c_n$ ; le facteur entre parenthèses est une constante pour une électrolyse donnée ;

4° Inversement, les concentrations obtenues après $t$ heures de marche sont données en calculant la valeur de C et en cherchant la valeur correspondante de $c$.

On peut ajouter comme complément :

Tous les électrolyseurs dont le rapport $\dfrac{I}{V}$ = constante, c'est-à-dire fonctionnant avec la même *concentration de courant*, donnent après les mêmes temps des solutions de même concentration.

Enfin ces conclusions s'appliquent au cas où la solution s'appauvrit en sel sous la condition que la concentration initiale soit identique.

Si nous considérons maintenant la *marche en régime* en supposant que le liquide cathodique soit énergiquement brassé pour avoir en tous points la même concentration, nous pourrons, comme précédemment, partir de l'équation de la loi de Faraday :

$$P = K \frac{M}{n} It$$

$$\frac{It}{26,8} = \frac{Pn}{M}$$

Dans ce cas, le liquide s'écoule de l'électrolyseur avec une vitesse de L litres par minute ; si nous considérons le temps $t$, nous pourrons écrire :

$$\frac{It}{26,8 \times Lt} = \frac{P}{Lt} \cdot \frac{n}{M} = C$$

Le second membre de cette équation correspond encore à la *concentration équivalente* en soude du liquide sortant de l'appareil. Le premier se réduit à :

$$\frac{I}{26,8 \times L}$$

C'est la *caractéristique de la marche en régime*.

Dans ce cas, même remarque que précédemment, la concentration théorique se trouve dans une certaine relation avec la concentration observée.

Ici encore, en supposant la solution maintenue saturée en chlorure, le rendement peut se mettre sous la forme :

$$r = \frac{1}{(1 + ac)^{\frac{1}{2}}}$$

D'autre part, il est évident que *rendement moyen* et *rendement instantané* se confondent. Nous aurons alors :

$$\frac{c}{C} = r = \frac{1}{1 (+ ac)^{\frac{1}{3}}}$$

$$C = c (1 + ac)^{\frac{1}{3}}$$

$$\frac{I}{26,8\,L} = c (1 + ac)^{\frac{1}{3}}$$

Nous voyons que la concentration du liquide sortant de l'appareil est indépendante du volume de l'électrolyseur, une fois le régime établi naturellement, elle dépend simplement d'une part de l'intensité du courant à laquelle elle est proportionnelle, d'autre part de la vitesse du liquide à laquelle elle est inversement proportionnelle.

Si la solution rentrant dans l'électrolyseur renferme de la soude à la concentration $c_1$, $c_2$ étant la concentration à la sortie, nous aurons :

$$\frac{I}{26,8\,L} = (c_2 - c_1) (1 + ac_1)^{\frac{1}{3}}$$

Nous donnons dans le tableau VIII les constantes de la marche en régime d'après les valeurs de M. Ph.-A. Guye. Aux concentration théorique et rendement, nous avons ajouté la valeur de l'excès du *rendement moyen* sur le *rendement instantané* et le rapport de cet excès au *rendement instantané* permettant de se rendre compte de l'avantage de la marche par cuvée sur la marche en régime.

Qu'advient-il si, au lieu d'être vivement remué, le liquide se déplace lentement dans l'électrolyseur et s'élève régulièrement sans agitation?

Il est facile de se rendre compte que dans ce cas chaque couche se comporte comme si elle était seule et on doit obtenir les mêmes résultats que dans le marche par cuvée; le liquide sortant est plus concentré que celui de l'opération faite avec agitation.

Le procédé à diaphragme nous amène encore à cette conséquence curieuse et contraire à ce qui est généralement observé dans les opérations électrolytiques : *le manque d'agitation augmente le rendement*.

En principe, le défaut complet d'agitation devrait permettre d'obtenir avec le procédé par circulation le même rendement que par le procédé par cuvée; en fait, il existe toujours une certaine agitation occasionnée par le dégagement d'hydrogène et par les changements de densité qui se produisent dans le liquide. Sans agitation, il n'est pas très commode non plus de maintenir le liquide saturé.

## Vérifications expérimentales

MM. Fœrster et Jorre (1) ont publié une série d'essais de laboratoire faits sur le chlorure de potassium, soit avec une anode de platine-iridium, soit avec une anode de charbon.

Nous avons réuni dans le tableau IX la moyenne des résultats provenant de quatre expériences, faites avec anode de platine dans les conditions suivantes :

Solution anodique 500 cm² à 280 gr. KCl p. litre.

Solution cathodique 700 cm³ à 200 gr. KCl p. litre.

Densité de courant anodique, 2,3 amp. p. dm².

$$I = 5 \text{ amp.}$$

### TABLEAU IX

*Électrolyse du chlorure de potassium*

(Fœrster et Jorre)

| Durée de l'essai | Chlorure de potassium | Potasse caustique | | | Rendement moyen |
|---|---|---|---|---|---|
| | | totale | par litre | c | |
| | gr. | gr. | gr. | | p. 100 |
| Début . . . . | 143,25 | » | » | » | » |
| 2 heures. . | 134,0 | 18,7 | 24,6 | 0,44 | 87,2 |
| 4 heures. . | 125,4 | 33,0 | 43,2 | 0,77 | 78,5 |
| 6 heures. . | 118,7 | 46,8 | 61,0 | 1,07 | 74,3 |
| 8 heures. . | 115,4 | 58,4 | 76,9 | 1,37 | 71,3 |
| 10 heures. . | 112,8 | 70,6 | 92,9 | 1,66 | 68,7 |

M. E. Briner a confirmé les résultats de la formule qu'il a discutée en se servant d'un appareil formé de deux récipients en verre séparés par un diaphragme de 74 cm².

Le volume de chaque compartiment était de 600 cm³, la température finale de 30-35°.

L'intensité était de 4 amp. pour 64 cm², soit une densité de courant de 6,25 amp. p. dm².

Les résultats sont réunis dans le tableau X.

Les conceptions théoriques de M. Ph.-A Guye on été confirmées par deux séries de mesures faites sur des appareils industriels de la « Volta » dans les conditions suivantes :

Compartiment cathodique 275 litres.

*Marche par cuvée :*

$$I = 1.150 \text{ ampères.}$$

$$t = 40°.$$

Durée : 30 heures.

Solution maintenue saturée de sel renfermant au début 26,1 gr. NaOH par litre.

*Marche en régime :*

$$I = 1.300 \text{ ampères}$$

$$t = 40°.$$

Débit : 27 litres à l'heure.

## TABLEAU X

*Électrolyse du chlorure de sodium*

(Briner)

| Quantité d'électricité | Teneur par litre | Poids de la soude | |
|---|---|---|---|
| | | observé | calculé |
| AH | grammes | grammes | grammes |
| 6,05 | 14,7 | 9,0 | 9,3 |
| 13,9 | 28,3 | 17,0 | 17,0 |
| 20,85 | 39,1 | 23,7 | 23,5 |
| 27,8 | 50,0 | 29,8 | 29,5 |
| 34,8 | 59,4 | 35,6 | 35,1 |
| 41,7 | 68,0 | 40,7 | 40,1 |

Solution introduite saturée de sel et renfermant 8 gr. NaOH par litre.

Au lieu de réunir les résultats pratiques sous forme de tableau, l'auteur a donné comme exemple un certain nombre de problèmes en mettant en regard le résultat calculé avec celui de l'essai.

Les chiffres pratiques ainsi obtenus correspondent d'une façon satisfaisante à ceux obtenus par le calcul. Dans la marche en régime le rendement mesuré est sensiblement égal à la moyenne entre le rendement instantané et le rendement moyen déterminés comme nous l'avons vu pour la marche par cuvée.

Pour l'étude de l'électrolyse des chlorures, nous avons employé le dispositif suivant (1) :

Un vase-cathode en nickel C (D = 11,2 cm. H = 20 cm.) renferme le vase poreux P (D = 6,5 cm., H = 18 cm.) auquel est assujetti par un bouchon de caoutchouc une anode de graphite Acheson A (D = 3,2 cm.).

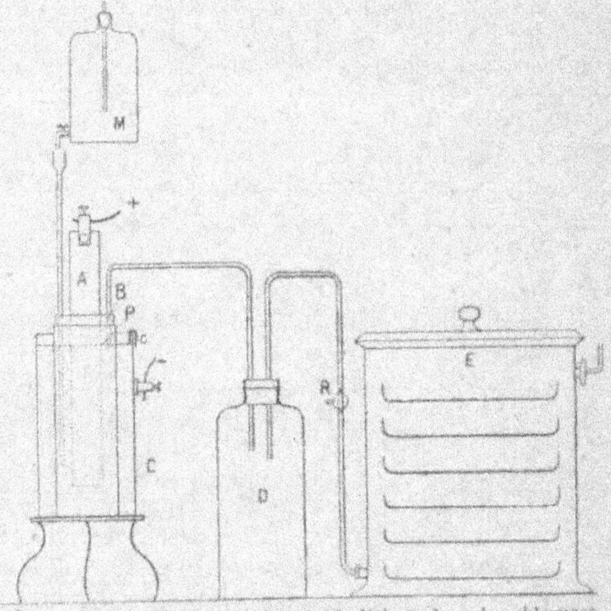



Fig. 2 — Dispositif pour l'étude de l'électrolyse des chlorures. Circulation de l'anolyte.

En raison du petit volume du compartiment anodique l'alimentation se fait d'une façon constante ; à cet effet le bouchon porte un tube à entonnoir dans lequel le liquide arrive d'un récipient M, muni d'un dispositif de Mariotte. Un second tube sert au départ du gaz et du liquide, celui-ci restant dans un flacon D Les gaz se rendent à la partie inférieure d'un vase en verre E renfermant une série de cristallisoirs plats garnis d'un mélange de charbon de bois et de chaux éteinte. Ce récipient est fermé par un couvercle rodé à l'émeri. Si l'on désire faire l'étude des gaz un robinet à trois voies R est placé avant l'absorbeur.

Le vase-cathode est monté sur un trépied afin de pouvoir être chauffé si besoin est. Sa contenance est de 1.300 cm³.

(1) André Brochet, *Bulletin Soc. Chim.* 4ᵉ série, t. III, p. 532 ; 1908.

Une intensité de 8 ampères correspond à une densité de courant anodique de 5 amp. p. dm² environ.

La concentration équivalente théorique étant donnée par la formule :

$$C = \frac{It}{26,8 \times V}$$

Si $V = 1.195$ cm³ et $t = 4$ heures,

$$C = 1.$$

Ce qui simplifie beaucoup les calculs, chaque heure de marche élevant théoriquement la concentration équivalente de 0,25.

Les tableaux XI et XII donnent les résultats obtenus dans l'électrolyse des solutions de chlorure de sodium, potassium, baryum à 235, 250 et 280 gr. de sel par litre, à la température de 40°.

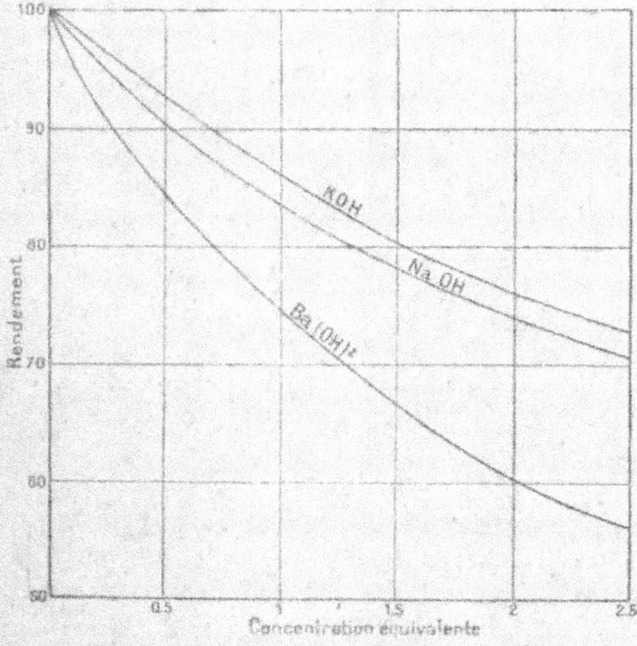


Fig. 3. — Rendement moyen dans l'électrolyse des chlorures.

C est la concentration équivalente théorique, $c$ la concentration équivalente déterminée par dosage et $r_m$, le rendement moyen.

$$r_m = \frac{c}{C} = \frac{p}{P}$$

Les courbes ci-jointes (fig. 3) permettent de comparer plus facilement les résultats. Les rendements sont en ordonnées, les concentrations équivalentes en abscisses.

TABLEAU XI

*Electrolyse du chlorure de sodium*

(A. Brochet).

| C | Trouvé | | | Calculé | | |
|---|---|---|---|---|---|---|
| | $c$ | NaOH p. litre | $r_m$ | $c$ | $r$ | $r_m$ |
| | | gr. | p. 100 | | p. 100 | p. 100 |
| 0,125 | 0,120 | 4,8 | 96 | — | — | — |
| 0,25 | 0,235 | 9,4 | 94 | 0,23 | 85,2 | 92 |
| 0,50 | 0,45 | 18,0 | 90 | 0,44 | 81,7 | 88 |
| 0,75 | 0,65 | 26,0 | 86,6 | 0,63 | 75,5 | 84 |
| 1 | 0,835 | 33,4 | 83,5 | 0,82 | 70,6 | 82 |
| 1,25 | 0,995 | 39,8 | 79,6 | 0,98 | 66,9 | 78,3 |
| 1,50 | 1,17 | 46,8 | 78 | 1,14 | 63,2 | 76 |
| 1,75 | 1,33 | 53,2 | 76 | 1,29 | 60,1 | 73,8 |
| 2 | 1,47 | 58,8 | 73,5 | 1,44 | 57,7 | 72 |
| 2,25 | 1,62 | 64,8 | 72,0 | 1,59 | 55,3 | 70,7 |
| 2,50 | 1,76 | 70,4 | 70,4 | 1,72 | 53,3 | 68,8 |

Il y a lieu de remarquer la chute rapide du rendement dans le cas de la baryte. Il faut tenir compte en effet que la concentration initiale du chlorure est plus faible dans le cas du sel de baryum, en raison de son poids moléculaire élevé ($c = 2,29$), que dans celui du sel de sodium ; le rapport $\dfrac{c_1}{c_2}$ varie donc beaucoup plus rapidement.

De même l'électrolyse du chlorure de potassium ($c = 3,36$) est plus influencée que celle du chlorure de sodium ($c = 4,6$) mais comme nous l'avons vu, le rendement est plus élevé pour la potasse que pour la soude.

Si on cherche à appliquer la formule de MM. Guye et Briner on trouve que les valeurs correspondent d'une façon très satisfaisante, notamment en ce qui concerne la soude, en faisant $a = 0,50$ (tableau VIII).

## Comparaison des divers modes de fonctionnement d'un électrolyseur

Le rendement est donc fortement influencé par le mode de fonctionnement de l'électrolyseur.

Dans la marche en régime avec agitation il tend vers le *rendement instan-*

*tané.* Dans la marche par cuvée le rendement instantané final résultant de la décroissance des rendements instantanés successifs, le *rendement moyen*

## TABLEAU XII

*Électrolyse des chlorures de potassium et de baryum*

(A. Brochet).

| C | Potasse | | | Baryte | | |
|---|---|---|---|---|---|---|
| | c | KOH par litre | r'm | c | Ba (OH)² 8H²O par litre | r'm |
| | | gr. | p. 100 | | gr. | p. 100 |
| 0,125 | — | — | — | — | — | — |
| 0,25 | 0,24 | 13,7 | 96 | 0,23 | 36,3 | 92 |
| 0,50 | 0,465 | 26,3 | 93 | 0,42 | 66,3 | 84 |
| 0,75 | 0,675 | 37,8 | 90 | 0,595 | 94 | 79,3 |
| 1,00 | 0,865 | 48,5 | 86,5 | 0,745 | 117 | 74,5 |
| 1,25 | 1,035 | 57,9 | 82,7 | 0,875 | 138 | 70 |
| 1,40 | 1,19 | 66,7 | 79,3 | 1,005 | 158 | 67 |
| 1,75 | 1,36 | 76,3 | 77,7 | 1,125 | 177 | 64,3 |
| 2,00 | 1,51 | 84,5 | 76,5 | 1,200 | 190 | 60 |
| 2,25 | 1,63 | 92,5 | 74,2 | — | — | — |
| 2,50 | 1,79 | 100,0 | 71,7 | 1,4 | 220 | 56 |

bénéficie des précédents. Aussi la marche par cuvée donne-t-elle de meilleurs résultats que celle en régime avec agitation.

Pour comparer les deux il suffit de prendre dans le tableau VII les chiffres du rendement moyen et du rendement instantané correspondant à une concentration donnée, puisque si le rendement moyen correspond au rendement effectif de la marche par cuvée, le rendement instantané correspond au rendement effectif de la marche en régime avec agitation.

Nous pouvons voir d'après les chiffres de la colonne 4 du tableau VIII que la différence devient rapidement sensiblement constante de même que le rapport de cette valeur au rendement instantané. Dans les conditions usuelles de marche on obtient en régime entre un quart et un cinquième en plus de ce que l'on obtient par cuvée (tableau VII).

En pratique le rendement oscillera donc entre deux limites correspondant au chiffre instantané et au chiffre moyen suivant que le liquide sera plus ou moins agité.

La différence tend, comme nous l'avons vu, à diminuer si l'on supprime l'agitation, elle tend à devenir nulle si l'on monte en série un certain nombre d'appareils en faisant circuler le liquide de l'un dans l'autre. Aussi la

marche en régime est-elle généralement préférée en raison de la main-
d'œuvre plus faible et du temps perdu par l'arrêt des appareils dans la
marche par cuvée ; la différence devient moins importante si, dans ce cas,
on utilise un certain nombre d'unités supplémentaires de façon à pouvoir
mettre successivement par série les appareils dont on doit changer l'électrolyte.

Si dans la marche en régime l'écoulement se fait successivement dans
la série d'appareils, le dosage du liquide à l'entrée et à la sortie de chacun
d'eux permet d'obtenir une suite de rendements correspondant aux rendements instantanés successifs de la marche par cuvée.

Ajoutons enfin que dans le système à circulation, nous produisons par
le filet liquide une dérivation du courant occasionnant une perte qui n'est
peut-être pas aussi négligeable qu'on se le figure généralement.

De l'étude qui précède nous pouvons tirer un certain nombre de remarques intéressantes.

En premier lieu, quel que soit l'alcali obtenu, la baryte agissant comme
tel, le rendement se comporte de la même façon.

Ce rendement est fortement influencé par la composition de la solution,
il décroît rapidement avec l'augmentation en alcali et, pour rester admissible, ne permettra que l'obtention de solutions étendues. Il sera d'autant
plus élevé que la richesse en chlorure sera elle-même plus grande.

Ce rendement enfin, toutes conditions égales, est indépendant de l'appareil employé, il est également indépendant de la puissance de l'appareil et
une opération industrielle donnera le même résultat qu'une opération de
laboratoire.

On voit d'autre part que la chute du rendement est très rapide au
début. Il en résulte que l'emploi des solutions légèrement alcalines pour
l'alimentation d'un appareil d'électrolyse, comme c'est le cas dans l'industrie en raison de l'utilisation du chlorure de sodium récupéré et toujours
imprégné de soude caustique, ne correspond pas à une récupération pure et
simple de cette soude car elle entraîne de ce fait une certaine perte dans le
rendement.

La nature de l'appareil étant sans influence sur le rendement, il ne faut
pas en conclure que tous donneront le même résultat. Cette remarque ne
s'applique qu'aux variantes du *rendement chimique en quantité* sur lequel a
porté toute notre discussion.

Il faut maintenant considérer l'autre facteur de l'énergie, la tension aux
bornes, à laquelle sont rattachées les questions de résistance du diaphragme, de nature des électrodes, elles-mêmes reliées aux réactions chimiques de la cuve à diaphragme.

Il faut ajouter également que si le phénomène de la migration des ions est la cause principale de la chute du rendement, il n'est pas le seul.

La *diffusion* et l'*endosmose électrolytique* dépendent des propriétés du diaphragme. Leur influence peut se faire sentir aussi bien sur le rendement que sur la tension aux bornes.

En ce qui concerne la diffusion comme elle se produit sans l'influence du courant on conçoit aisément *a priori* que son action perturbatrice doit être d'autant plus grande que la densité de courant au diaphragme est plus faible.

A cette question de tension aux bornes se rattache aussi, comme nous le savons, l'écart des électrodes, lié au mode de construction de l'appareil et à ce propos, il y a lieu de classer dans les qualités d'un appareil la commodité avec laquelle il peut être démonté grâce à ses pièces facilement interchangeables.

Cette étude peut s'appliquer aux constantes près à toutes les opérations faites dans des appareils à diaphragme.

Nous avons vu le cas le plus simple consistant à mettre dans le compartiment cathodique uniquement une solution alcaline et dans des conditions telles, que le compartiment anodique ne puisse envoyer que des ions du métal alcalin, comme c'est le cas dans la préparation du permanganate, du chromate de potassium et de la baryte.

L'électrolyse des chlorures est un peu plus compliqué puisque nous avons à la cathode alcali et chlorure.

Le cas plus complexe serait celui dans lequel se trouverait à l'anode un acide ou bien un sel envoyant des cations autres que celui du métal alcalin dont le sel est à la cathode.

Au point de vue des applications, ces opérations semblent avoir moins d'intérêt que l'électrolyse des chlorures.

## RÉACTIONS CHIMIQUES DU COMPARTIMENT ANODIQUE

Formation des composés oxygénés du chlore. — Acidification du liquide anodique.
Influence des sulfates. — Inconvénients de l'acidification.

## **Formation des composés oxygénés du chlore**.

Ainsi que nous l'avons vu précédemment, le phénomène de Hittorf provoque dans l'électrolyse des chlorures alcalins une baisse importante du rendement en soude. Le compartiment cathodique ne renferme après électrolyse que du chlorure de sodium et de la soude caustique. Quelquefois on retrouve une très faible quantité d'hypochlorite ayant échappé à la réduction de la cathode, voire même du chlorate dont on se débarrassera à la fusion finale.

Dans le compartiment anodique les réactions sont plus complexes. Les ions OH' traversent le diaphragme. La soude correspondante se trouve nécessairement au début en présence d'un excès de chlore. Dans ces conditions il y a formation d'acide hypochloreux et non d'hypochlorite de sodium, ainsi que le fait en a été démontré par Fœrster et Jorre.

$$Cl^2 + NaOH = ClNa + ClOH.$$

Cette réaction n'en est que plus mauvaise au point de vue du rendement en chlore puisque nous en retenons 71 gr. avec 40 gr. de soude au lieu de 80 exigés par l'équation :

$$Cl^2 + 2\,NaOH = ClONa + ClNa + H^2O.$$

De sorte que si l'on arrivait à un rendement instantané de 50 p. cent, ce qui, d'après les chiffres de M. Guye, correspond, pour une solution constamment saturée de chlorure, à une teneur en soude de 140 gr. par litre environ, il ne devrait plus se séparer de chlore et à partir de ce moment il y aurait formation simultanément d'acide hypochloreux et d'hypochlorite de sodium. En réalité cela ne se passe pas ainsi pour deux raisons. La première est la faible solubilité du chlore dans la solution de chlorure.

La solubilité du chlore dans l'eau pure à 0° correspond d'après les mesures de Gay-Lussac (1) et de Pelouze (2) à 5 gr. environ par litre, elle s'élève à 9 gr. par litre vers 8°, pour redescendre ensuite. Elle est beaucoup plus faible dans les solutions de chlorures terreux, comme l'a montré Berthelot (3), et dans les solutions de chlorure de sodium.

La détermination du coefficient de solubilité à différentes concentrations a été faite par Kumpf (4) (Tableau XIII). A. Kohn et F. O'Brien (5)

## TABLEAU XIII

*Coefficients de solubilité du chlore dans la solution de chlorure de sodium*

*( Kumpf )*

| 9,97 p. cent NaCl | | 16,91 p. cent NaCl | | 19,66 p. cent NaCl | |
|---|---|---|---|---|---|
| $t°$ | $\alpha$ | $t°$ | $\alpha$ | $t°$ | $\alpha$ |
| — | — | — | — | 0° | 1,6978 |
| 7°,9 | 1,8115 | 9° | 1,5866 | 9°,2 | 0,9710 |
| 19°,4 | 1,3684 | 16°,4 | 1,0121 | 15°,4 | 0,9311 |
| 22°,6 | 1,0081 | 21°,4 | 0,8732 | 21°,9 | 0,7385 |

ont déterminé le coefficient de solubilité à différentes températures dans une solution saturée de chlorure de sodium de 1,205 de densité à 15° et renfermant 26,39 p. cent NaCl (Tableau XIV).

Enfin, Berthelot a déterminé que la solubilité dans l'acide chlorhydrique à 33 p. cent pouvait atteindre 11 gr. par litre. De même la solubilité dans l'eau et les solutions de chlorure de sodium augmente du fait de la formation d'acide hypochloreux.

Pour ces raisons le chlore est un peu plus soluble dans le liquide anodique que dans une solution de chlorure de sodium pur.

Il résulte de cette faible solubilité que la première réaction n'existe pas

(1) Gay-Lussac, *Annales de physique et de chimie*, 3ᵉ série, t. VII, p. 113 ; 1843.
(2) Pelouze, *Annales de physique et de chimie*, 3ᵉ série, t. VII, p. 176 ; 1843.
(3) Berthelot, *Comptes rendus*, t. XCI, p. 191 ; 1880.
(4) Kumpf, *Annalen. Phys. und Chem. (Beiblätter)*, t. VI, p. 276 ; 1882.
(5) Kohn et O'Brien, *Journ. of Soc. of chem. Industry*, t. XVII, p. 1100 ; 1898.

seule et que la seconde se produit également ; cette dernière peu importante au début, puisqu'une faible quantité d'ions OH' traverse le diaphragme, augmente au fur et à mesure avec la teneur en soude du compartiment cathodique.

## TABLEAU XIV

*Solubilité du chlore dans la solution saturée de chlorure de sodium*

*(A. Kohn et F. O'Brien)*

| Température $t$ | Coefficient de solubilité $x$ |
|---|---|
| 14°5 | 0,3898 |
| 29° | 0,3158 |
| 60° | 0,1623 |
| 82°0 | 0,0763 |

La seconde raison est que l'hypochlorite de sodium se transforme en chlorate. Quel que soit le mécanisme, pour une molécule de soude, six atomes de chlore se trouvent détruits.

L'hypochlorite de sodium, l'acide hypochloreux donnent donc des ions ClO' et provoquent ainsi la série des réactions anodiques propres à tout acide oxygéné ou à ses sels ; c'est-à-dire que les anions libérés réagissent sur l'eau pour régénérer l'acide avec mise en liberté des ions oxygène.

$$2ClO' + H^2O = 2ClOH + O''.$$

Dans le cas d'une électrode inattaquable, en platine-iridium par exemple, les ions O'' passent à l'état moléculaire et se dégagent. Dans le cas d'une anode en charbon l'action est tout autre, il y a attaque de cette anode et formation d'anhydride carbonique. Dans les deux cas l'action peut encore être plus complexe. C'est ainsi que l'anhydride carbonique réagira sur l'hypochlorite pour mettre une nouvelle quantité d'acide hypochloreux et donner du carbonate de sodium.

Une certaine quantité d'acide chlorhydrique peut également se former du fait des réactions anodiques, mais il agit immédiatement sur l'acide hypochloreux pour donner du chlore.

Enfin la solution renfermera du chlorate. Celui-ci prend naissance de différentes façons que l'on peut rapporter à deux séries de processus :

1° *Par oxydation électrolytique* : l'acide hypochloreux, l'hypochlorite de sodium peuvent donner de l'acide chlorique et du chlorate.

2° *Par oxydation chimique.* — Le chlore peut transformer l'hypochlorite en chlorate, de même l'acide hypochloreux peut réagir sur l'hypochlorite ou même lentement sur le chlorure. L'autooxydation de l'acide hypochloreux donne également naissance à l'acide chlorique.

Le chlorate formé prend également part à l'électrolyse. Les ions $ClO^{3'}$ transportent le courant, se déchargent à l'anode et régénèrent de l'acide chlorique avec formation d'oxygène.

$$2(ClO^3)' + H^2O = 2 ClO^3H + O''$$

En fait la marche de l'électrolyse est, dans ce cas, analogue à celle des chlorures sans diaphragme. La formation des différents produits est nettement mise en évidence par les courbes du mémoire de M. Briner (1) (fig. 4).

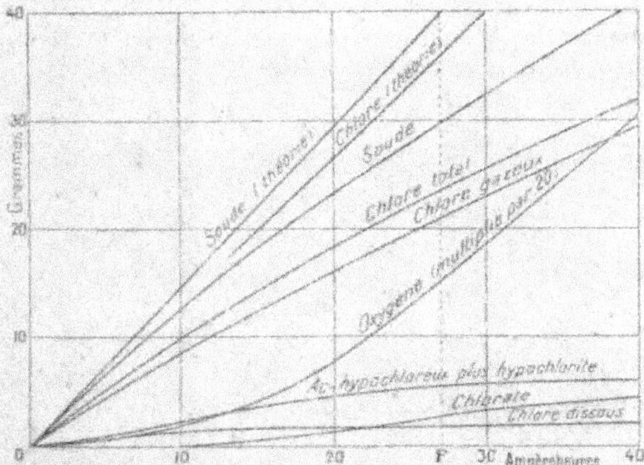


Fig. 4. — Formation des différents produits dans l'électrolyse du chlorure de sodium avec diaphragme (Briner)

En partant d'une solution concentrée de chlorure, nous nous trouverons donc au début en présence de chlore pur qui brassera régulièrement l'anolyte. Il y aura formation d'acide hypochloreux, puis d'hypochlorite, lesquels donneront naissance à de l'oxygène, de l'anhydride carbonique (avec anodes de charbon) et du chlorate. Tandis que dans la solution la teneur en hypochlorite et acide hypochloreux atteindra rapidement une limite sensiblement constante, le chlorate augmentera indéfiniment et dans une opération continue l'enrichissement en chlorure de sodium de l'anolyte appauvri n'aura que relativement peu d'influence sur la teneur moyenne en produits parasites.

(1) E. Briner, *Journal de Chimie Physique*, t. V, p. 298 ; 1907.

Quant aux gaz dégagés, formés de chlore pur au début, ils ne tarderont pas à être souillés d'oxygène et d'anhydride carbonique et peuvent même entraîner de l'anhydride hypochloreux. Cette proportion d'impuretés deviendra importante puisque, comme nous venons de le dire, la teneur de l'anolyte s'accroîtra en chlorate indéfiniment jusqu'au moment où ce sel, étant par trop gênant, devra être extrait de la solution.

## Acidification du liquide anodique

Pour éviter toutes ces réactions anodiques une méthode se présente immédiatement à l'esprit : c'est d'empêcher les ions OH' de pénétrer dans le compartiment anodique et pour cela maintenir constamment l'électrolyte acide.

Au point de vue pratique ce système semble avoir été utilisé pour la première fois par Le Sueur (1) puis par Outhenin-Chalandre (2). La « Volta » a fait breveter (3) un dispositif complémentaire de l'appareil Outhenin-Chalandre, dont voici la description sommaire (fig. 5 et 6).

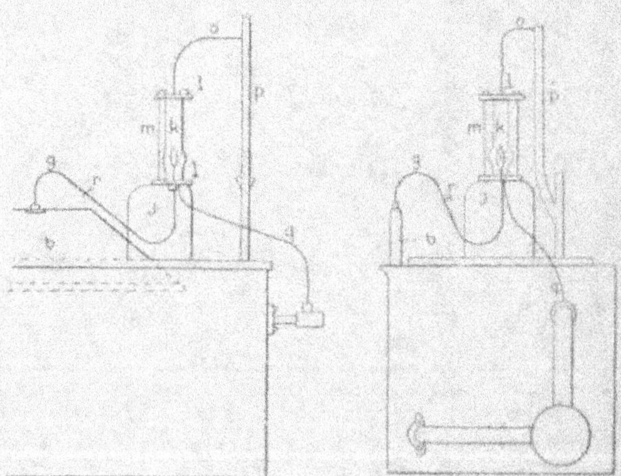

Fig. 5.        Fig. 6.

Dispositif pour la formation d'acide chlorhydrique (Outhenin-Chalandre)

La cloche *b* de l'appareil d'électrolyse dont nous verrons la description ultérieurement repose simplement sur une cornière contenue dans la caisse de l'électrolyseur, un dispositif spécial permet de canaliser tout l'hydro-

(1) Parsons, *Journ. Amer. Chem. Soc.*, t. XX, p. 358 ; 1898.
(2) Outhenin-Chalandre, Brevet français, n° 258.145 ; 1896.
(3) Société « La Volta », Brevet français, n° 286.923 ; 1899.

gène produit dans cette cloche ; de son extrémité supérieure part un tube $g$, qui arrive au brûleur $k$ placé dans un verre analogue aux verres de lampe mais fermé en haut et en bas par deux plaques $l$ réunies par des tiges $m$. Une toile métallique entoure le tout. À la partie supérieure du verre de lampe débouche un tube $o$, qui se raccorde avec un tuyau de sortie du gaz chlore $p$ venant du compartiment anodique.

Du bas de la platine inférieure du brûleur $l$ part un tube $q$ par lequel sort l'acide chlorhydrique formé par la combustion de l'hydrogène au contact du chlore. Ce tube $q$ vient déboucher dans le tuyau de circulation du liquide anodique. L'acide chlorhydrique ainsi produit se règle facilement d'après le courant d'hydrogène employé ; on peut le rendre plus ou moins abondant au moyen d'un robinet fixé sur le tube $g$.

Quant à la quantité d'acide nécessaire elle est facile à évaluer ; elle correspond à la soude qui passe dans le compartiment anodique, c'est-à-dire que ces quantités doivent être équimoléculaires. Il en est de même pour le chlore et l'hydrogène servant à la production de cet acide ; en conséquence le rendement en soude sera sensiblement égal au rendement en chlore et en hydrogène.

Il faut naturellement qu'il y ait un léger excès d'acide chlorhydrique. En fait, l'électrolyse dans ces conditions revient à celle d'une solution d'acide chlorhydrique tout au moins dans le compartiment anodique.

Les ions H· résultant de l'acide ne traverseront naturellement pas le diaphragme et seront arrêtés à la zone neutre du fait de la neutralisation de l'acide par la soude.

Faraday, puis Bunsen (1), Riche (2), ont montré que l'électrolyse de l'acide chlorhydrique peut donner naissance à de l'oxygène. Le dernier indique également la formation d'acides hypochloreux et chlorique.

En se basant sur les expériences de Haber et Grindberg (3) d'après lesquels le dégagement d'oxygène dans les solutions étendues d'acide chlorhydrique résulte de la décharge des ions OH' provenant de la dissociation infiniment faible de l'eau, on pourrait admettre que dans le cas présent une partie de l'oxygène anodique résulte d'un tel processus. Cette proportion est insignifiante d'autant plus que la solution anodique est maintenue saturée de chlorure. D'autre part Fœrster et Sonneborn ont établi qu'en solution de chlorure ce dégagement primaire était encore plus insignifiant qu'en solution chlorhydrique (4). Il est donc pratiquement

(1) Bunsen et Roscoe, *Annalen Phys. und Chem.* (*Poggendorff*), t. C, p. 64 ; 1857.
(2) Riche, *Comptes rendus*, t. XLVI, p. 348 ; 1858.
(3) Haber et Grindberg, *Zeitsch. f. anorg. Chem.*, t. XVI, pp. 198 et 329 ; 1897.
(4) Fœrster et Sonneborn, *Zeitsch. f. Elektrochem.*, t. VI, p. 597 ; 1900.

nul et l'oxygène qui se dégage résulte des composés oxygénés produits au cours de l'électrolyse.

Noyes et Sammet ont également publié un mémoire intéressant (1) sur l'électrolyse de l'acide chlorhydrique (2).

## Influence des sulfates

On peut donc admettre que la saturation constante et l'acidification empêchent la plupart des réactions parasites, mais elles ne les empêchent pas toutes. Les chlorures employés, principalement celui de sodium renferment de petites quantités de sulfates, de même l'eau utilisée pour faire les solutions.

Nous aurons donc accumulation de ce sulfate dans le compartiment anodique. Les ions $SO_4''$ du liquide cathodique traverseront le diaphragme et cela en proportion d'autant plus grande relativement, que les sulfates seront complètement dissociés en raison de leur faible quantité.

Les ions $SO_4''$ libérés à l'anode réagiront sur l'eau pour donner de l'oxygène et de l'acide sulfurique lequel correspondra à la mise en liberté d'acide chlorhydrique ou hypochloreux.

Remarquons que l'action destructive sur les anodes est beaucoup plus énergique en présence de sulfates qu'en présence d'hypochlorites ou même de chlorates.

*

(1) Noyes et Sammet, *Zeitsch. f. physik. Chemie*, t. XLIII, p. 49 ; 1903.

(2) Dans deux notes publiées aux Comptes rendus de l'Académie des Sciences (t. CXLVI, pp. 229 et 687, 1908), M. Doumer dosant l'oxygène qui se dégage, par électrolyse de solutions faibles d'acide chlorhydrique et le considérant comme résultant de l'ionisation de l'eau, calcule de ce fait le coefficient d'ionisation et arrive à cette conclusion extraordinaire que les ions Cl' et H· ont le même facteur de transport et par conséquent la même vitesse ; en réalité l'ion H· est cinq fois plus rapide que l'ion Cl' (Tableau II, p. 25).

Malheureusement le point de départ est absolument faux. Si, comme nous l'avons indiqué, dans le cas du mélange de deux sels, le courant est transporté par les deux et dans des conditions telles que leur coefficient de dissociation joue un rôle important, il ne s'ensuit pas nécessairement que les ions libérés aux électrodes sont dans le rapport des coefficients de dissociation. Ce qu'admet M. Doumer.

Les ions sont libérés dans l'ordre de leur tension, encore faut-il remarquer que cela n'est pas absolu, que la loi ne s'applique que pour des courants dont l'intensité est sensiblement nulle ou dans certains cas pour les ions dont les tensions sont très différentes, sinon plusieurs ions se trouvent libérés simultanément. De sorte qu'en se plaçant dans les conditions indiquées par M. Doumer, solution étendue d'acide chlorhydrique, en admettant même que tout l'oxygène qui se dégage résulte de la décomposition primaire due à la dissociation de l'eau il n'a nullement le droit de tirer les conclusions auxquelles il arrive et qui sont, *a priori*, erronées.

Les conclusions de M. Doumer ont été d'ailleurs réfutées par M. Guillox (*Comptes rendus*, t. CXLVI, p. 581 ; 1908).

## Inconvénients de l'acidification

L'acidification des solutions anodiques présente par contre un grave inconvénient en ce qui concerne le diaphragme. La matière de celui-ci peut être attaquée par l'alcali qui le pénètre d'un côté, se dissoudre et précipiter de l'autre côté au contact du liquide acide, ce contact se faisant dans le diaphragme même, d'où obturation de ses pores. Les substances ainsi précipitées au voisinage de cette couche neutre seront la silice aussi bien que l'alumine. Cette acidification est incompatible avec les diaphragmes en ciment, elle semble d'ailleurs généralement abandonnée à l'heure actuelle.

Dans les réactions que nous venons d'étudier, le chlorate est le seul sel formé, les autres produits ne servant que d'intermédiaires. La production de ce chlorate correspond en définitive à la quantité de soude manquant au compartiment cathodique, c'est-à-dire que pour six fois quarante grammes de soude disparue on obtient 106,5 gr. chlorate de sodium.

Ce n'est donc pas à proprement parler une utilisation du chlore, pas plus que celle qui consiste à faire agir en dehors de l'appareil le chlore sur la soude pour faire hypochlorite ou chlorate. Cela revient à avoir un appareil supplémentaire à chlorate à côté de celui servant à fabriquer chlore et soude.

# CHAPITRE VI

## L'ANODE



### Matières premières

L'emploi des anodes de platine et de platine-iridium quelquefois essayées dans l'industrie du chlore et de la soude n'a jamais pu être utilisé pratiquement ; le capital engagé étant trop considérable par rapport à la valeur des produits fabriqués.

Les électrodes de charbon ont été mises en œuvre dans un grand nombre de cas. Bunsen substitua le charbon de cornue au platine de la pile de Grove (1) ; ce fut lui également qui donna le principe de la fabrication des charbons agglomérés employés actuellement aussi bien pour les piles et les crayons de lampes à arc que pour les besoins de l'électrolyse, etc.

Le charbon de cornue fut cependant proposé dans différents procédés. Le Sueur (2) utilisait directement les blocs de charbon de cornue réunis dans une tête de forme spéciale. Ce système fut d'ailleurs réalisé par un grand nombre d'inventeurs. De même les usines employant le procédé Hargreaves-Bird faisaient usage d'électrodes composées (3) constituées (fig. 7) par un support $b$ en matière non conductrice renfermant le conducteur $a$, contre lequel sont pressés au moyen de tiges à écrous C et par l'intermédiaire de cylindres creux en charbon $f$, des morceaux de charbon de cornue $e$. Le logement de l'écrou est rempli d'une matière isolante $k$ ; de même, les morceaux et les cylindres de charbon sont séparés du support $b$

(1) Bunsen, *Annalen Phys. und Chem. (Poggendorff)*, t. LV, p. 265 ; 1842.
(2) Le Sueur, Brevet français, nº 212.600 ; 1891.
(3) The General electrolytic Parent Company, Brevet français, nº 291.899 ; 1899.

par des pièces en matière non conductrice. L'intérieur du support *b* est également rempli d'un corps isolant.

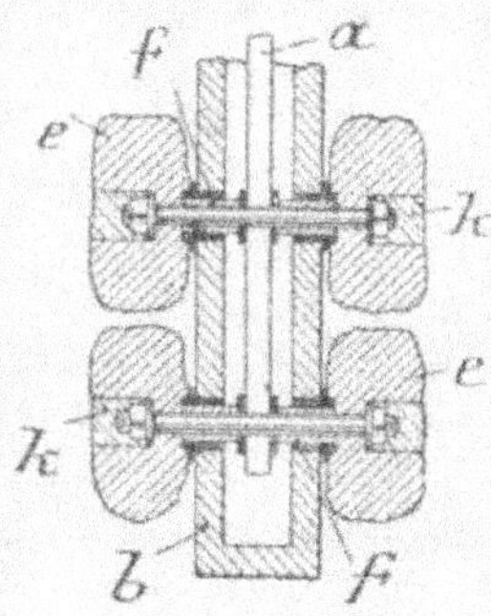

Fig. 7. — Anode composée en charbon de cornue.

Le procédé consistant à employer directement le charbon en petits morceaux a été essayé par Kellner (1) et Craney (2), ce dernier plaçant la matière dans un récipient en poterie percé de trous.

A côté, un certain nombre de matières premières ont été proposées en raison des inconvénients du carbone, signalons entre autres : le peroxyde de plomb (3) obtenu de différentes façons et notamment en comprimant un mélange de sulfate d'ammonium et de litharge. Il y a formation de sulfate de plomb qui est ensuite transformé en peroxyde comme dans le cas des positives d'accumulateurs. Le produit ainsi obtenu était désigné sous le nom de *lithanode*, mais il n'est pas indiqué comment l'électrode était rendue conductrice. Ferchland (4) obtient ce produit sous forme de dépôt électrolytique.

Hœpfner a proposé l'emploi du ferrosilicium obtenu soit en coulant l'alliage (5), soit en déposant par électrolyse d'un mélange de silicates fondus, une légère couche de silicium sur une électrode en fer qui se trouvait ainsi transformée superficiellement en ferrosilicium (6). Parker et Robinson (7) employaient le phosphure de chrome.

Blackmann (8) dans le même but se sert de plaques de magnétite ($Fe^3O^4$)

(1) Kellner, Brevet anglais, n° 2806 ; 1894.
(2) Craney, Brevet français, n° 229.965 ; 1893.
(3) Fitzgerald, Brevet français, n° 233.970 ; 1895. — Spilker, Brevet allemand, n° 73.221 ; 1893.
(4) Ferchland, Brevet français, n° 371.245 ; 1906.
(5) C. Hœpfner, Brevet allemand, n° 68.748 ; 1890.
(6) C. Hœpfner, Brevet allemand, n° 77.881 ; 1891.
(7) T. Parker et E.-A. Robinson, Brevet anglais n° 6.067 ; 1892.
(8) Blackmann, Brevet français, n° 248.209 ; 1895.

ou d'ilménite [(FeTi)O³] naturelles fondues. Des anodes en magnétite sont fabriquées par la société « Elektron » en fondant de l'oxyde ferrique au four électrique (1). Les plaques ainsi obtenues, meilleur marché que les anodes de charbon, sont inaltérables, ne donnent pas naissance à de l'anhydride carbonique et la tension anodique est plus faible avec elles qu'avec les anodes de platine (résistivité, $\rho$ = 0,029.790 Ohm-centimètre.

La société « Elektron » a substitué ces anodes en magnétite aux anodes en charbon dans ses installations.

Pour détruire l'oxyde ferreux qui peut se former, on ajoute au moment de la coulée une petite quantité d'oxyde ferrique (2).

### Causes de la destruction des anodes de charbon

La destruction d'une anode employée à l'électrolyse d'un chlorure provient non de ce chlorure lui-même mais des composés oxygénés résultant de l'action électrolytique ou constituant des impuretés.

Pour mieux concevoir cette action on peut l'amplifier en électrolysant directement de l'acide sulfurique ou un sulfate en solution étendue. Dans ces conditions un nouveau produit déjà signalé par Faraday, l'oxyde de carbone, se retrouve en petite quantité mais d'une façon constante dans les gaz. Dans certains cas on le rencontre même dans l'électrolyse des chlorures.

Une électrode de charbon peut être considérée comme composée de deux sortes de carbone :

1° Le carbone employé comme matière première et constituant la masse même de l'électrode ;

2° Le carbone provenant de la destruction du produit employé comme agglomérant.

Ces deux variétés se comportent en général d'une manière tout à fait différente au cours de l'électrolyse. La seconde, plus tendre, plus poreuse est beaucoup plus attaquable et c'est sur elle surtout que porte l'action oxydante. Il en résulte que cette partie disparaissant le charbon se désagrège, la désagrégation étant non pas provoquée mais facilitée du fait du dégagement gazeux (3).

Faisons toutefois observer que le charbon de cornue se comporte de même et que d'après Bartoli et Papasogli il n'y a désagrégation que dans le cas où il peut se former de l'oxygène à l'anode (4).

(1) Chemische Fabrik Griesheim Elektron, Brevet allemand, n° 137.122 ; 1902.
(2) Chemische Fabrik Griesheim Elektron, Brevet français, n° 373.595 ; 1906.
(3) L. Sproesser, *Zeitsch. f. Elektrochem.*, t. VII, p. 971 ; 1901.
(4) Bartoli et Papasogli, *Gazetta chimica italiana*, t. XIII, p. 37, 188.

Nous pourrons donc caractériser l'action chimique correspondant à l'attaque elle-même et l'action mécanique résultant de cette attaque. Nous admettrons que cette dernière correspond au produit solide entraîné dans l'électrolyte, l'action chimique correspondant aux produits gazeux ou solubles ; ceux-ci plus ou moins bien définis.

Le point à considérer pour nous c'est que du fait de leur désagrégation, les anodes s'attaquent beaucoup plus que ne l'indique la réaction chimique :

$$C + O^2 = CO^2.$$

Or les anodes représentent une dépense considérable, non seulement du fait de leur valeur propre, mais également en raison de ce que leur remplacement dans des appareils compliqués correspond à une main-d'œuvre élevée, d'autant plus que pour une usure relativement faible rapportée à l'électrode complète, il y a une augmentation sensible de la densité de courant entraînant avec elle la résistance de l'appareil considéré dans son ensemble et modifiant la nature et la proportion des réactions anodiques.

Dans l'électrolyse des chlorures l'attaque des anodes provient donc des composés oxygénés, hypochlorite et chlorate et surtout du sulfate. Elle est le résultat d'une action oxydante, l'action chlorurante quelquefois indiquée est tout au plus insignifiante.

## Attaque par différentes électrolytes

La différence entre l'action chimique et l'action mécanique est extrêmement différente suivant la nature de l'électrolyte. Des essais comparatifs intéressants ont été publiés par Zellner (2) relativement à des électrodes de charbon de cornue employés dans des solutions à 5 p. cent avec une densité de courant de 3,5 à 4 amp. p. dm². Nous en publions quelques résultats dans le tableau XV.

### TABLEAU XV

*Attaque des anodes de charbon (Zellner)*

| à p. 100 | Perte par cm² et par heure | | | Pour 100 | |
| --- | --- | --- | --- | --- | --- |
| | Totale | Insoluble | Soluble | Insoluble | Soluble |
| | A | B | C | D | E |
| NO³H. | 0,0302 | 0,0248 | 0,0054 | 82 | 18 |
| SO⁴H². | 0,0160 | 0,0123 | 0,0037 | 77 | 23 |
| NaCl. | 0,0047 | 0,0015 | 0,0032 | 32 | 68 |
| KOH. | 0,0032 | 0,0006 | 0,0026 | 20 | 80 |

(2) Zellner, *Zeitsch. f. Elektrochem.*, t. V, p. 430 ; 1899.

Les chiffres des colonnes A, D, E, ont été donnés par Zellner, ceux des colonnes B et C ont été calculés au moyen des précédents.

Les valeurs ainsi obtenues sont intéressantes, elles montrent que l'action chimique (C) varie du simple au double de la potasse à l'acide nitrique. Par contre la différence entre l'attaque mécanique des divers électrolytes est autrement différente. Dans le cas des alcalis la désagrégation est insignifiante et il semble que l'action de l'oxygène porte presque également sur les deux variétés de carbone.

Avec le chlorure de sodium la désagrégation est déjà plus nette. Dans le cas des acides et plus particulièrement de l'acide nitrique l'action de l'oxygène paraît avoir porté plus spécialement sur le carbone servant de liaison, d'où la désagrégation.

Le point intéressant pour nous est de considérer l'action énergique de l'acide sulfurique et par conséquent des sulfates, aussi ceux-ci devront-ils être éliminés avec soin des chlorures dont ils constituent les impuretés d'autant plus que les ions $SO_4''$ s'accumulent, comme nous l'avons fait observer, dans le compartiment anodique.

### Fabrication des électrodes de charbon (1)

On emploie comme matière première principalement le noir de fumée, le coke de houille, le coke de pétrole, ou mieux le charbon de cornue. Ce dernier provient de la dissociation au contact des parois surchauffées des cornues à gaz, de carbures très riches en carbone qui se décomposent en donnant un carbure moins riche, tandis que le carbone en excès se dépose.

Les morceaux sont assez souvent recouverts sur un des côtés de silicates provenant de l'adhérence des parois de la cornue; il faut alors séparer cette croûte, opération qui ne peut se faire qu'à la main.

Le charbon, quelle que soit sa nature, est broyé dans des appareils à mâchoires, pulvérisé sous des meules et finalement tamisé.

La poudre est mélangée avec du brai ou du goudron en quantité aussi faible que possible.

On utilise à cet effet des malaxeurs à double enveloppe permettant de les chauffer au moyen d'un courant de vapeur. La masse n'est pas plastique mais on lui communique un peu de cette qualité en la soumettant à l'action de meules circulaires.

Les pâtons obtenus sont pilonnés de façon à chasser les bulles d'air et former une cartouche de 200 à 1.000 kgr. que l'on introduit dans une bat-

(1) La fabrication des charbons pour piles et des crayons de lampe à arcs se fait d'une façon identique mais avec moins de soins.

terie de presse ou de filière suivant les cas. La pression peut aller à 600, voire même deux mille kilogrammes par centimètre carré. Les électrodes crues sont placées dans des creusets ou casettes en terre réfractaire qu'on remplit de poussier de coke et chauffées dans des fours continus ou intermittents suivant l'importance de la fabrication.

## Graphitation des anodes

Une remarque importante avait été faite au sujet de l'attaque des anodes au cours de l'électrolyse, c'est que cette attaque était d'autant plus faible que la cuisson de l'électrode avait eu lieu à température plus élevée.

Girard et Street (1) songèrent les premiers à utiliser à cet effet l'action du courant électrique. Pour cela l'électrode reliée à un des pôles de la source d'électricité se déplace dans une chambre de chauffe ; perpendiculairement se trouve une seconde électrode. On fait jaillir un arc entre les deux, en même temps que le double mouvement imprimé à l'électrode traitée lui permet de présenter ainsi toute sa surface à l'action calorifique.

Avec le courant alternatif on peut employer des artifices spéciaux qui amènent la suppression du double mouvement par l'emploi d'un champ magnétique tournant (2).

Le charbon ainsi obtenu est partiellement transformé en graphite, il est meilleur conducteur du courant, laisse une trace sur le papier, etc.

Vers la même époque Castner utilise un procédé à peu près semblable (3), il fait passer le courant au travers de l'électrode avec une densité de courant de 60 à 80 ampères par cm² et la porte en quelques minutes au blanc éblouissant. Pour éviter sa combustion, l'électrode est noyée dans du poussier de charbon. Elle perd ainsi 5 p. cent de son poids et sa résistivité a diminué.

Mais la véritable clé de la graphitation a été trouvée par Acheson (4) comme suite à ses recherches sur la fabrication industrielle du carborundum ou siliciure de carbone cristallisé.

Ce produit est obtenu dans un four à résistance établi entre deux murs maintenant les électrodes constituées par une série de barres de charbon ; entre ces électrodes se trouve une *âme*, formée de charbon tassé, par laquelle passera le courant. Autour est placé le mélange de silice et de charbon, additionné d'un peu de sciure de bois et de chlorure de sodium.

(1) Girard et Street, Brevet français, n° 231.211 ; 1893.
(2) Girard et Street, Brevet français, n° 230.341 ; 1893.
(3) Castner, Brevet français, n° 240.684 ; 1891.
(4) Acheson, Brevet français, n° 297.647 ; 1900.

Sous l'influence de l'échauffement produit par le passage du courant dans l'âme, les matières réagissent et l'on obtient le siliciure de carbone en cristaux d'autant plus gros qu'ils sont plus rapprochés de l'âme. Ces cristaux hexagonaux, mordorés, peuvent atteindre jusqu'à deux centimètres de côté.

Parfois on remarque que ces cristaux tout en conservant leur forme ont perdu leurs brillantes couleurs ; de gorge-de-pigeon ils sont devenus noirs, le produit dont la dureté est voisine de celle du diamant est remplacé par un autre qui s'écrase sous la pression du doigt : c'est du graphite. Le silicium a disparu. D'autre part le charbon constituant l'âme est lui-même transformé en graphite.

Le carbone s'est combiné aux métaux ou aux métalloïdes : silicium, fer constituant les impuretés pour donner des carbures qui se sont ensuite décomposés. Mais dans cette réaction la quantité du corps simple nécessaire pour transformer le charbon en graphite est beaucoup moindre que la quantité théorique. Il y a là en effet une action catalytique (1) et transformation progressive de toute la masse.

On se trouve donc en présence de ce fait curieux que, tandis que l'on cherchait jusqu'alors à employer des produits excessivement purs pour la fabrication des électrodes, il est devenu nécessaire pour les transformer en graphite, soit d'employer des produits impurs, l'anthracite à 6 ou 7 p. cent de cendres convient très bien, soit d'ajouter une dose de cette ordre de grandeur d'un produit déterminé, tel l'oxyde de fer.

Naturellement pour la fabrication, le charbon de l'âme des fours à carborundum sera remplacé, comme dans le procédé Castner, par les électrodes régulièrement empilées.

On arrive ainsi à faire des variétés soit dure, soit tendre de graphite et tandis que le charbon de cornue, les électrodes industrielles sont extrêmement dures et usent rapidement les outils, les électrodes en graphite Acheson peuvent être débitées avec une scie à bois.

### Propriétés et étude des électrodes

*Densité.* — La densité d'une électrode a été regardée pendant longtemps comme un facteur important de la qualité. Les électrodes les plus denses étant considérées comme les meilleures, en raison de ce fait que l'on attribuait à la porosité une influence capitale. Cependant il y a lieu de faire observer que l'addition de matières minérales étrangères pouvait augmenter la densité tout en diminuant la qualité.

(1) Fitzgerald, *Journ. Society Chem. Ind.*, t. XX, p. 443 ; 1901.

Récemment MM. Le Chatelier et Wologdine (1) ont montré que tous les graphites naturels ou artificiels et notamment le graphite Acheson, complètement purifiés puis comprimés à 5.000 kgs par centimètre carré avait exactement la même densité, soit 2,255.

Nous donnons dans le tableau XVI la densité apparente que nous avons déterminée pour quelques variétés d'électrodes.

### TABLEAU XVI

*Densité apparente de quelques électrodes*

|  | $D_{15°}$ |
|---|---|
| Charbon de pile (Société Le Carbone) . . . . | 1,558 |
| Charbon d'électrolyse (O. C.) . . . . . . | 1,401 |
| Charbon d'électrolyse (Société Le Carbone) . . | 1,524 |
| Charbon électrographitique (marque E. G.; Société Le Carbone) . . . . . . . . . | 1,648 |
| Électrode Acheson . . . . . . . . . | 1,572 |

*Porosité.* — D'une façon générale, la porosité peut être définie comme étant le rapport du volume des pores $v$ au volume total V, ou ce qui revient au même, au rapport de la différence entre la densité réelle $Dr$ et la densité apparente $Da$ à la densité réelle.

$$a = \frac{v}{V} = \frac{Dr - Da}{Da}$$

Dans le cas des électrodes le volume V se détermine facilement, les électrodes ayant le plus généralement une forme géométrique régulière. Pour avoir $v$ on peut peser l'électrode sèche, puis l'imprégner d'eau en opérant à l'ébullition ou dans le vide pour chasser l'air  L'augmentation de poids correspond au volume de l'eau absorbée.

Nous donnons quelques chiffres publiés par Fœrster (2) (tableau XVII), d'autres ont été donnés également par Zellner (3), Sprœsser (4).

(1) Le Chatelier et S. Wologdine, *Comptes-rendus*, t. CXLVI, p. 49 ; 1908.
(2) Fœrster, *Zeitsch. f. angew. Chemie*, t. XIV, p. 647 ; 1901.
(3) Zellner, *loc. cit.*
(4) Sprœsser, *Zeitsch. f. Elektrochem.*, t. VII, p. 971 , 1901.

## TABLEAU XVII

*Porosité et cendres de quelques électrodes*

*(Fœrster)*

|  | Porosité | Cendres |
|---|---|---|
| Graphite Acheson | 22,9 | 0,8 |
| Graphite (Société Le Carbone) | 23,2 | 3,6 |
| Charbon de cornue très dense | 11,2 | 0,4 |
| — — moins dense | 12,6 | 2,3 |
| Anode (Appareil Haas et Œttel) | 22,2 | 1,8 |
| Anode (Kronen Kohle ; Conradty) | 21,1 | 2,3 |
| Anode très dure (Lessing) | 22,5 | 1,1 |
| Anode tendre, facile à travailler | 27,8 | 4,2 |

Comme nous l'avons dit la porosité facilite la destruction des anodes, les gaz qui se forment dans les pores augmentant peu à peu de volume et favorisant la désagrégation.

Mais cette remarque n'est pas absolue, les électrodes Acheson par exemple, qui se comportent le mieux vis-à-vis des actions chimiques, étant relativement poreuses.

Pour diminuer la porosité et augmenter de ce fait la durée des électrodes différents systèmes ont été proposés c'est ainsi que Fitzgerald et Molloy (1), H. et D. Cappelen (2), puis Winteler (3) bouchaient les pores en les remplissant de paraffine ; d'autre part Roberts (4) dans le même but fait un mélange de poudre de charbon et de verre puis chauffé à la température de ramollissement du verre et comprime dans un moule à la presse hydraulique de façon à chasser l'excès de verre.

*Résistivité.* — La résistivité ou résistance spécifique $\rho$ d'une électrode se détermine facilement en mesurant la résistance R, la section S et la longueur L entre les points extrêmes de la partie mesurée on a alors :

$$R = \rho\,\frac{L}{S}$$

Si R est en ohms, L en centimètres, S en centimètres carrés, $\rho$ sera exprimé en ohmcentimètres.

(1) Fitzgerald et Molloy, Brevet anglais, n° 1.372 ; 1872.
(2) H. et D. Cappelen, Brevet anglais, n° 13.521 ; 1896.
(3) Winteler, *Zeitsch. f. Elektrochem.*, t. V, p. 10 ; 1898.
(4) Roberts, Brevet français, n° 294.984 ; 1899.

Cette unité qui est de l'ordre de grandeur des valeurs correspondant aux solutions est beaucoup trop considérable pour les métaux. On exprime la résistivité de ceux-ci en microhmcentimètres.

Il y a lieu de remarquer que comme dans le cas des solutions et contrairement aux métaux, le coefficient de température est négatif dans le cas des électrodes de charbon, c'est-à-dire que la résistivité augmente quand la température diminue et réciproquement.

Trois méthodes peuvent être employées pour la mesure des résistances.

Dans la méthode du *Pont de Wheatstone*, la résistance $x$ (fig. 8) est montée

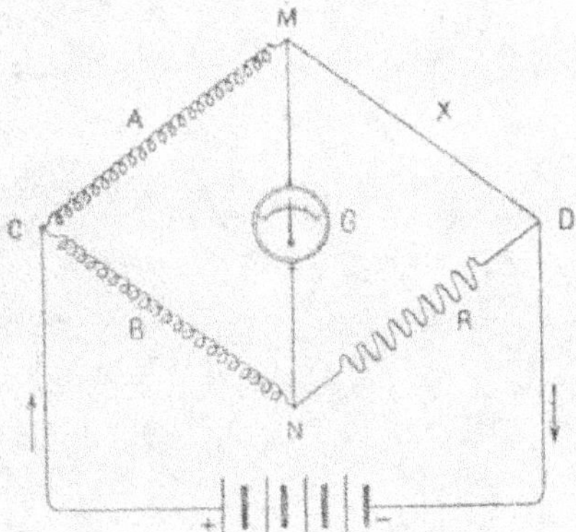

Fig. 8. — Mesure des résistances. Pont de Wheastone.

en circuit avec les trois résistances A, B, R et l'on réunit les points C et D à à une pile, M et N à un galvanomètre sensible G.

On fait varier les résistances A, B, R de telle façon que le galvanomètre reste au zéro quand on ferme le circuit de la pile. Les points M et N sont au même potentiel et l'on a :

$$\frac{x}{R} = \frac{A}{B}$$

$$x = R \frac{A}{B}.$$

Dans la méthode du *Pont de Thomson* une résistance étalonnée est montée en circuit avec la résistance à mesurer et on compare les deux résistances en les amenant à égalité.

Enfin la troisième méthode plus simple consiste à déterminer la résistance entre deux points d'une électrode dans laquelle on fait passer un courant d'intensité I en mesurant la différence de potentiel U entre ces deux points (fig. 9).

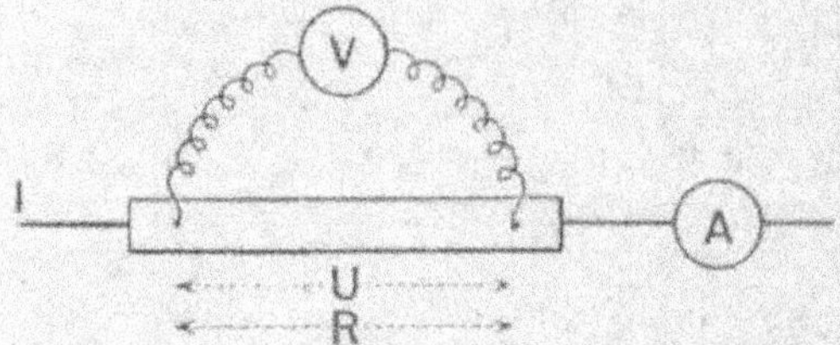

Fig. 9. — Mesure des résistances. Application de la loi d'Ohm.

En appliquant la loi d'Ohm on a :

$$R_{(ohms)} = \frac{U_{(volts)}}{I_{(ampères)}}$$

Les précautions à prendre pour faire cette mesure sont les suivantes : pour avoir un bon contact entre le cable d'arrivée du courant et le charbon, celui-ci sera serré dans de larges pinces et même dans le cas de grosses électrodes, comme celles pour le four électrique auxquelles la méthode s'applique, autour de chaque extrémité sera coulée une tête en plomb. Pour éviter l'action de la chute de potentiel qui pourrait provenir d'un mauvais contact, la différence de potentiel est déterminée entre deux points de l'électrode elle-même au moyen de tiges de cuivre terminées en pointes que l'on pique dans l'électrode. Là d'ailleurs la question contact n'a pas d'importance en raison de la grande résistance des voltmètres, mais ce qu'il est nécessaire de déterminer exactement, ce sont les dimensions de l'électrode et notamment la distance des deux points entre lesquels on fait la lecture.

Si l'on fait usage d'un ampèremètre à shunt et si l'on choisit celui-ci de telle façon que sa résistance soit de l'ordre de grandeur de celle de l'électrode, le galvanomètre de l'ampèremètre peut remplacer le voltmètre et l'on arrive ainsi à une modification de la méthode du Pont de Thomson (fig. 10), on compare la résistance R du charbon à celle du shunt S.

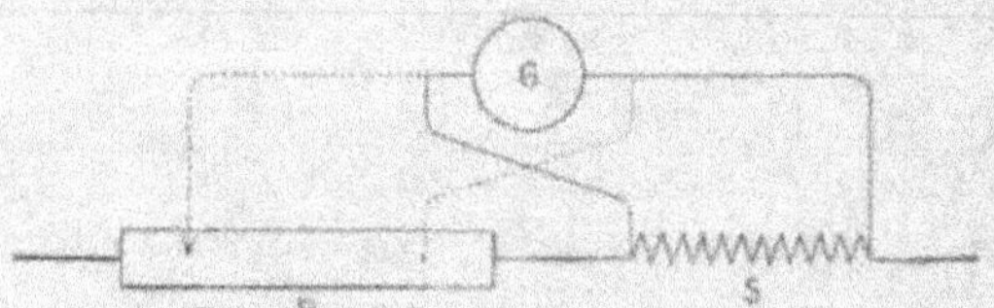

Fig. 10. — Mesure des résistances. Comparaison d'une électrode et d'un shunt d'ampèremètre.

## TABLEAU XVIII

*Résistivité de différentes électrodes*

|  | microhmcentimètres |
| --- | --- |
| Charbon de pile (Le Carbone) | 10.380 |
| Charbon d'électrolyse (O. C.) | 5.330 |
| Charbon d'électrolyse (Le Carbone) | 5.180 |
| Charbon électro-graphitique (E. G. Société Le Carbone) | 1.928 |
| Électrode Acheson | 966 |

Le tableau XVIII, renferme quelques résultats obtenus par la troisième de ces méthodes, on voit que la résistivité peut varier dans d'assez grandes limites.

*Action électrolytique*. — Pour étudier la façon dont se comporte une électrode, nous utilisons le dispositif suivant :

Un vase-cathode en plomb (fig. 11) contenant l'électrolyte, peut être

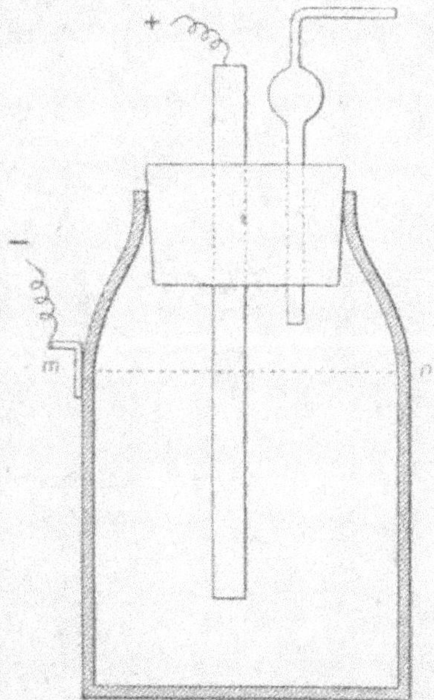

Fig. 11. — Récipient pour l'étude d'une électrode de charbon.

fermé par un bouchon de caoutchouc traversé par une baguette du charbon à étudier ou par une tige munie à la partie inférieure d'une pince si l'on a une électrode non cylindrique. Un tube de dégagement permet de recueillir les gaz.

Le charbon a été pesé avant l'essai ; au bout d'un certain temps de passage du courant à une intensité déterminée, l'appareil est démonté et le charbon lavé à fond en l'abandonnant une nuit dans l'eau courante. La diminution de poids donne la perte totale. Le liquide est filtré, le résidu lavé à fond, séché et pesé, correspond à la perte par désagrégation ; la différence entre les deux donne la perte par action chimique.

En ce qui concerne les gaz, la méthode d'analyse sera différente suivant la nature de l'électrolyte. Couramment il y aura lieu de doser O, H, $CO_2$ et CO ; le chlore naturellement dans l'électrolyse des chlorures.

Pour étudier la résistance d'une électrode aux agents chimiques le mieux est d'employer une solution d'acide sulfurique ou de chlorate de potassium à 50 gr. par litre. Ce qu'il importe de mesurer, c'est surtout le charbon provenant de la désagrégation. Pour doser l'anhydride carbonique le plus simple est d'ajouter à l'appareil la série des tubes à analyse organique : tube à ponce sulfurique, laveur à potasse, tube à pastilles de potasse et ponce sulfurique.

Remarquons au sujet des valeurs qui ont été publiées relativement à toutes ces propriétés des électrodes que l'on trouve quelquefois des différences assez sensibles entre les divers expérimentateurs ; cela tient principalement à ce que les fabricants d'électrodes ont un très grand nombre de types différents plus ou moins nettement désignés, aussi ne faut-il voir toutes ces valeurs qu'à titre d'indication générale.

## CHAPITRE VII

### LE DIAPHRAGME

Inconvénients. — Diaphragmes en faïence. — Mode d'attaque. — Diaphragmes en ciment. — Diaphragmes divers. — Electrodes-diaphragmes. — Caractéristiques. — Mesure des dimensions. — Porosité. — Perméabilité. — Diffusion. — Epaisseur virtuelle. — Résistance au passage du courant. — Endosmose électrolytique. — Mode de fonctionnement.

## Inconvénients

Encore plus que l'anode le diaphragme est la bête noire des électrochimistes en général, de ceux qui s'occupent de questions d'alcalis en particulier.

Si l'anode de mauvaise qualité occasionne du fait de son remplacement des frais relativement élevés, que sont-ils à côté de ceux provenant d'un mauvais diaphragme.

Le mauvais fonctionnement du diaphragme entraîne une augmentation de la résistance électrique de l'appareil et par conséquent une élévation de la différence de potentiel aux bornes, intéressant directement la dépense d'énergie.

L'obturation du diaphragme peut être souvent très rapide et devenir telle que le fonctionnement de l'électrolyse soit rendue impossible et qu'il faille de toute nécessité arrêter l'appareil, le vider et effectuer le remplacement de la pièce défectueuse.

Enfin le diaphragme peut se fêler, se casser, amenant ainsi le mélange des électrolytes pendant un temps plus ou moins long et pouvant occasionner de ce fait des ennuis considérables.

En raison de son importance le diaphragme attira au plus haut point l'attention des techniciens et un grand nombre de brevets furent pris sur ce sujet. On sent très bien en lisant ceux-ci que l'idée qui dirigea la plupart des inventeurs était de retenir intégralement l'alcali dans le comparti-

6

ment cathodique ; plusieurs même se sont flattés dans leurs revendications
d'avoir atteint ce résultat.

Nous savons que cela est impossible puisque le passage du courant lui-
même est lié à ce transport d'alcali et la seule chose que l'on puisse demander à un diaphragme est d'être inattaquable dans les conditions où l'on
opère, les autres phénomènes qui accompagnent l'électrolyse et qui dépendent des propriétés physiques du diaphragme pouvant être modifiés en
même temps que celles-ci.

## Diaphragmes en faïence

Les premiers diaphragmes employés en électrolyse furent les vases de
pile en *faïence* très poreuse fabriqués au moyen de *terre de pipe* provenant
de diverses variétés de kaolin.

Ces diaphragmes qui résistent assez bien aux acides sont malheureusement attaqués par les alcalis d'une façon énergique. En modifiant la composition des pâtes on arrive à les rendre plus inattaquables.

L'inconvénient au point de vue de la forme de ces pièces est qu'elles ne
peuvent se prêter à des installations importantes, car elles ne conviennent
que lorsque la circulation n'est pas nécessaire, ce qui est rarement le cas
en électrolyse. La difficulté peut être tournée en employant des diaphragmes tubulaires comme dans l'appareil Outhenin-Chalandre (1).

Il se compose en principe (fig. 12 et 13) d'un récipient divisé en trois com-

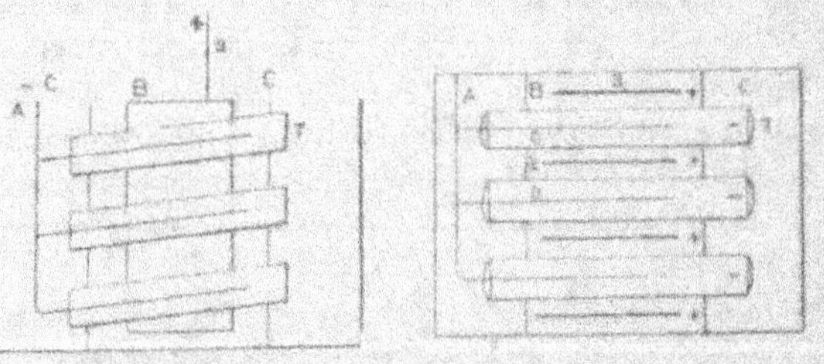

Élévation       Plan<br>Fig. 12 et 13. — Schémas de l'appareil Outhenin-Chalandre.

partiments A, B, C. Les compartiments A et C sont reliés entre eux par des
tubes en faïence T ; l'ensemble des compartiments A, C et l'intérieur des
tubes constitue le compartiment cathodique. La partie du compartiment B
extérieure aux tubes constitue la cellule anodique. Les anodes sont formées
de plaques de charbon a, les cathodes d'une sorte de peigne en fer c. Pour

(1) Outhenin-Chalandre, Brevet français, n° 232.171 ; 1893.

faciliter le dégagement de l'hydrogène, les tubes T sont légèrement inclinés. On emploie également des plaques rectangulaires obtenues de la même façon ; mais la difficulté de montage des appareils est presque aussi grande d'autant plus que les dimensions de ces pièces sont également limitées. On arrive à faire couramment des plaques de quarante centimètres sur soixante ; encore un certain nombre sont-elles plus ou moins voilées et leur prix est-il assez élevé.

Pour les monter on utilise des cadres ou châssis en ciment, armé ou non, munis de rainures dans lesquelles les plaques sont mastiquées. Pour éviter l'attaque de l'armature de fer il est bon que le ciment soit bien imperméable, il faut également, pour le cas où cette imperméabilité ne serait pas absolue, que la disposition de l'armature soit telle qu'elle reste à l'état neutre dans le bain, comme dans le cas des diaphragmes métalliques et qu'il ne se produise par elle aucune dérivation ; sinon elle se comporterait comme électrode bipolaire à anode soluble ce qui amènerait sa destruction rapide et par conséquent celle du diaphragme.

Peu de recherches ont été publiées sur la composition chimique et l'attaque des diaphragmes. D'après Le Blanc (1) les vases poreux de la manufacture royale de porcelaine de Berlin fabriqués avec le mélange étudié par Pukall (2) en vue de la fabrication des filtres, ont la composition suivante :

| | |
|---|---|
| Silice. . . . . . . . . . . . . . | 70-71 0/0 |
| Alumine. . . . . . . . . . . . | 27-28  » |
| Alcalis . . . . . . . . . . . . | 1,5  » |

Les poreux de la maison Villeroy et Boch à Mettlach (Prusse rhénane) fabriqués spécialement en vue de résister aux acides dans la régénération des résidus de chrome donnent à l'analyse :

| | |
|---|---|
| Silice . . . . . . . . . . . . | 75 0/0 |
| Alumine . . . . . . . . . . . | 25  » |

Le produit improprement appelé *porcelaine d'amiante* (3) possède l'avantage d'être excessivement poreux et d'opposer de ce fait une résistance très faible au passage du courant. On a proposé également l'addition au kaolin de produits magnésiens (4), de corindon (5), de tissu d'amiante (6), etc.

À cette classe de diaphragmes on peut rattacher ceux de C. Combes et Bigot (7) donnant à l'analyse :

(1) Le Blanc. *Zeitsch. f. Elektrochem*, t. 7, p. 603 ; 1901.
(2) Pukall, *Berichte der deutsch. chem. Gesellschaft*, t. 26, p. 1159 ; 1893.
(3) Garros, *Comptes rendus*, t. 113, p. 864 ; 1891.
(4) Méran, Brevet français, n° 282.167 ; 1893.
(5) Boehringer et fils, Brevet français, n° 323.088 ; 1902.
(6) Riquelle, Brevet allemand, n° 76.704 ; 1893.
(7) Ch. Combes et Bigot, Brevet français, n° 311.903 ; 1901.

Silice . . . . . . . . . . . . . . . . 7 0/0
Alumine. . . . . . . . . . . . . . . 25 »
Oxyde de fer. . . . . . . . . . . . . 68 »

On voit qu'ils se distinguent *a priori* par leur faible teneur en silice.

L'étude complète de ces diagrammes a été faite par MM. E. Mallet et Ph.-A. Guye (1) : leur résistance au point de vue chimique est beaucoup plus considérable que celle des diaphragmes en faïence et l'on a pu préparer ainsi des solutions de soude à 200 grammes par litre, ce que l'on ne peut faire avec les poreux de faïence.

## Mode d'attaque des diaphragmes en faïence

Lorsque l'on examine un vase poreux en faïence ayant servi à l'électrolyse d'un chlorure alcalin, on constate généralement que le côté correspondant au compartiment cathodique est fissuré, la matière se détache en grandes écailles, la masse est devenue friable et la paroi est recouverte d'un dépôt gélatineux.

La substance du diaphragme a été attaquée par l'alcali ; puis la silice, l'alumine ont été mises en liberté, soit par l'acide chlorhydrique ajouté dans le compartiment anodique, soit simplement par l'acide hypochloreux formé en cours d'électrolyse.

Cependant il ne semble pas que ce soit une attaque chimique ordinaire, du fait de la soude pénétrant dans le diaphragme et cheminant du côté cathodique au côté anodique, en dissolvant silice et alumine qui sont ensuite précipitées.

Un vase poreux ayant servi à des expériences de diffusion avec les alcalis ou restant immergé dans une solution de soude, ne présente pas du tout le même caractère.

On peut se demander s'il n'y a pas là une action électrolytique propre ; si, de même que certains oxydes anhydres conduisent le courant à haute température, la substance du diaphragme ne prendrait pas part elle-même à cette action, le phénomène étant facilité par la résistance opposée précisément par le diaphragme au passage du courant. Il se comporterait ainsi plus ou moins comme électrode bipolaire.

Cette hypothèse est assez délicate à confirmer. Peut-être pourrait-on rapprocher de ce fait celui bien connu du dépôt du cuivre sur le vase poreux de la pile Daniell ou de l'élément simple de galvanoplastie.

D'autre part un diaphragme en faïence n'est généralement pas apte à

_______

(1) E. Mallet et Ph.-A. Guye. *Journal de chimie physique* ; t. 4, p. 222 ; 1906.

fonctionner immédiatement dans de bonnes conditions et à pleine charge, c'est-à-dire avec la densité de courant prévue pour l'appareil dont il fait partie. Il faut alors le faire fonctionner pendant un certain temps avec une densité de courant plus faible. Le diaphragme est légèrement attaqué, l'appareil est vidé toutes les semaines pour permettre le nettoyage du diaphragme qui est brossé surtout du côté de l'anode. A chaque remise en marche l'intensité est augmentée.

Cette méthode de préparation des diaphragmes (1) s'appelle en terme de métier « le culottage » et sa durée, pour certaines variétés de faïence, ne doit pas être inférieure à un mois.

Sans cette précaution les diaphragmes se bouchent par suite d'une attaque prématurée ; si l'appareil comporte un certain nombre de diaphragmes, il est bon d'en avoir de tout « culottés » afin de permettre la mise en marche normale immédiate de l'appareil en cas de remplacement d'un des éléments. A cet effet un certain nombre d'appareils sont tenus en réserve pour la formation des diaphragmes.

## Diaphragmes en ciment

Les diaphragmes en ciment sont employés dans un grand nombre de cas et particulièrement dans les industries qui nous intéressent. Ils présentent l'inconvénient de ne pouvoir être employés avec les liquides anodiques acides.

On peut donner au ciment employé seul plus ou moins de porosité suivant la façon dont il est travaillé. On peut également lui mélanger des sels en poudre, du soufre, lesquels une fois la masse prise seront extraits par lixiviation avec de l'eau dans le premier cas, avec du sulfure de carbone dans le second.

Dans le procédé Matthes et Weber (2) le gâchage du ciment est effectué au moyen d'une solution saturée de chlorure de sodium étendue d'acide chlorhydrique. Holland et Laurie (3) additionnent le ciment de vingt pour cent d'un composé organique, la naphtaline par exemple, laquelle après la prise est chassée par distillation. Les mélanges avec de la ponce, du coke, du sel (4) sont préconisés dans le même but.

L'avantage du ciment est de fournir des plaques de grandes dimensions que l'on peut faire très minces, bien planes et d'une grande solidité ; on

(1) L. Moynot, *Moniteur scientifique*, 4ᵉ série, t. 21, p. 586 ; 1907.
(2) Matthes et Weber, Brevet français, n° 169.168 ; 1885.
(3) Holland et Laurie, Brevet anglais, n° 5.209 ; 1899.
(4) Breuer, Brevet anglais, n° 19.775 ; 1891.

augmente cette qualité en les gâchant avec de l'amiante (1) ou en imprégnant de ciment une toile d'amiante (2-3).

Le ciment présente l'avantage de permettre la fabrication des diaphragmes dans l'usine même.

## Diaphragmes divers

A côté de son emploi dans les diaphragmes en terre cuite et en ciment, l'amiante a été essayée sous forme de papier, de carton (4), de toile (5) soit seule, soit mélangée avec d'autres matières, notamment la chaux ; dans ce cas la plaque est badigeonnée de silicate ou de phosphate de soude et l'on a finalement des pièces très rigides. Greenwood maintient l'amiante entre des pièces de poterie dont la section est en forme de V (6).

A côté des matières minérales on a proposé également des matières organiques, cellulose (7), papier parchemin, etc., montées sur des cadres (8) et que l'on imprègne soit pour les protéger, soit pour former le diaphragme même, de différentes substances : oxychlorures alcalino-terreux (9), albumine coagulée ensuite (10-11), collodion (12), gélatine insolubilisée soit par le bichromate (13-14), soit par l'aldéhyde formique (15), savon (16), etc.

Naturellement un certain nombre de ces procédés ne peuvent convenir dans le cas spécial de la fabrication des alcalis, pas plus vraisemblablement que ceux consistant à faire l'imprégnation avec de la silice gélatineuse (17-18-19).

La cellulose nitrée seule (20-24) ou imprégnée de ferrocyanure de cui-

(1) Carmichael, Brevet français, n° 237.998 ; 1894.
(2) Holland et Laurie, Brevet anglais, n° 5.016 ; 1900.
(3) Wiernik, Brevet français, n° 232.691 ; 1894.
(4) Bernfeld, Brevet français, n° 313.448 ; 1901.
(5) Roberts et Mac Graw, Brevet français, n° 246.400 ; 1896.
(6) Caustic Soda and chlorine syndicate, Brevet allemand, n° 62.912 ; 1891.
(7) G. Marino, Brevet français, n° 310.982 ; 1901.
(8) Roberts et Brevoort, Brevet français, n° 194.851 ; 1888.
(9) Société des produits chimiques de Leopoldshall, Brevet allemand, n° 64.671 ; 1890.
(10) Le Sueur, Brevet français, n° 214.716 ; 1891.
(11) Rieckmann, Brevet allemand, n° 63.116 ; 1891.
(12) Hœpfner, Brevet allemand, n° 53.535 ; 1891.
(13) Walte, Brevet français, n° 228.680 ; 1893.
(14) Rieckmann, Brevet allemand, n° 71.378 ; 1893.
(15) Steenlet, Brevet anglais, n° 16.988 ; 1893.
(16) Kellner, Brevet français, n° 237.896 ; 1894.
(17) Kellner, Brevet français, n° 217.514 ; 1891.
(18) Holland et Laurie, Brevet anglais, n° 5.016 ; 1900.
(19) Siemens et Halske, Brevet français, n° 310.874 ; 1901.
(20) Steffahny, Brevet français, n° 235.680 ; 1894.
(21) Eschellmann, Brevet allemand, n° 117.050 ; 1898.

vre (1) a été également proposée ainsi que les raclures d'ébonite comprimées (2).

Au lieu d'un support en matière minérale ou organique on a employé également des carcasses (3) ou paniers métalliques (4-5) servant de support à des matières poreuses, même de simples toiles métalliques (6). Comme les carcasses des cadres servant à monter les plaques dont nous avons parlé précédemment, ces parties métalliques doivent satisfaire à certaines conditions que nous verrons ultérieurement.

A côté des diaphragmes métalliques formés de plaques perforées (7) et de diaphragmes à éléments disposés en lames de jalousies (8), plus spécialement destinées à la séparation des gaz, on a proposé de placer de chaque côté du diaphragme, pour le protéger de l'action des gaz, des pièces non poreuses disposées également en lames de jalousies (9).

Par analogie aux diaphragmes métalliques, il y a lieu de signaler ceux de Hœpfner (10) en mica perforé qui servent de transition aux diaphragmes formées de cloisons doubles : plaques de verre perforées, grilles, barreaux (11), toiles d'amiante, etc., dont l'intervalle est rempli d'une substance inerte : sable (12), perles de verre ou de porcelaine, coton de verre, fluorine ou cryolithe filées après fusion (13) ou simplement le sel destiné à l'électrolyse (14) qui sert à maintenir le liquide constamment saturé.

Dow (15) décrit un précipité sans support obtenu par réaction chimique à la limite des deux électrolytes et constitué par de l'hydrate de fer du côté cathodique et de l'hydrate de chaux ou de magnésie du côté anodique. Il est obtenu par addition de chlorure de calcium ou de magnésium au liquide anodique.

## Electrodes-diaphragmes

On a utilisé deux sortes de diaphragmes combinés à l'électrode : les cathodes-filtres et les cathodes-diaphragmes.

(1) Hirtz, Brevet anglais, n° 28.129 ; 1904.
(2) Heeren, Brevet allemand, n° 86.101 ; 1895.
(3) William, Brevet anglais, n° 16.437 ; 1884.
(4) Société d'Electrochimie, Brevet français n° 263.767 ; 1897.
(5) Roberts, Brevet français, n° 367.835 ; 1906.
(6) Langguth, Brevet anglais, n° 15.430 ; 1898.
(7) Garuti, Brevet français, n° 322.661 ; 1902.
(8) Le Royer, Bonna et Van Berchem, Brevet français, n° 262.138 ; 1896.
(9) Compagnie parisienne des couleurs d'aniline, Brevet français, n° 236.508 ; 1894.
(10) Hœpfner, Brevet allemand, n° 89.980 ; 1894.
(11) Elektrochemische Werke Bitterfeld, Brevet français, n° 240.243 ; 1894.
(12) Guthrie, Brevet anglais, n° 7.950 ; 1894.
(13) Parker, Brevet anglais, n° 6.605 ; 1893.
(14) Caldwell, Brevet anglais, n° 21.631 ; 1893.
(15) Dow, Brevet français, n° 287.302 ; 1899.

Dans les deux cas, le diaphragme sert de cloison retenant l'électrolyte ; dans le premier la substance de ce diaphragme est conductrice, de sorte que la masse sert d'électrode, cette substance pouvant être le charbon comme dans le procédé Hulin (1), qui imagina le premier ce dispositif ou des métaux : limaille, tournure de fer, etc. Le liquide électrolysé filtre d'une façon constante à travers cette paroi.

Dans le second cas le liquide filtre également à travers un diaphragme à l'extérieur duquel se trouve accolé une cathode comme dans le cas de l'appareil Hargreaves-Bird (2).

Cette cathode-diaphragme est constituée de la façon suivante (fig. 14) :

Fig. 14. — Schéma d'une cathode-diaphragme (*Hargreaves*).

La partie diaphragme est composée de deux couches, une en matière relativement dure et dense, l'autre en matière tendre et spongieuse. La première est aussi mince que possible, en raison de sa grande résistance au passage du courant ; elle est en contact avec la cathode formée d'une toile métallique ou d'une lame perforée. On donne à la toile métallique une plus grande surface de contact en la laminant légèrement pour aplatir les aspérités au croisement des fils (3).

Pour construire cet ensemble, on dispose la cathode sur un châssis convenable, en tendant la toile métallique *a*, que l'on recouvre d'une substance poreuse, telle une feuille de papier *b* de façon à empêcher la couche de ciment que l'on mettra ensuite d'empâter l'électrode. La couche de ciment Portland *c* est étalée d'une manière uniforme et recouverte d'une couche épaisse *d* d'un mélange d'amiante et de chaux que l'on imprègne d'une solution de silicate de sodium.

Dans les appareils Le Sueur (4), Riekmann (5), Waite (6), la cathode horizontale est séparée du diaphragme, cellulose imprégnée d'albumine dans le premier cas, amiante dans les deux autres, par une couche de sable. Andreoli (7) serre la cathode en fer contre le diaphragme en amiante.


(1) Hulin, Brevet français, n° 234.327 ; 1893.
(2) Hargreaves, Brevet français, n° 282.221 ; 1898.
(3) Hargreaves, Brevet allemand, n° 109.185 ; 1898.
(4) Le Sueur, Brevet français, n° 212.600 ; 1891.
(5) Riekmann, Brevet allemand, n° 80.454 ; 1894.
(6) Waite, Brevet français, n° 240.692 ; 1894.
(7) Andreoli, Brevet français, n° 226.950 ; 1893.

## Caractéristiques d'un diaphragme

On peut déterminer pour chaque diaphragme, mais plus spécialement pour ceux de faïence ou de ciment, un certain nombre de constantes qui définissent ses propriétés vis-à-vis de l'action électrolytique et dépendent de sa construction même.

Le travail le plus complet sur ce sujet est dû à MM. Tardy et Ph.-A. Guye (1) qui ont précisé ces caractéristiques et ont réuni en tableaux les résultats qu'ils ont obtenus pour un certain nombre de types de diaphragmes.

Ces caractéristiques sont au nombre de cinq :

*La porosité ;*

*Le coefficient absolu de perméabilité ;*

*Le coefficient de perte par diffusion ;*

*Le coefficient de résistance du diaphragme en électrolyte (2).*

*L'épaisseur virtuelle.*

Les mesures à effectuer pour les déterminer, indépendamment de celles des dimensions, sont au nombre de trois :

1° *Une mesure de la porosité ;*

2° *Une mesure de la perméabilité ;*

3° *Une mesure de la diffusion.*

Les deux premières de ces mesures seront faites avec de l'eau, la troisième avec un électrolyte dont le coefficient de diffusion est connu.

## Mesure des dimensions

Il faudra déterminer :

$e$ l'épaisseur en cm ;

$S_1$ la surface totale en cm² ;

$S$ la surface utile en cm² ;

L'épaisseur doit être calculée d'après la moyenne de plusieurs mesures faites en divers endroits.

## Porosité

Elle se déduit comme dans le cas d'une électrode, en déterminant le poids du diaphragme sec P, et le poids du diaphragme mouillé $P_1$. Cette dernière mesure doit être faite après douze heures au moins d'imbibition.

---

(1) Tardy et Ph.-A. Guye, *Journal de chimie physique*, t. 2, p. 79 ; 1904.

(2) MM. Tardy et Ph.-A. Guye indiquent au lieu de cette caractéristique *le coefficient spécifique de résistivité* dont nous parlons plus loin.

Soit V le volume du diaphragme,
     $v$ le volume des pores,
     $a$ la porosité.

Nous aurons :

$$V = S_1 \times e$$

$$v = P_2 - P_1$$

$$a = \frac{v}{V} = \frac{P_2 - P_1}{S_1 \times e}$$

Le coefficient $a$ définit également le rapport de la section $s$ des canalicules à la surface utile :

$$a = \frac{s}{S}$$

$$s = aS$$

## Perméabilité

L'écoulement d'un liquide à travers un tube capillaire a été étudié en premier par Poiseuille (1).

V étant le volume du liquide passant dans l'unité de temps, $l$ la longueur du tube capillaire, $r$ son rayon et $\epsilon$ le coefficient de viscosité :

$$V = \frac{P r^4}{l} \cdot \frac{\pi}{8 \eta}$$

Le diaphragme se comportera comme un faisceau capillaire, mais les dimensions ne peuvent être établies exactement, de sorte que la formule ne peut être applicable à ce cas et il faut faire une détermination pratique.

Cette détermination faite à la température ordinaire peut être effectuée de différentes façons suivant la forme du diaphragme.

Pour une plaque, celle-ci est paraffinée sur les bords et montée entre deux récipients en verre C s'appliquant sur elle exactement (fig. 45).

Le tout est disposé de façon que la plaque soit horizontale. Au récipient supérieur sont fixés un tube d'alimentation relié à un flacon de Mariotte M et un tube manométrique à eau donnant la pression $h$.

Si V est le volume d'eau recueilli en une heure, S la surface utile du diaphragme, le coefficient de perméabilité du diaphragme pour l'eau, c'est-à-dire le débit horaire par cm² pour une pression de 1 cm. est égal à :

$$K_1 = \frac{V}{Sh}$$

(1) Poiseuille, *Comptes rendus*, t. 11, p. 961 et 1041 ; 1840.

Si on appelle $\eta$ le coefficient de viscosité de l'eau, le coefficient absolu de perméabilité sera :

$$K = \frac{V\eta}{Sh}$$

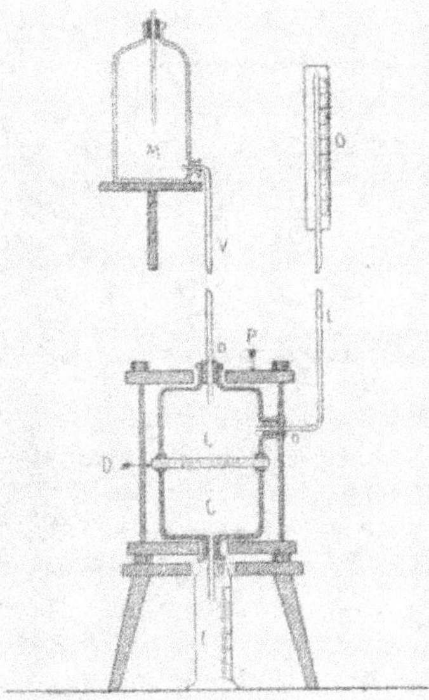

Fig. 45. — Mesure de la perméabilité d'une plaque poreuse. (*Mallet et Ph.-A. Guye*).

Il représente le débit horaire en cm³, par dm² de surface, pour une pression de 1 cm. d'eau (1 gr. par cm²) avec un liquide de viscosité égal à l'unité.

Pour un liquide de viscosité $\eta'$

$$K'_1 = \frac{K}{\eta'}$$

D'une façon générale le volume du liquide de densité $d$ ayant traversé le diaphragme sera :

$$V = \frac{KShd}{\eta'}$$

Les valeurs du coefficient de viscosité de l'eau, très variables avec la température, ont été déterminées par MM. Thorpe et Rodger (1) : $\eta$ est exprimé en *dynes* par cm².

_________

(1) Thorpe et Rodger, *Philosophical transactions*, t. 185 p. 410 ; 1894.

## TABLEAU XIX

*Coefficient de viscosité de l'eau entre 0 et 30°*

(Thorpe et Rodger)

| Température | $\eta$ |
| --- | --- |
| 0 | 0,017780 |
| 10 | 0,013025 |
| 15 | 0,011335 |
| 20 | 0,010015 |
| 25 | 0,008910 |
| 30 | 0,007975 |

Deux méthodes peuvent être employées pour déterminer la perméabilité d'un diaphragme ayant la forme d'un tube cylindrique :

1° On le bouche à ses deux extrémités (fig. 16) en mettant la partie supérieure *a* en relation avec le vase de Mariotte. Le tube étant placé verticalement, on prend comme hauteur de la colonne d'eau la différence entre le niveau médian *n* et le bas du tube d'air du vase de Mariotte.

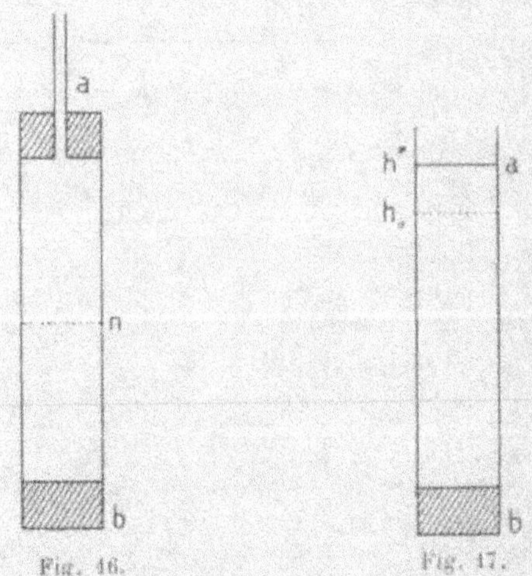


Fig. 16.     Fig. 17.

On peut également fermer la partie inférieure du tube (fig. 17), remplir d'eau jusqu'en *h*, et noter le temps nécessaire pour que le liquide arrive à $h_0$, de telle façon que la hauteur $h - h_0$ corresponde au dixième de la hauteur totale environ.

S étant la section intérieure du vase, P le périmètre extérieur, le niveau moyen sera $\dfrac{h + h_0}{2}$, la pression moyenne sera $\dfrac{h + h_0}{4}$. Entre ces valeurs on aura la relation approchée :

$$V = S\left(h - h_0\right) = K_1\, Ph\, \frac{(h + h_0)}{4}\, t.$$

Ces procédés sont applicables aux vases de piles dont le fond doit être rendu imperméable au moyen de paraffine.

## Diffusion

Parmi les phénomènes qui viennent s'adjoindre à celui de Hittorf pour compliquer la marche de l'électrolyse, le plus important est la *diffusion* ; ce phénomène est indépendant de toute action électrolytique.

Le poids du produit diffusé est proportionnel à :

a) *La section des pores du diaphragme ;*

b) *La différence de concentration du produit considérée sur les deux faces du diaphragme ;*

c) *Un coefficient de diffusion correspondant au produit ;*

d) *La durée de l'essai.*

Il est inversement proportionnel à *l'épaisseur du diaphragme.*

Si nous appelons D le coefficient de l'électrolyte, le poids $p$ du produit diffusé sera donné par la relation :

$$p = \frac{ta\mathrm{SD}\,(c - c')}{e}$$

Les coefficients de diffusion ont été déterminés par Scheffer (1), plus récemment W. Oholm (2) a montré qu'ils varient légèrement avec la concentration ; ils varient également avec la température :

$$D_t = D_{18}\left[1 + \alpha\,(t - 18°)\right]$$

$\alpha = 0,024$ pour les acides et les bases et $0,026$ pour les sels.

(1) Scheffer, *Zeitsch. f. Phys. Chem.*, t. 2, p. 390 ; 1888.
(2) W. Oholm, *Zeitsch. f. Phys. Chem.*, t. 45, p. 700 ; 1903.

## TABLEAU XX

### *Coefficient de diffusion à 18°*

(Oholm)

| $c$ | KOH | NaOH | HCl | KCl | NaCl |
|---|---|---|---|---|---|
| 0,1 | 1,854 | 1,364 | 2,229 | 1,389 | 1,117 |
| 1 | 1,855 | 1,296 | 2,217 | 1,330 | 1,070 |
| 2 | 1,822 | 1,259 | — | 1,320 | — |
| 3,8 | — | — | — | 1,338 | — |
| 5,5 | — | — | — | — | 1,065 |

Il est intéressant pour nous de calculer la valeur de la perte en soude, par décimètre carré pour une concentration et une durée déterminées.

Si l'on fait passer le courant, la diffusion agira en sens inverse et tendra à diminuer le rendement ; si le phénomène de diffusion n'est pas modifié de ce fait, il est aisé de se rendre compte que son importance relative diminuera au fur et à mesure que l'on augmentera la densité du courant au diaphragme.

Si enfin nous considérons la formule nous voyons que la valeur $\dfrac{aS}{e}$ dépend de la construction du diaphragme, c'est *le coefficient spécifique de la perte par diffusion* $\pi_D$. Le poids de produit diffusé est alors représenté par :

$$p = \pi_D \, tDc$$

La valeur du coefficient de diffusion semble liée à la conductibilité équivalente limite du produit considéré ; en conséquence les produits renfermant un ion très mobile comme les acides et les bases diffusent mieux, mais cette remarque n'est pas générale.

D'après la règle de Nernst (1), l'inverse de la diffusion est égale à la somme des inverses des mobilités :

$$\frac{1}{D} = \frac{1}{l_a} + \frac{1}{l_c}$$

Il y a lieu de faire observer que dans le cas de l'électrolyse des chlorures il y a au moins deux produits, dont l'un croît et l'autre décroît, qui se trouvent en présence ; ce qui produit déjà une complication importante, abstraction faite de toute action électrolytique ; par contre le phénomène se trouve simplifié du fait que la soude passant dans le compartiment anodique se trouve immédiatement détruite.

(1) Nernst, *Theoretische Chemie*, p. 363 ; 1898.

D'autre part les coefficients de diffusion se rapportent à des solutions renfermant uniquement le produit considéré à l'état de pureté et les lois de la diffusion se trouvent modifiées dès que l'on se trouve en présence de mélanges.

Une remarque intéressante a été faite par la Chemische Fabrik Griesheim-Elektron (1) : tandis que les coefficients de diffusion varient dans le rapport de 2 à 1, si on considère la plupart des composés chimiques, comme on peut le voir pour quelques exemples nous intéressant (Tableau XX), le rapport du coefficient de diffusion d'un alcali à celui de son chlorure peut aller jusqu'à seize contre un si l'on opère avec une solution concentrée de cet alcali, ce qui permet d'éliminer certaines impuretés se trouvant dans les solutions alcalines concentrées (Tableau XXI).

### TABLEAU XXI

*Purification des lessives par diffusion*

(Griesheim-Elektron)

| | Avant | | | Après | | |
|---|---|---|---|---|---|---|
| I | p. litre | p. cent. | | p. litre | p. cent. | |
| KOH | 45,4 | 100 | | 12,7 | 100 | |
| KCl | 0,7 | 1,54 | | 0,09 | 0,71 | |
| II | | | | | | |
| KOH | 750 | 100 | 50°B | 365 | 100 | 31°B |
| KCl | 12 | 1,69 | | 0,4 | 0,11 | (2) |

### Épaisseur virtuelle.

Si on cherche à appliquer les formules précédentes et à vérifier par l'expérience les résultats obtenus, on trouve des valeurs qui sont environ moitié de celles indiquées par le calcul.

MM. Tardy et Guye donnent de ce fait l'explication suivante :

Dans la formule

$$p = \frac{t a S D \, (c' - c)}{e}$$

(1) *Chemische Fabrik Griesheim-Elektron.* Brevet français n° 278.186 ; 1898.
(2) Le texte du brevet indique 45°B.

on prend pour valeur de $e$ l'épaisseur mesurée du diaphragme alors que les canalicules ont une longueur plus grande, il faudrait donc remplacer $e$ par la longueur développée $e'$.

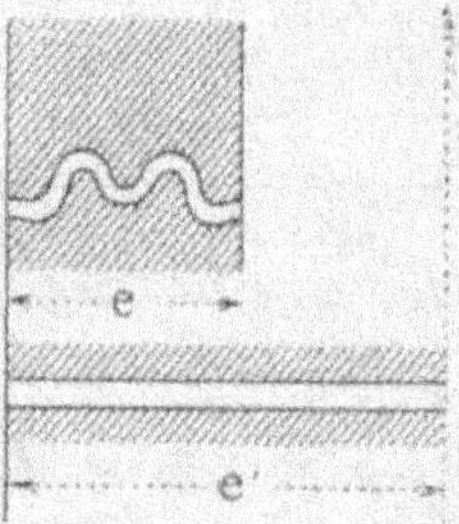

Fig. 18. — Épaisseur réelle $e$ et épaisseur virtuelle $e'$.

Les auteurs proposent en conséquence d'appeler *épaisseur virtuelle d'un diaphragme* l'épaisseur qu'il devrait avoir pour que la quantité de sel le traversant effectivement par diffusion $p_o$ soit égale à celle donnée par la formule théorique $p_c$ en supposant les canalicules rectilignes et perpendiculaires à la surface (fig. 18).

$$e' = e\,\frac{p_c}{p_o}$$

## Résistance au passage du courant

Soit R la résistance électrique opposée par le diaphragme au passage du courant, $\varkappa$ la conductibilité de l'électrolyte.

Nous avons d'une façon générale :

$$R = \rho\,\frac{L}{S} = \frac{1}{\varkappa} \cdot \frac{L}{S}$$

Dans le cas présent :

$$R = \frac{1}{\varkappa} \cdot \frac{e}{aS}$$

en supposant que seul l'électrolyte placé dans les canalicules conduise le courant, à l'exclusion de la substance même du diaphragme.

La chute de tension entre les faces opposées du diaphragme sera :

$$u = RI$$

$$u_o = \frac{1}{\varkappa} \cdot \frac{e}{aS}$$

Si nous appelons $i$ la densité de courant, c'est-à-dire l'intensité par décimètre carré, nous aurons :

$$u_{\scriptscriptstyle D} = \frac{i}{\varkappa} \cdot \frac{e}{100\,a}$$

MM. Tardy et Guye ont proposé d'appeler *coefficient spécifique de résistivité* $p_{\scriptscriptstyle D}$, le rapport $\dfrac{e}{100a}$ dépendant de la construction du diaphragme.

D'autre part nous avons vu que d'après la mesure de diffusion il y a lieu de faire intervenir la notion d'épaisseur virtuelle, il est juste également dans l'établissement de la formule de la résistance, de remplacer $e$ par $e'$.

Nous aurons donc :

$$R = \frac{1}{\varkappa} \cdot \frac{e'}{aS} = \frac{1}{\varkappa} \cdot \frac{e}{aS} \cdot \frac{pc}{p_0}$$

$$u_{\scriptscriptstyle D} = \frac{1}{\varkappa} \cdot \frac{e}{aS} \cdot \frac{pc}{p_0}$$

$$u_{\scriptscriptstyle D} = I \cdot \frac{e}{\varkappa S} \cdot \frac{pc}{p_0\,a}.$$

Si nous faisons :

$$\alpha = \frac{pc}{p_0 \cdot a}$$

$\alpha$ est le coefficient par lequel il faut multiplier la résistance R d'une couche d'électrolyte de mêmes dimensions que le diaphragme pour avoir la résistance opposée par le diaphragme au passage du courant.

Nous aurons donc :

$$u = I \cdot \frac{e}{\varkappa S} , \quad \alpha = IR\alpha.$$

$\alpha$ est le *coefficient de résistance du diaphragme en électrolyte.*

## Endosmose électrolytique

Le phénomène de l'*endosmose électrolytique* étudié d'abord par Wiedemann et Quincke, consiste en ce fait que lorsque la section d'un conducteur liquide devient capillaire, et par conséquent, lorsque l'on utilise un faisceau capillaire, comme c'est le cas pour un vase poreux, il se produit un entraînement du liquide de l'anode vers la cathode tant que la dénivellation n'est pas suffisante pour produire l'équilibre. M. Perrin a montré que, contrairement à ce que l'on croyait, la direction de l'entraînement n'est pas constante. Elle n'a lieu dans le sens indiqué que si l'électrolyte renferme des ions OH' ; elle a lieu en sens inverse en milieu acide (1).

La pression maxima varie suivant la substance du diaphragme ; elle est proportionnelle à l'épaisseur et à l'intensité du courant ; elle est inversement proportionnelle au diamètre de l'un des pores et à la conductibilité de l'électrolyte.

Tant que le maximum de dénivellation n'est pas atteint la quantité de liquide qui passe d'un compartiment dans l'autre est proportionnelle à l'intensité du courant et pour une même intensité, indépendante de l'épaisseur et de la surface du diaphragme.

Le phénomène est partiellement compensé du fait que la dénivellation du liquide fait filtrer celui-ci en sens inverse à travers la paroi poreuse. L'écoulement est réglé d'après les lois de la perméabilité précédemment étudiées.

Pratiquement la perte en soude sera :

$$p = \frac{K}{\eta} \cdot \frac{h}{2}\, dcs.$$

K étant le coefficient absolu de perméabilité, $h$ la différence de niveau en centimètres entre les deux liquides, $s$ la surface du diaphragme en dm² entre ces deux niveaux, $d$ la densité du liquide et $c$ la teneur en grammes par centimètre cube.

## Mode de fonctionnement

De tous les phénomènes que nous avons passé en revue, le plus important est sans contredit celui de la migration des ions ; il est, de plus, complètement indépendant des autres.

Il est indépendant de l'osmose électrolytique puisque les facteurs de transport du sulfate de cuivre ont été trouvés les mêmes, avec ou sans diaphragme. On conçoit aisément qu'il en est de même pour le phénomène inverse de l'écoulement dû à la dénivellation. En ce qui concerne la diffusion, les deux phénomènes se composent, chacun d'eux agissant comme s'il était seul (2).

Nous avons vu d'autre part que la diffusion et la résistance électrique sont fonctions de la surface utile du diaphragme, c'est-à-dire de la porosité, abstraction faite de la dimension des pores, c'est-à-dire de la perméabilité. L'osmose électrolytique et le phénomène inverse de l'écoulement

<hr>

(1) J. Perrin, *Comptes rendus*, t. 136, p. 1142 ; 1903.
(2) Sand, *Comptes rendus*, t. 131, p. 982 ; 1900.

seront fonctions de cette même porosité, mais également de la perméabilité ; tandis que le premier se fera d'autant plus sentir que les pores seront plus petits, l'inverse aura lieu pour le second.

Remarquons en passant que fréquemment porosité et perméabilité sont confondues bien que ce soit deux propriétés tout à fait différentes et indépendantes l'une de l'autre. Souvent on admet que la porosité d'un produit est d'autant plus importante que le suintement est plus considérable ; cela n'est donc pas exact, il suffit en effet que le diamètre des pores ou simplement de quelques-uns soit assez considérable, indépendamment du volume de leur ensemble, pour que ce suintement soit très important. C'est ainsi que certaines pierres, qualifiées très poreuses, taillées en plaques et montées dans un électrolyseur opposent une résistance considérable au passage du courant. Ce fait n'est pas général et l'emploi de certaines variétés a pu être proposé comme diaphragme (1).

On arrive finalement à cette conclusion qu'un diaphragme est d'autant meilleur, d'une façon générale, que sa porosité est plus grande, sa perméabilité et son épaisseur plus faibles. Ces conditions sont analogues à celles exigées pour le bon fonctionnement d'un diaphragme métallique (2) :

1° Faible diamètre des perforations ;

2° Rapport élevé entre la surface des perforations et celle du métal, c'est-à-dire perforations aussi nombreuses que possible ;

3° Faible épaisseur de la lame ;

4° Bonne conductivité de l'électrolyte.

Cette dernière condition ne doit pas intervenir dans le cas du diaphragme non métallique, sauf si, comme nous l'avons fait remarquer, on pouvait admettre la conductibilité électrolytique de la substance du diaphragme.

Pour diminuer la porosité et la perméabilité, on peut à une poudre de grosseur donnée en ajouter une plus fine ou, étant donné un diaphragme, précipiter dans ses pores un produit tel que le sulfate de baryum (3).

Si maintenant nous considérons les conséquences de ces divers phénomènes dans le cas de l'électrolyse d'une solution de chlorure de sodium, nous voyons que la migration des ions, la diffusion et le retour dû à la dénivellation tendent à faire passer de la soude dans le compartiment anodique, l'osmose électrolytique tendant au contraire à refouler le liquide dans le compartiment cathodique.

(1) Anciennes salines domaniales de l'Est, Brevet français, n° 241.236 ; 1894.

(2) A. Brochet, *Comptes rendus*, t. 136, p. 1062 ; 1903 ; *Éclairage électrique*, t. 34, p. 139 ; 1903.

(3) Lehmann, Brevet français, n° 224.708 ; 1892.

L'importance de la dénivellation qui en résulte pourra être modifiée suivant la marche de l'opération et la construction du diaphragme puisqu'elle se trouve augmentée par l'élévation de densité de courant et la diminution de la perméabilité, c'est-à-dire la diminution du diamètre des pores.

On peut éviter cette dénivellation et par conséquent l'écoulement, en maintenant les deux niveaux constants au moyen d'un tube de sortie au compartiment cathodique et d'une amenée de liquide neuf dans l'anodique.

Si maintenant par un procédé artificiel nous exagérons le phénomène de l'endosmose électrolytique en faisant circuler l'électrolyte au travers du diaphragme, du compartiment anodique au compartiment cathodique et avec une vitesse au moins égale à celle des ions OH', ceux-ci ne pourront plus pénétrer dans le compartiment anodique et la soude sera entraînée hors de l'appareil.

Le courant liquide s'opposant à l'afflux de la soude vers l'anode, les appareils de ce système pourront être dénommés appareils *à contre-courant*.

Vers l'anode le courant électrique sera transporté uniquement par les ions Cl', provenant du chlorure constamment ajouté, lesquels se déchargeront au contact de l'électrode. Les ions Na· passeront régulièrement dans le compartiment cathodique.

Sans rechercher le rendement théorique, on peut, afin d'obtenir une concentration plus élevée, faire circuler le liquide avec une vitesse moindre que celle des ions OH'.

En opérant avec un diaphragme surmonté d'une plaque non poreuse percée de trous dans lesquels se trouvent des anodes très délitées, on arriverait à un rendement de 90 0/0 pour une concentration de 200 grammes de soude par litre (1).

C'est également le cas des cathodes-filtres et des cathodes-diaphragmes, mais ici le compartiment cathodique est fortement réduit et même sensiblement nul.

L'emploi d'une circulation du compartiment anodique vers le compartiment cathodique est donc la solution théoriquement parfaite pour supprimer les conséquences du phénomène de Hittorf.  ·

Mais alors dans ces conditions on peut se demander à quoi sert le diaphragme ?

Son utilité ne correspond plus qu'à une question mécanique ; son but, empêcher les liquides anodique et cathodique de se mélanger par suite de différence de densité ou de dégagements gazeux. Si par un artifice on peut

(1) Consortium für elektrochemische Industrie, Brevets allemands, nos 161.361 et 161.720 ; 1903. Brevet français, nº 336.213 ; 1903.

résoudre cette question le diaphragme n'a plus de raison d'être et on peut le supprimer.

C'est en effet le cas des appareils à circulation lesquels se comportent exactement comme des appareils à diaphragme. On peut les considérer comme possédant un diaphragme hypothétique formé par le liquide électrolysé lui-même dans sa zone neutre (1).

Il n'y a donc pas de distinction bien nette entre la *méthode avec circulation* et la *méthode avec diaphragme* et les calculs que nous donnerons au sujet de la première pourront également se rapporter à la seconde lorsque l'on fonctionne à *contre-courant*.

Différents procédés consistaient à faire circuler l'électrolyte dans l'intervalle d'un double diaphragme séparant les deux compartiments (2-3), l'addition de chaux à cet électrolyte a même été proposée (4), mais on n'en voit pas bien la nécessité.

On peut, au lieu de faire circuler le liquide du compartiment anodique vers le cathodique, alimenter le compartiment intermédiaire et faire circuler l'électrolyte à travers les deux diaphragmes (5). L'emploi d'un diaphragme protégé par une double paroi poreuse fonctionnant de la même façon (6) est peut-être un peu excessif.

Un autre procédé pour annihiler, tout au moins en ce qui concerne le liquide anodique, le phénomène de Hittorf consiste à détruire l'hypochlorite, au fur et à mesure de sa production grâce à de l'oxyde de cobalt placé dans la partie médiane d'un diaphragme à double paroi (7).

Enfin le moyen le plus simple pour éviter le transport du courant par la soude est de retarder sa formation en retenant le sodium sous forme d'amalgame. *A priori* cette méthode, comme celle par circulation, doit donner un meilleur rendement que celle avec diaphragme.

(1) W. Beiu, Brevet français, n° 249.017 ; 1895.
(2) Comboul, Brevet français, n° 246.686 ; 1895.
(3) Cunha, Brevet anglais, n° 16.801 ; 1900.
(4) Marx, Brevet français, 187.606 ; 1887.
(5) Stærner, Brevet norvégien, n° 3.743 ; 1894.
(6) Rûber, Brevet anglais, n° 20.898 ; 1904.
(7) Cuénod et Fournier, Brevet français, n° 321.422 ; 1903.

# CHAPITRE VIII

## MÉTHODE AVEC DIAPHRAGME

Appareils et procédés divers. — Procédé Outhenin-Chalandre. — Procédé Griesheim-
Elektron. — Procédé Hargreaves-Bird. — Procédés à contre-courant. — Alcali et carbonate. — Procédés avec dépolarisation.

## Appareils et procédé divers.

Sans vouloir faire l'historique complet des appareils et procédés avec
diaphragme, il est intéressant de rappeler que le premier brevet pris sur
la fabrication de la soude électrolytique fut celui de W. Cooke (1) qui date
du 3 mai 1851, il avait trait à une sorte de pile. Voici comment ce procédé est décrit par Lunge (2) : « Un grand réservoir mesurant $11 \times 6 \times 3$
pieds est divisé en trois compartiments par des parois poreuses ».

« Le compartiment intermédiaire renferme des plaques de cuivre, les
deux compartiments extrêmes de gros morceaux de fer (des gueuses de
fer écossais) qui sont toutes superficiellement reliées ensemble par leur
surface bien décapée. Chaque plaque de cuivre est mise en communication
avec la masse de fer voisine par l'intermédiaire d'une lame de cuivre. Le
compartiment intermédiaire est rempli d'eau pure, les deux compartiments extrêmes qui contiennent le fer renferment une solution saturée de
sel marin. Le récipient est pourvu d'un couvercle fermant hermétiquement et qui porte un tuyau de dégagement pour l'hydrogène. Lorsqu'on
maintient la température au-dessus de 21° la décomposition du sel est
complète en sept jours. Le compartiment intermédiaire contient une solution de soude caustique, titrant 40 livres par pied cube et renfermant « un
peu de sel », elle est évaporée à siccité, la masse desséchée, encore chaude,

(1) W. Cooke, brevet anglais n° 13.620 ; 1851.
(2) G. Lunge, *Fabrication électrolytique de la soude et du chlore*, traduction P. Kienlen, 1898.

est brassée pendant une ou deux heures, dans ces conditions elle absorbe avec beaucoup d'avidité l'acide carbonique de l'air, elle se gonfle fortement et se trouve finalement transformée en carbonate pur ».

« On comprendra d'après les descriptions qui précèdent qu'en tout cas l'inventeur n'a fait qu'un essai de laboratoire sur une toute petite échelle, peut-être même n'a-t-il fait aucun essai. Cette présomption est encore confirmée par l'affirmation que la batterie grossière décrite plus haut permet de produire une tonne = 2.240 livres de carbonate de sodium en sept jours avec une consommation de 2.489 livres de sel marin et de 1.161 livres de fer (qui se transforme en chlorure ferrique dans les compartiments intérieurs). Ces chiffres correspondent presque exactement aux équivalents chimiques, on peut en conclure qu'ils ont été simplement calculés sur le papier ».

L'appareil de Charles Watt (1) qui suivit de près celui de Cooke employait cette fois l'énergie extérieure. Il s'adressait d'ailleurs aussi bien aux alcalis obtenus dans un appareil avec diaphragme en même temps que le chlore et l'hydrogène, qu'aux hypochlorites et aux chlorates.

Parmi les appareils utilisés celui de Greenwood (2) semble le plus ancien ; le diaphragme était formé d'éléments en V, soit longitudinaux, soit circulaires, emboîtés les uns dans les autres et séparés par de l'amiante.

Dans le procédé Le Sueur (3) le compartiment anodique est formé d'une sorte de cloche, dont le fond est garni d'un diaphragme. Cette cloche inclinée pour permettre le dégagement plus facile de l'hydrogène qui se dégage au-dessus, est placée dans le récipient cathodique.

Kellner (4), Guthrie (5), Lambert (6), puis Eycken, Leroy et Moritz (7) proposent l'emploi d'appareils montés à la façon de filtres-presses. Enfin un grand nombre de procédés reposent sur l'emploi soit d'un diaphragme, soit d'une anode spéciale ; nous en avons passé le principe en revue précédemment.

### Procédé Outhenin Chalandre

Le procédé Outhenin-Chalandre monté comme nous l'avons vu par la « Volta suisse » dans son usine d'études de Vernier est mis en œuvre par


(1) C. Watt, brevet anglais n° 13.755, 25. 9. 1851. Brevet français n° 13.420 ; 1852.
(2) Caustic Soda and Chlorine Syndicate, brevet allemand n° 62.912 ; 1891.
(3) Le Sueur, brevet français n° 212.600 ; 1891.
(4) C. Kellner, brevet français n° 217.514 ; 1891.
(5) H. Guthrie, brevet anglais n° 24.276 ; 1893.
(6) Société des Manufactures de produits chimiques du Nord et Lambert, brevet français n° 232.119 ; 1893.
(7) Eyken, Leroy et Moritz, brevet français n° 289.082 ; 1899.

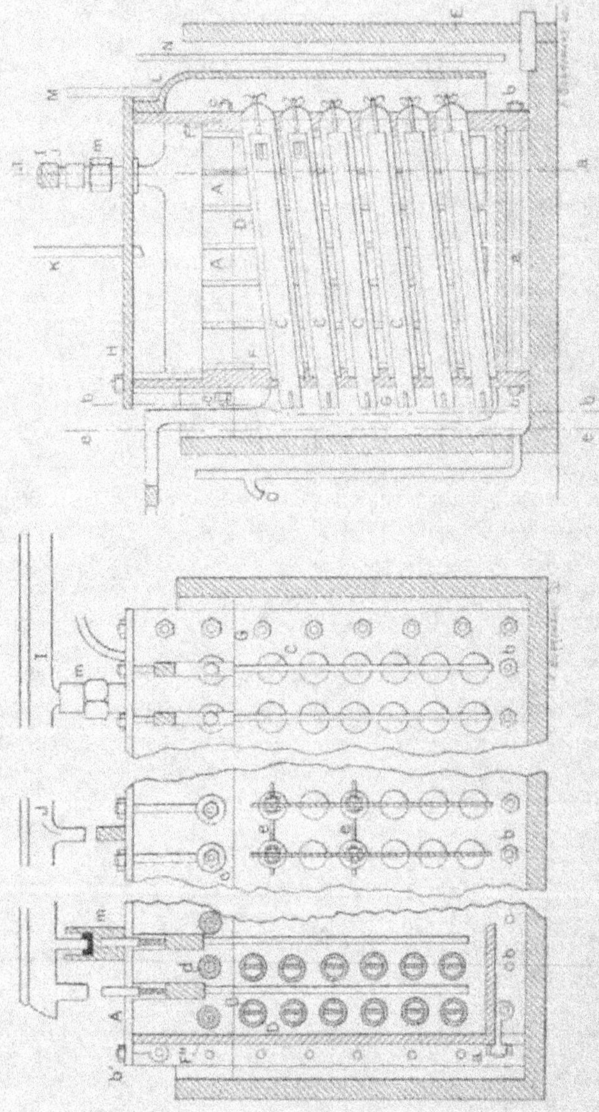

Vue de face.     Fig. 19 et 20. — Appareil Outhenin-Chalandre.     Vue de côté.

la « Volta française » à Mont-Girod près de Moutiers (Savoie), par la
« Volta italienne » à Bussi (province d'Aquila) et par la « Volta espagnole » : Electra del Besaya à Barcena (province de Santander).

L'appareil tubulaire (1) dont nous avons déjà donné le principe (p. 82)
est constitué de telle façon que les pièces en soient facilement interchangeables. Il se compose d'une cuve E en tôle (fig. 19, 20 et 21) dans laquelle
on peut en introduire une autre en ardoise épaisse à laquelle sont assu-
jettis les diaphragmes. Cette seconde cuve est formée de quatre côtés F,
F′, F″, F‴ et d'un fond, le tout assujetti par des tirants et des boulons, $a$,
$b$, $c$. Les tirants correspondants aux boulons $c$, qui se trouvent dans le
voisinage des anodes A, sont entourés de tubes en ébonite $d$, pour éviter
les courts-circuits.

Les tubes en faïence renfermant les cathodes sont montés de la façon

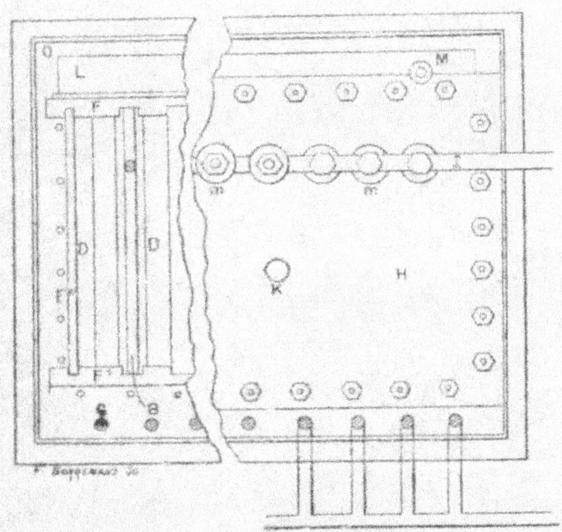

Fig. 21. — Appareil Outhenin-Chalandre.
Plan.

suivante : la cloison F′ est percée de trous inclinés et d'un diamètre légèrement supérieur à celui des tubes : la cloison F est percée, au contraire,
de trous de diamètre un peu inférieur, mais munis de collerettes de diamètre égal à celui des trous de F′. La cathode C est munie (fig. 22 et 23),
d'un côté, d'une échancrure permettant de la fixer à la plaque d'amenée

(1) Outhenin-Chalandre et C‸, brevet français n° 232.171 ; 1893.

de courant C au moyen de rondelles et d'écrous ; les boulons sont remplacés par une tige filetée *e*, rendant solidaires entre elles les cathodes d'une même rangée et, par conséquent, toutes les tiges d'amenée de courant. Ce dispositif permet un ajustage facile de toutes les pièces. L'autre extrémité des cathodes est percée d'un trou *f*, dans lequel vient se fixer un crochet *g*, terminé par une tige filetée qui, par l'intermédiaire d'un écrou à oreille *h* et d'un étrier *i*, permet de serrer le tube contre la collerette de la paroi F. Deux anneaux de caoutchouc *j* et *j'*, en assurant le serrage, permettent de faire un joint étanche et empêchent toute communication entre les compartiments anodique et cathodique.

Les anodes A sont fixées par une tête commune en plomb antimonié, qui repose dans des échancrures, ménagées dans les parois. Les têtes d'anode d'un appareil sont réunies entre elles au moyen d'écrous spéciaux à joint de plomb ; à cet effet, chaque tête d'anode est munie d'une vis *l*, qui traverse le couvercle du compartiment anodique et à laquelle est fixé un écrou *m*, portant à la partie supérieure une cavité. La tige d'amenée de

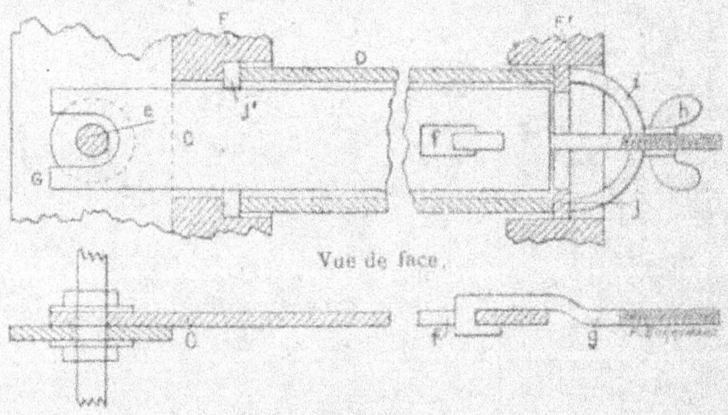



Fig. 22 et 23. — Détails d'un diaphragme et d'une cathode de l'appareil Outhenin-Chalandre.

courant I porte autant de dents J qu'il y a de séries d'anodes, chaque dent plongeant dans un des godets dans lequel on coule du plomb. On a ainsi un contact parfait et un montage facilement ajustable. Malheureusement les solutions salées grimpent par capillarité dans l'intérieur des charbons, le contact devient mauvais, chauffe ; il faut alors mettre l'appareil hors circuit et refondre la tête. Le chlore formé se sépare par la tubulure K ; l'hydrogène, réuni dans une sorte de cloche L, sort de l'appareil par le tube M. On fait arriver la saumure en N ; elle suit les diaphrag-

mes et sort, chargée d'alcali, en O. Naturellement toutes les pièces métalliques autres que les cathodes en fer ou pièces en relation avec elles sont
recouvertes d'une couche de goudron pour les isoler.

L'appareil comporte 18 séries de 6 cathodes placées dans les 108 tubes
et 19 séries de 6 plaques en graphite Acheson. A défaut de la pièce L, un
dispositif spécial (p. 64) permet de recueillir l'hydrogène que l'on peut
combiner au chlore afin d'obtenir de l'acide chlorhydrique.

L'appareil doit être arrêté et vidé une fois tous les quinze jours pour
procéder à son nettoyage. Le compartiment anodique renferme des boues
provenant de la désagrégation de l'anode. Il faut les évacuer, examiner
les tubes, brosser l'extérieur, etc. Ce point de détail tient évidemment à la
nature des anodes et des diaphragmes employés.

Les appareils sont établis pour fonctionner avec 1.400 ampères pour
une différence de potentiel de 3,5 volts. Lorsque celle-ci atteint 4 volts,
l'appareil est mis hors circuit et nettoyé.

La production d'un appareil en bon état est de 6,7 kg. NaOH par
kilowattjour (1).


## Procédé Griesheim-Elektron


La « Chemische Fabrik Griesheim-Elektron » dont les procédés sont
les plus répandus à l'heure actuelle, notamment en Allemagne, est également la plus ancienne des sociétés pour la fabrication des alcalis et du
chlore. Ses produits figuraient à l'Exposition de Francfort en 1891.

L'appareil Griesheim-Elektron (1) consiste en un long récipient en tôle de
fer R, de section rectangulaire (fig. 24, 25 et 26), des cloisons transversa-
les C également en tôle reposent au moyen de deux oreilles sur les parois
du récipient et le partagent en douze compartiments. Cet ensemble constitue la cathode.

Sur les grands côtés, l'appareil est muni d'une double enveloppe E permettant de faire circuler un courant de vapeur destiné à maintenir la
température à 85°-90°.

Un vase poreux est placé dans chacun des compartiments ; il est formé
de plaques de ciment préparées par le procédé Matthes et Weber (p. 85)
et mastiquées dans des armatures en fer que le ciment imperméable formant joint protège complètement. Chaque cellule est fermée à la partie
supérieure par un couvercle D traversé par le tube de charge du chlorure

(1) L. Moynot, *Moniteur scientifique*, 4e série, t. 21, p. 586 ; 1907.
(2) Hœussermann, *Dinglers polytech. Journ.*, t. 30, p. 315 ; 1900.

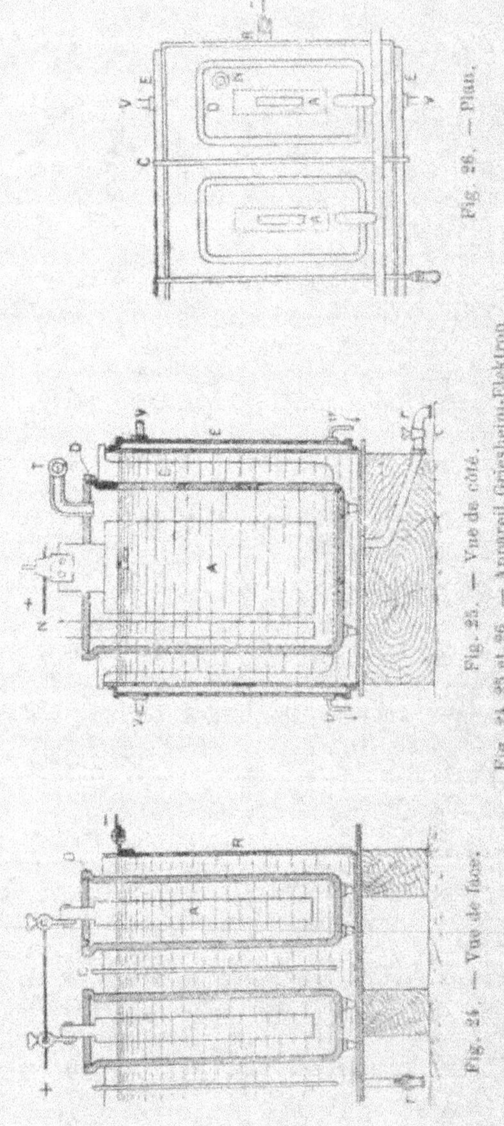


Fig. 24, 25 et 26. — Appareil Griesheim-Elektron

de sodium N, la tête de l'anode et le tube de dégagement du chlore. Ces tubes en verre viennent se greffer au collecteur en poterie T. La durée des diaphragmes est de neuf mois environ.

Les anodes A primitivement en charbon (durée neuf mois à un an) ont été remplacées progressivement par des anodes en oxyde de fer magnétique (p. 70). Elles ont la forme de plaques dont la section est diminuée à la partie supérieure fixée dans le couvercle.

Les anodes d'un même bain sont naturellement réunies entre elles. La durée des anodes en magnétite est de deux ans environ. Comme les diaphragmes en ciment empêchent toute acidification du liquide anodique, il y a formation de chlorate (p. 62) que l'on extrait de temps à autre.

La tension aux bornes des bacs est de 3,5 volts environ.

Ce n'est, en somme, qu'un appareil de laboratoire ordinaire dont les dimensions ont été augmentées dans le sens de la hauteur et de la largeur.

D'après Fœrster les conditions du fonctionnement sont les suivantes (1) :

1° On travaille à température aussi élevée que possible afin d'avoir le meilleur rendement et la plus basse tension aux bornes. D'un autre côté l'évaporation ne doit pas être trop considérable ; on utilise dans ce but une température de 85-90° ;

2° Dans la chambre cathodique on utilise une solution de sel moyennement concentrée, deux à trois fois normale (115-170 gr. de chlorure de sodium ou 150-215 gr. de chlorure de potassium par litre) et l'on ne pousse la formation de l'alcali que jusqu'à obtenir 0,6 à 0,7 N. de façon à opérer avec rendement très élevé de 80 à 85 p. 100 ;

3° Dans le compartiment anodique on a soin de maintenir la concentration en chlorure beaucoup plus élevée afin d'éviter une formation anodique trop considérable d'acide chlorhydrique, de diminuer la résistance due aux diaphragmes et d'élever le rendement en alcali ;

4° On emploie des anodes en charbon (sous la réserve ci-dessus) très conductrices et aussi compactes que possible en opérant avec une densité de courant pas trop faible pour maintenir la formation d'acide chlohrydrique et le dégagement d'anhydride carbonique aussi bas que possible ;

5° On règle l'intensité de sorte que d'un côté la perte d'alcali par diffusion et de l'autre la chute de tension due au diaphragme soient aussi faibles que possible, la densité de courant mesurée au diaphragme étant d'un à deux ampères par décimètre carré. L'anode étant à l'intérieur du diaphragme, la densité de courant y est de ce fait plus élevée.

Remarquons que la concentration du chlorure à la cathode est relativement faible, de même la richesse en alcali de la lessive obtenue.

_____________

(1) F. Fœrster. *Elektrochemie wässeriger Lösungen*, 1905.

Dans une conférence faite à Berlin, puis à Londres, le Pr. Lepsius, Directeur de la Griesheim-Elektron a donné de nouveaux détails sur le procédé de cette Société (1). Le premier brevet exploité fut celui de Hepfner, l'invention des diaphragmes très poreux en ciment, remonte à Breuer (p. 85) les brevets allemands et français ayant été pris par la maison Matthes et Weber. Les anodes sont actuellement en magnétite. La grande difficulté est de les obtenir sans fissure.

Les figures de l'appareil sont celles déjà connues, mais dans la réalisation industrielle, un dispositif permet de recueillir l'hydrogène. La lessive obtenue renferme 8 0/0 d'alcali et les lessives concentrées sont purifiées par osmose sans diaphragme, en faisant circuler la lessive brute et à la partie supérieure, en sens inverse, de l'eau qui s'enrichit en alcali pur (p. 95 et 226).

## Procédé Hargreaves-Bird

Le procédé Hargreaves-Bird fut mis en usage dans plusieurs usines, notamment à Farnworth (Angleterre) et à Chauny (Aisne). Les appareils employés dans ces deux usines, différents comme forme, étaient basés sur l'emploi de cathodes-diaphragmes (p. 87).

Voici la description que nous en avons donnée antérieurement (2) :

« L'appareil employé à Chauny du type vertical est formé (fig. 27, 28, 29) d'un cadre en matière isolante et inattaquable au chlore et aux alcalis B, dans lequel sont fixées les anodes A ; de chaque côté du cadre et fermant la cellule viennent s'appliquer des cathodes-diaphragmes serrées entre des plaques de fonte D, formant extérieurement aux cathodes un espace clos dans lequel se fait l'injection d'acide carbonique et de vapeur d'eau par le tube E ; grâce à la forme spéciale de ces plaques de fonte, l'espace très étroit oblige le courant gazeux à lécher toute la surface de la cathode filtrante. Le carbonate de soude formé s'écoule en F. Le serrage des plaques de fonte se fait au moyen d'étriers G, dont les têtes des boulons se trouvent fixées dans les plaques extrêmes H. L'électrolyte circule dans la partie centrale ; il entre par le bas en I et ressort par le haut, en J. Le liquide épuisé passe dans un saturateur et rentre en circulation. Le chlore produit s'échappe avec cette solution et se sépare dans un appareil spécial, d'où il est dirigé dans les appareils d'utilisation. »

(1) Lepsius. *Berichte deutsch. chem. Gesellschaft*, t. 42, p. 2892 (1909).
(2) *L'électricité à l'Exposition de 1900* (fascicule XI) *Électrochimie et électrométallurgie*.

« Dans l'appareil employé à l'usine de Farnworth-in-Widness (Angleterre), la disposition de l'appareil est un peu différente. Les anodes A
(fig. 30 et 31), forment une sorte de grille contre laquelle le sel vient se
déposer ; on a ainsi une solution constamment saturée. Les anodes sont
fixées de la façon suivante : une des extrémités traverse la plaque extrême
correspondante D, par exemple, et est assujettie en coulant entre la tête

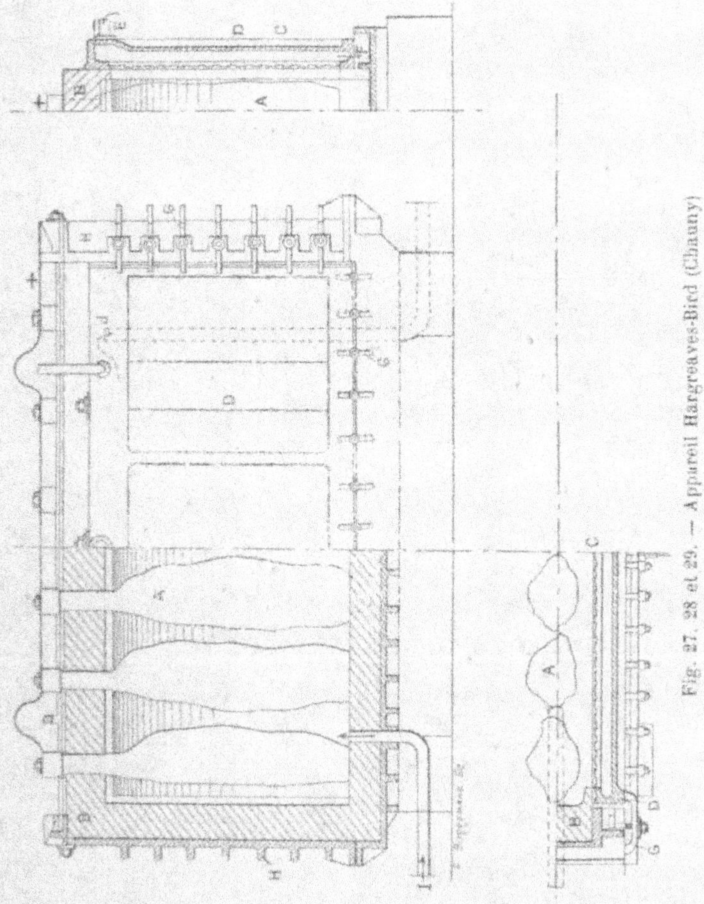

Fig. 27, 28 et 29. — Appareil Hargreaves-Bird (Chauny)

d'électrode et la plaque un joint en plomb antimonié $a$ ; l'autre côté de
l'électrode repose simplement dans une échancrure ménagée dans la plaque

opposée et ne la traversant pas complètement ; les électrodes sont disposées de telle façon que les têtes alternent et soient tantôt à droite, tantôt à gauche ; la partie interne des plaques extrêmes est enduite d'une épaisse couche isolante en goudron.

« Les cathodes-diaphragmes C sont serrées dans les cadres E au moyen des plaques de fonte D et des tirants L. Au milieu du cadre E se trouve un dispositif destiné à charger le sel sans perte de chlore, au moyen d'un rebord plongeant au-dessous du niveau ma du liquide et formant joint hydraulique ; l'ouverture ménagée dans le cadre E est elle-même fermée par un couvercle N à joint hydraulique. Le courant est amené aux électrodes au moyen de barres d'accouplement, reliées par des barres horizontales P et P' ; il arrive aux cathodes par l'intermédiairedes plaques de fonte D et des bornes Q

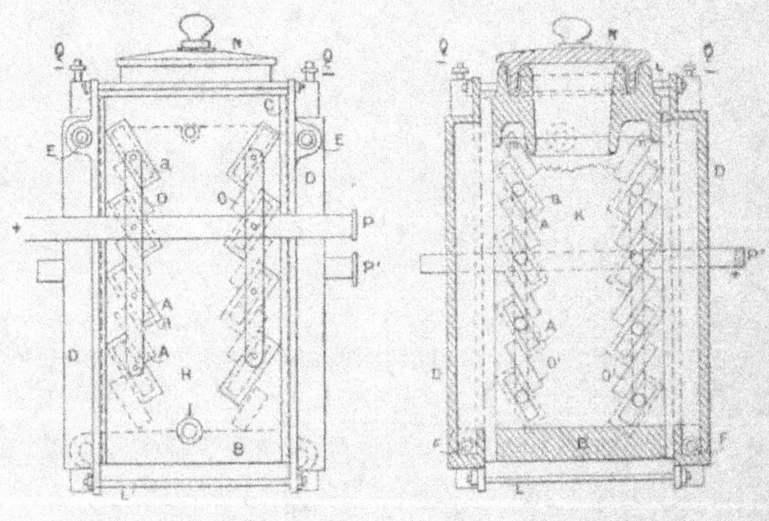

Vue extérieure.                              Coupe.

Fig. 30 et 31. — Appareil Hargreaves-Bird (Farnworth-Widness)

« Le liquide anodique circule d'une façon continue ; il entre en I et sort à la partie supérieure en entraînant le chlore. Le mélange de vapeur d'eau et d'anhydride carbonique entre dans la chambre cathodique par les tubes E, et la solution de carbonate de soude sort par les tubes F. Au cas où le sel employé renferme des matières insolubles et des impuretés en grande quantité, le sel n'est pas introduit dans la chambre anodique, et la

saumure appauvrie, sortant de l'électrolyseur, est saturée dans un vase
spécial à double fond et double fermeture hydraulique (fig. 61, p. 168).

« Ces appareils ont les dimensions suivantes : longueur 3,3 m. ; hauteur, 1 m. ; et largeur 0,9 m. Les diaphragmes ont 3,15 m. sur 1,65 m. ;
leur surface utile est d'environ 9 m². Chaque appareil absorbe 2.300 ampères sous 3,6 volts et produit par vingt-quatre heures 105 kg. de carbonate
de soude (calculé en $CO^3Na^2$), ce qui, d'après un rapport de Ramsay, correspond à un rendement chimique, calculé d'après la quantité d'électricité
fournie à l'appareil, de 97 0/0 ; la densité de courant est de 2,5 ampères
par décimètre carré de diaphragme. »

Les caractéristiques de ce procédé consistaient donc dans l'emploi des
cathodes filtrantes, dans l'appareillage permettant de maintenir le liquide
anodique saturé de sel et dans l'emploi de l'acide carbonique.


### Procédés à contre-courant.


Dans le procédé Hargreaves-Bird le diaphragme est sous pression d'un
seul côté, il faut donc nécessairement qu'il soit peu perméable afin de ne se
laisser traverser que très lentement par le liquide qui suinte le long de la
cathode après s'être chargé d'alcali.

Dans les procédés plus modernes basés sur ce principe on emploie des
diaphragmes plus perméables et, à la soude se dirigeant vers l'anode du
fait du transport du courant par les ions OH', on oppose un contre-courant liquide dont la vitesse peut se régler à volonté du fait de la différence
de pression existant de part et d'autre du diaphragme aussi, comme nous
l'avons dit (p. 101), il n'y a pas de transition nette entre la méthode avec
diaphragme et la méthode avec circulation.

Trois procédés basés sur ce principe ont été montés plus récemment et
sont actuellement dans la période des essais industriels : le procédé Mac
Donald, le procédé Townsend et le procédé Billiter.

Dans l'appareil *Mac Donald* les cathodes sont formées d'une tôle perforée appliquée sur une feuille de papier d'amiante enduite de ciment ; elles
sont fixées de chaque côté d'une série d'anodes dont chacune est constituée
par un bloc de graphite Acheson de 30 cm. de hauteur et 10 cm. de côté
dans l'axe duquel se trouve un trou taraudé permettant de fixer l'électrode
à une tige de plomb durci. Lorsqu'après usage l'électrode se trouve usée et
que ses bords sont arrondis on la retourne bout pour bout.

L'ensemble est placé dans une cuve en fonte. L'appareil est chauffé à
85°-90° il fonctionne à 450 ampères et 4,5 volts. La solution renferme fina-

lement 15 à 18 p. cent de soude et 3 à 4 p. cent de chlorure. Une transformation aussi avancée est sujette à réserves.

Le procédé est employé aux États-Unis par la New-York and Pennsylvania Pulp C° à Johsonburg (Pennsylvanie).

Dans l'appareil *Townsend* le diaphragme dû à Baekeland est formé d'un tissu d'amiante enduit d'hydrate d'oxyde ferrique. Il est collé à la cathode constituée par une tôle perforée C. Deux diaphragmes-cathodes placés de part et d'autre d'une armature en ciment B en forme de U aplati (fig. 32, 33 et 34) circonscrivent la chambre anodique fermée à la partie supérieure par un couvercle E traversé par l'anode A en graphite Acheson. Ces anodes sont réunies par série de quatre dans chaque appareil.

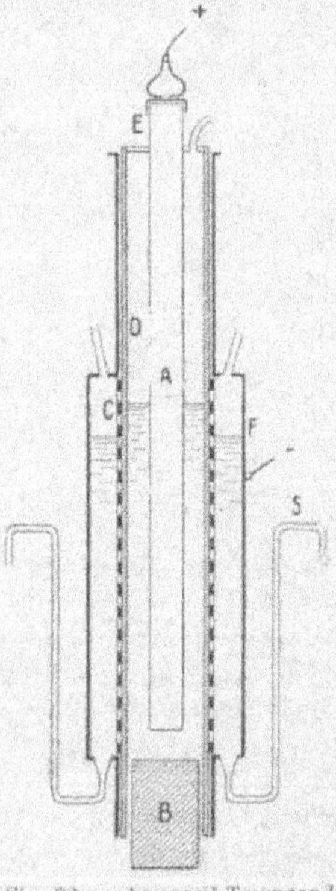

Le liquide anodique circule d'une façon constante, il arrive par le tube L et s'échappe par le tube c maintenu au moyen d'un bouchon perforé d dans une cavité cylindrique ménagée dans l'épaisseur de la paroi de ciment. En élevant ou abaissant à volonté le tube c on règle ainsi le niveau du liquide anodique.

Les compartiments cathodiques sont formées de plaques F appliquées contre les cathodes-diaphragmes.

La caractéristique du procédé consiste en ce que les compartiments cathodiques sont remplis de *Kérosène* (1), pétrole un peu plus lourd que notre huile lampante courante que l'on peut utiliser de la même façon.

Le liquide anodique constitué par une solution concentrée et chaude de chlorure alcalin filtre à travers le diaphragme, se charge d'alcali au contact de la cathode et aussitôt vient tomber sous forme de goutte au fond du récipient cathodique, d'où il se trouve éliminé d'une façon constante par les siphons S.

Fig. 32 — Appareil Townsend (Coupe transversale).

On a pu arriver ainsi à un rendement de courant de 97 p. cent. Pratiquement il est de 90 p. cent.

L'électrolyte traverse rapidement le compartiment anodique et repasse constamment dans un saturateur (2) ou, si besoin est, le liquide est en même

(1) Baekeland, *Journ. Soc. Chem. Ind.* t. 26, p. 746, 1907.
(2) Baekeland, brevet américain n° 844.314 ; 1906.

temps neutralisé. La pression dans l'appareil est réglée par le tube *c*, l'ouverture *b* servant à la vidange et au nettoyage.

Fig. 33. — Appareil Townsend (Coupe longitudinale).

Il faut de temps en temps refaire l'empâtage du diaphragme en l'imprégnant d'une solution concentrée de chlorure ferrique après l'avoir brossé pour enlever l'ancien dépôt. Cette opération a lieu, lorsque l'enduit est bien fait, toutes les cinq semaines environ.

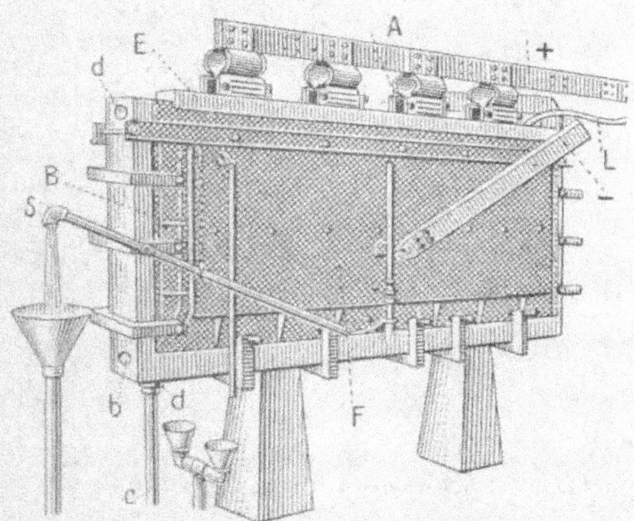

Fig. 34. — Appareil Townsend (Élévation)

Les dimensions de chaque appareil sont de 2,5 m. de longueur, 0,9 m. de hauteur, 0,3 m. de largeur. L'écart entre anode et cathode est seulement de un centimètre, de sorte qu'avec une intensité de 2.000 à 2.300 ampères, ce qui correspond à une densité de courant de sept à huit ampères environ par décimètre carré de surface anodique, la tension aux bornes est seulement de 3,4 à 3,6 volts. Avec une densité de courant double, la différence de potentiel aux bornes est de 4,3 à 4,7 volts.

La solution obtenue renferme par litre 150 gr. de soude et 210 gr. de chlorure de sodium.

Le procédé est employé, depuis le commencement de 1906 par la Development and Funding C.° dans son usine de Niagara.

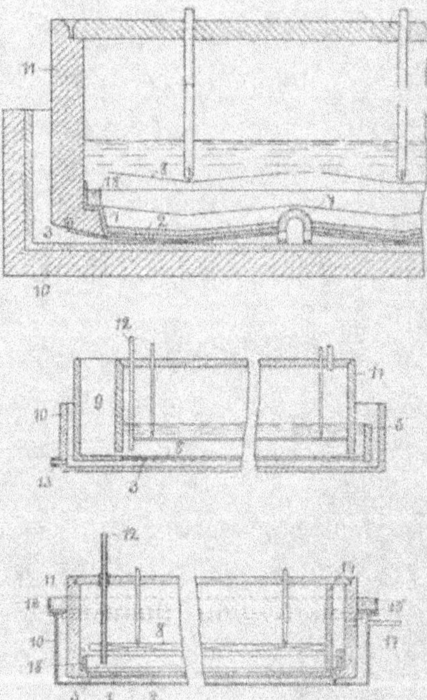

Fig. 35, 36 et 37. — Appareil Billiter.

Dans l'appareil *Billiter* (1) le diaphragme est constitué par une toile d'amiante 1 (fig. 35 et 36) surmontée d'un mélange de sulfate de baryum ou d'alumine et de fibre d'amiante (2) ; immédiatement au-dessous se trouve la cathode (3) formée d'une toile de fer ou de nickel. Le diaphragme est ondulé pour permettre le dégagement de l'hydrogène qui se rend dans des canaux (7) au moyen desquels il est recueilli.

(1) J. Billiter, Brevet français n° 376,329 ; 1907.

Le compartiment anodique est formé d'une cloche (11) à laquelle la toile d'amiante est fixée par un cadre (1). Il renferme les anodes (8) et le tube d'alimentation (12).

Le compartiment cathodique (10) porte en (13) le tube d'écoulement de la lessive, établi de telle façon que la cathode et le diaphragme soient juste baignés dans le liquide.

Le contre-courant liquide se produit partiellement à travers le diaphragme, partiellement en s'échappant du compartiment anodique par dessus le barrage (5). On règle la valeur relative de ces deux écoulements suivant la concentration à obtenir. En augmentant l'épaisseur de la couche (2) on diminue en effet la perméabilité de l'ensemble, mais sans modifier la porosité. C'est ainsi que pour obtenir des liqueurs de 8 à 13 0/0 on emploie par cent centimètres carrés de surface (Le Brevet indique cent mètres carrés) 190 grammes de sulfate de baryum et 3 à 6 grammes de fibre d'amiante. Pour obtenir de 13 à 18 0/0, il faut employer 275 grammes de sulfate de baryum et 8 à 10 grammes de fibre d'amiante. Enfin on peut arriver à des liqueurs plus concentrées avec 350 grammes de sulfate de baryum et 15 grammes de fibre d'amiante.

Dans les petits appareils, la toile d'amiante est fixée directement à la cloche et le tout est placé directement sur le treillis métallique lequel est en contact avec la cuve en fer, 10, reliée au pôle négatif de la machine.

Dans les grands appareils le treillis métallique est fixé lui-même à la cloche (fig. 37) et pour démonter le diaphragme sans avoir à enlever celle-ci, son couvercle peut être enlevé ainsi que la cloison 14. La toile d'amiante est fixée à la cloche par le cadre 18 qui permet de la démonter facilement.

Pour recueillir l'hydrogène, un couvercle (15) pouvant être noyé (16), est fixé sur le rebord de la cuve et sur une saillie de la cloche. Le gaz sort en 17, sa pression peut être réglée d'après le niveau de l'écoulement de sortie 13.

Cet appareil est essayé industriellement à l'heure actuelle par la maison Siemens et Halske.

La puissance totale utilisée étant de 60 kilovatts environ, pendant quatre semaines il a permis d'obtenir avec des unités de 2.000 Ampères et une tension aux bornes de 3,66 volts, à 60°, des solutions de soude à 130 gr. Na OH par litre avec un rendement de 95 0/0.

*

## Alcali ou carbonate ?

La transformation de la soude en carbonate ou en bicarbonate a été préconisée dans un certain nombre de procédés. Le but poursuivi par les différents auteurs était de soustraire la soude produite à l'électrolyse et d'augmenter ainsi le rendement. L'avantage du carbonate tient à ce que la différence de vitesse des ions $(CO^3)'$ et $Cl'$ est beaucoup moins grande que celle de $(OH)'$ et $Cl'$. Avec le bicarbonate de sodium, complètement insoluble dans ces conditions, le problème était réalisé au point de vue théorique mais ne l'était pas au point de vue pratique ; le repêchage du produit, opération assez simple lorsqu'il s'agit d'un procédé chimique quelconque, devenant plus compliqué du fait de l'appareillage dans un procédé électrolytique.

Marx, dans une série importante de brevets (1), pose les bases de cette carbonatation qui fut étudiée au point de vue scientifique par Hempel (2) ; puis Craney (3), Spilker et Lœwe (4), Parker et Robinson (5), Parker (6), utilisent également ce principe dans leurs procédés.

Dans un but analogue, Hermite et Dubosc (7) ajoutent de l'alumine et Parker et Robinson (8) vont jusqu'à utiliser un acide gras afin de retenir l'alcali sous forme de savon.

Au point de vue économique, Hargreaves (9) estimait la fabrication du carbonate préférable à celle de la soude ; comme l'a fait remarquer Lunge (10), cela a toujours été inadmissible. Remarquons que Kellner qui, comme Hargreaves, fut un des principaux pionniers de l'industrie électrochimique, mettait également cette question en avant ; non seulement il fait arriver de l'acide carbonique dans ses appareils, ce qui, comme nous venons de le voir, présentait un certain intérêt théorique, mais d'une façon plus catégorique, comme dans le brevet Cooke (11), il propose de carcarbonater la lessive sortant de l'appareil en présence de chlorure de sodium (12) afin de précipiter le carbonate, insoluble dans ces conditions ; au lieu d'acide carbonique, Browne et Guthrie (13) utilisent à cet effet du bicarbonate obtenu par le procédé Solvay. Comme dans le procédé Ungerer, Kellner (14) propose de faire cette carbonatation en faisant couler la lessive le long de chaînes métalliques en présence des gaz d'un foyer qui opèrent en même temps la concentration.

(1) Marx, brevet français n° 184.772 ; 1887, et n° 208.497 ; 1890.
(2) Hempel, *Berichte der deutsch. Chem. Gesellschaft*, t. 22, p. 2475 ; 1889.
(3) Craney, brevet français n° 238.954 ; 1894.
(4) Spilker et Lœwe, brevet français n° 192.593 ; 1888.
(5) Parker et Robinson, brevet anglais n° 14.199 ; 1888.
(6) Parker, brevet anglais n° 23.733 ; 1892.
(7) Hermite et Dubosc, brevet français n° 220.492 ; 1892.
(8) Parker et Robinson, brevet anglais n° 4.920 ; 1893.
(9) Hargreaves, *Journ. Soc. Chem. Ind.*, t. 14, p. 1011 ; 1895.
(10) Lunge, *Zeitsch. f. angew. Chem.*, p. 517 ; 1896.
(11) Cooke, brevet anglais n° 13.620 ; 1854.
(12) Kellner, brevet français n° 217.511 ; 1891.
(13) Browne et Guthrie, brevet français n° 232.354 ; 1893.
(14) Kellner, brevet allemand n° 85.011 ; 1894.

Ce qui est certain, c'est qu'actuellement la différence de prix entre « l'unité soude caustique » et « l'unité carbonate » est trop considérable pour permettre d'envisager l'éventualité de la fabrication électrolytique du carbonate de sodium.

La question ne pourra être discutée que lorsque l'on disposera de procédés permettant économiquement d'assurer la fabrication intégrale de la soude par voie électrolytique et que l'on pourra de ce fait avoir intérêt à en carbonater une partie ; mais dans ce cas la question du chlore sera posée dans toute son ampleur et devra être complètement résolue.

## Procédés avec dépolarisation

Dans le procédé Granier (1), on utilise une anode soluble de cuivre et, comme on le sait, dans ces conditions, le métal se dissout à l'état cuivreux, soit 2,36 gr. Cu par ampèreheure au lieu de 1,18 gr. pour le métal passant à l'état de sel cuivrique. Le chlorure formé reste en solution dans le chlorure de sodium sous forme de sel complexe $Cu^2Cl^2$, $4NaCl$ analogue à celui de potassium.

La dépense d'énergie est de ce fait extrêmement minime en raison de la faible tension aux bornes.

Naturellement, en ce qui concerne le compartiment cathodique, il n'y a rien de changé ; ici également le transport des ions OH' dans le compartiment anodique amène les complications ordinaires et rend le compartiment anodique alcalin.

La solution anodique étendue d'eau laisse précipiter le chlorure cuivreux ; celui-ci chauffé avec de l'acide sulfurique donne du sulfate de cuivre et de l'acide chlorhydrique. Cette opération doit être faite en présence d'un courant d'air, sinon il y a nécessairement formation d'anhydride sulfureux.

$$Cu^2Cl^2 + 2 SO^4H^2 + O = 2 SO^4Cu + 2 HCl + H^2O.$$

En réalité, la quantité de soude produite est faible puisque pour 10 tonnes de sulfate de cuivre cristallisé ($CuSO^4,5H^2O$) le calcul permet de prévoir :

1,8 tonne de soude à 90 0/0 NaOH ;
1,5 tonne d'acide chlorhydrique à 21° B.

(1) Granier, brevet français n° 330.965 ; 1903.

Ce procédé, mis en exploitation à Bex (Suisse), doit être considéré plutôt comme une méthode de fabrication du sulfate de cuivre.

Le procédé Brochet et Ranson (1) consistant à électrolyser une solution concentrée de sulfure de sodium avec utilisation de chlorure comme liquide cathodique peut être rangé dans la même catégorie. Il se rapportait également ment à la fabrication de la baryte (2).

L'emploi d'un dépolarisant à la cathode a été proposé par Hœpfner (3) qui utilisait le peroxyde de plomb ou le minium et indiquait également les acides nitrique, permanganique et chromique. Dans un autre brevet (4), Hœpfner revendique l'emploi du chlorure cuivrique qui est transformé en chlorure cuivreux que le chlorure de sodium ou l'acide chlorhydrique maintiennent en solution et qui est ensuite réoxydé au contact de l'air pour une utilisation ultérieure. Il ne s'agit bien entendu, avec la plupart de ces dépolarisants, que de la préparation du chlore.

Richardson et Holland (5) ont eu recours à l'oxyde cuivrique comme dépolarisant et Richardson (6) a breveté un dispositif spécial facilitant l'application du procédé. Celui-ci s'applique d'ailleurs à un appareil sans diaphragme, mais on conçoit qu'il pouvait tout aussi bien s'appliquer au cas présent.

(1) A. Brochet et G. Ranson, brevet français nᵒ 304.344 ; 1900.
(2) A. Brochet et G. Ranson, brevet français nᵒ 302.642 ; 1900.
(3) Hœpfner, brevet français nᵒ 162.537 ; 1884.
(4) Hœpfner, brevet français nᵒ 219.222 ; 1892.
(5) Richardson et Holland, brevet français nᵒ 211.369 ; 1891.
(6) Richardson, brevet anglais nᵒ 19.704 ; 1891.

## MÉTHODE AVEC CIRCULATION



### Principe.

Nous avons admis dans l'étude théorique des procédés avec diaphragme que la concentration du liquide anodique et celle du liquide cathodique étaient uniformes ; c'est-à-dire que les deux solutions étaient régulièrement brassées tout au moins par les gaz dégagés, avec cette restriction toutefois que dans la marche en régime le rendement est plus élevé s'il n'y a pas d'agitation (p. 54).

Dans les procédés avec circulation que nous allons étudier, le liquide ne doit pas être agité même par les gaz dégagés, ce qui entraîne une disposition spéciale des électrodes. Le liquide se déplace régulièrement, mais sans que les couches puissent se mélanger mécaniquement.

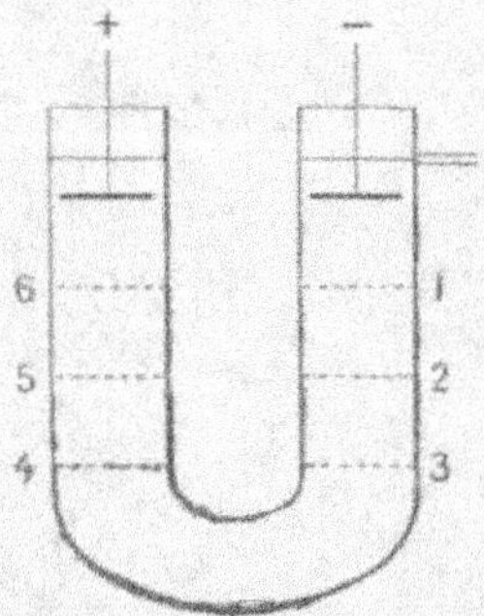


Fig. 38. — Schéma de la méthode avec circulation.

Pour l'étude de cette méthode supposons un tube en U rempli d'une solution de chlorure de sodium (fig. 38), l'anode et la cathode étant placées à la partie supérieure de chaque branche du tube. Dans le compartiment anodique les ions Cl' se dirigent vers l'anode, s'y déchargent, le chlore passe à l'état moléculaire et se dégage.

Dans le compartiment cathodique les ions Na· se dirigent vers la cathode, s'y déchargent et il y a formation de soude.

Si nous considérons la destruction du chlorure de sodium nous savons que l'on peut la calculer facilement d'après les facteurs de transport (p. 27).

$$n = \frac{l_a}{l_a + l_c} = \frac{65,44}{108,99} = 0,60$$

$$1 - n = \frac{l_c}{l_a + l_c} = \frac{43,55}{108,99} = 0,40$$

Avec le chlorure de potassium nous aurons :

$$n = \frac{65,44}{130,01} = 0,503$$

$$1 - n = \frac{64,57}{130,01} = 0,497.$$

Dans le cas d'un appareil à diaphragme avec liquide agité cet appauvrissement portait sur la solution entière contenue dans chaque compartiment. Ici l'action est différente et la perte se fait sentir uniquement au voisinage immédiat de chaque électrode ; en dehors de l'action électrolytique, le liquide n'est soumis qu'aux mouvements dûs aux phénomènes de diffusion et de changement de densité dont il peut y avoir lieu de tenir compte, mais que l'on peut arriver à éliminer complétement par un dispositif spécial. Entre la zone anodique et la zone cathodique se trouve une zone neutre traversée par le courant, mais dont la composition est constante tout au moins dans certaines conditions.

Pour une quantité d'électricité de 26,8 ampèreheures le liquide s'appauvrit au voisinage de l'anode d'une quantité de chlorure de sodium égale à 58,5 × 0,4 = 23,4 gr. pendant qu'il s'y dégage 35,5 gr. de chlore. A la cathode il y a destruction de 58,5 × 0,6 = 35,4 gr. de chlorure de sodium remplacé par 40 gr. de soude caustique.

Abstraction faite du changement de résistivité qui peut résulter de cette substitution nous voyons que cette soude formée va prendre part à l'électrolyse et que les ions OH' vont, aussitôt formés, se déplacer vers le compartiment anodique, ils atteindront progressivement le niveau 1, puis 2, 3... 6 pour arriver finalement à l'anode.

On voit de suite l'avantage théorique du procédé, tandis que dans la méthode avec diaphragme la soude aussitôt formée, nécessairement agitée,

traverse le diaphragme et donne les réactions anodiques que nous connaissons ; dans la méthode avec circulation, l'ion OH' doit franchir, grâce
à sa vitesse propre, la distance qui sépare l'anode de la cathode. Distance
qu'il est facile d'évaluer de même que le temps nécessaire pour la franchir.
On démontre en effet que pour une chute de potentiel de un volt par
centimètre la vitesse absolue, par seconde, d'un ion est égale au quotient
de la mobilité de cet ion par 96.540 coulombs.

$$v = \frac{l}{F}$$

Dans le cas de l'anion OH' nous aurons donc :

$$v = \frac{174}{96.540} = 0,0018 \text{ cm par seconde}$$

$$v = \frac{174}{26,8} = 6,48 \text{ cm par heure.}$$

La *couche-limite* des ions OH', c'est-à-dire de la soude, se déplacera donc
avec cette vitesse, de la cathode vers l'anode, en même temps que la zone
neutre diminuera progressivement. Lorsque la couche-limite arrivera
en 3, par exemple, si nous venons par un artifice quelconque à obturer le
tube, puis à vider le compartiment cathodique, nous recueillerons ainsi
avec le liquide cathodique, la quantité intégrale de soude formée, soit
40 gr. pour 26,8 ampèreheures. C'est de cette façon qu'opérait Bein (1).

Ce système est défectueux en raison de la difficulté de la main-d'œuvre,
de la complication de l'appareillage, etc. En outre il ne faut pas oublier
que la résistance de l'appareil croît avec la distance des électrodes et par
conséquent la différence de potentiel aux bornes, facteur direct de la
dépense d'énergie. Enfin le liquide s'appauvrit en chlorure à l'anode et
rapidement la concentration doit devenir nulle au voisinage immédiat de
l'électrode d'où la nécessité de faire arriver à celle-ci une solution saturée
du sel à électrolyser.

Quelle sera la vitesse de cette circulation ? Il faudra qu'une tranche se
déplace avec la vitesse de l'ion OH' soit 6,48 cm par heure pour une chute
de potentiel de un volt par cm. Si la vitesse du liquide est plus grande
que celle des ions OH' ceux-ci seront refoulés et la quantité de solution
et par suite de chlorure entraîné sera trop considérable. Si elle est moins
grande, les ions OH' se dirigeront vers l'anode avec une vitesse égale à la
différence. Dans ces conditions il y aura une certaine perte de rendement
et la complication des phénomènes anodiques se fera sentir.

Nous admettrons au cours de cette première discussion, comme cela a

(1) W. Bein, Brevet français n° 248.017 ; 1895.

d'ailleurs été fait dans les études précédentes, que la densité de la solution ne se trouve pas modifiée.

## Caractéristique de la méthode avec circulation

Nous avons vu à propos de la marche en régime dans la méthode avec diaphragme que la concentration en équivalents-grammes par litre C du liquide sortant de l'électrolyseur est donnée par la relation

$$C = \frac{I}{26,8 \times L}$$

L étant le débit en litres par heure (p. 50).

Si dans la méthode avec circulation, nous appelons S la surface en centimètres carrés de la section du compartiment anodique (cloche) et $h$ la vitesse de déplacement du liquide en centimètres par heure dans ce même compartiment, nous aurons :

$$C = \frac{I \times 10^3}{F \times S \times h} = \frac{De \times 10^3}{F \times h},$$ (1).

Par analogie avec les procédés à diaphragme, cette valeur est la *caractéristique de la méthode avec circulation*.

Nous voyons que la concentration du produit obtenu est proportionnelle à l'intensité du courant ou mieux à la densité de courant rapportée à la section de la cloche et inversement proportionnelle à la vitesse d'écoulement.

La notion du rendement peut être, dans le cas présent, envisagée un peu différemment. De ce qui précède il résulte que le rendement doit être théorique si la vitesse d'écoulement est égale ou supérieure à la vitesse absolue de l'ion OH', il sera moindre si la vitesse d'écoulement est plus faible. Dans le cas du rendement théorique, nous admettons naturellement que la solubilité du chlore dans la solution de chlorure de sodium est nulle dans les conditions où l'on opère, ce qui est sensiblement exact.

## Vitesse de la couche-limite.

La vitesse absolue d'un ion est facteur de la chute de potentiel à laquelle il est soumis. Pour une chute de potentiel de un volt par centimètre nous avons :

$$v = \frac{l}{F},$$

et d'une façon générale :

$$v = \frac{l}{F} \cdot \frac{U}{L}$$

Mais la chute de potentiel est inhérente à la conductivité du liquide. Nous avons en effet :

$$U = RI = \rho \frac{L}{S} I = \frac{1}{\varkappa} L d_c \qquad \text{(II)}$$

d'où :

$$v = \frac{l}{F} \cdot \frac{d_c}{\varkappa} = \frac{l}{\varkappa} \cdot \frac{d_c}{F} \qquad \text{(III)}$$

$d_c$ étant la densité de courant exprimée en ampère par centimètre carré.

La vitesse absolue d'un ion et, par conséquent, celle de la couche-limite que forment un certain nombre d'ions semblables se déplaçant dans un milieu différent, est donc facteur d'une part, de la conductivité du liquide dans lequel elle se meut et à laquelle elle est inversement proportionnelle et d'autre part, de la densité de courant à laquelle elle est proportionnelle.

Connaissant la vitesse de la couche-limite des ions OH', nous connaissons la vitesse égale et de sens contraire à donner au courant liquide pour que cette couche reste stationnaire.

La formule donne la vitesse de l'ion OH' à la couche-limite, cette vitesse décroît au fur et à mesure que l'on approche de la cathode puisque la chute de tension diminue en raison de l'augmentation de conductivité de l'électrolyte du fait de la substitution de la soude au chlorure au fur et à mesure que l'on approche de cette électrode.

## Concentration de la lessive.

On peut chercher quelle est la concentration de la solution qui sort de l'appareil lorsque la couche-limite reste stationnaire.

La caractéristique de la méthode avec circulation étant :

$$C = \frac{d_c \times 10^7}{F \times h}$$

en remplaçant $h$ vitesse du liquide par la vitesse de l'anion OH' :

$$v = \frac{l_{\text{OH}}}{F} \cdot \frac{d_c}{\varkappa}$$

il reste finalement :

$$C = \frac{10^7 \varkappa}{l_{\text{OH}}} \qquad \text{(IV)}$$

*La concentration du liquide qui sort de l'appareil est fonction uniquement de la conductivité de la solution de chlorure et de la mobilité de l'ion OH' (I).*

Si nous envisageons une température déterminée, $l_{\text{OH}}$ est constant et la relation (IV) devient (à 18° par exemple) :

$$C = 3,75\ x \qquad\qquad (\text{IV } bis)$$

expression plus simple que la précédente, montrant que *la concentration ne dépend*, somme toute, *que de la conductivité de la solution de chlorure*, mais cachant l'influence générale de la fonction alcali.

*Cette concentration est donc complètement indépendante de la densité de courant.* Cela n'a rien de surprenant car si, d'une part, la concentration de la solution obtenue est, d'une façon générale, proportionnelle à cette densité de courant, d'autre part, pour maintenir la couche-limite immobile nous donnons également au liquide une vitesse qui est proportionnelle à cette densité de courant.

Nous voyons de plus, que la concentration équivalente du liquide sortant est indépendante de la nature de l'alcali obtenu si la conductivité de la solution de chlorure est identique.

La conductibilité-équivalente-limite d'une solution est égale à la somme des mobilités des deux ions constituant l'électrolyte, elle est liée à la conductivité de la façon suivante :

$$\Lambda = 10^3\ x \cdot v = \frac{10^3\ x}{C}$$

$$C = \frac{10^3\ x}{\Lambda} = \frac{10^3\ x}{(l_a + l_c)\gamma} \qquad\qquad (V)$$

Cette expression est d'ailleurs analogue à l'expression (IV). La critique que l'on peut faire à celle-ci est que la valeur de $l_{\text{OH}}$ s'applique au cas où la solution est à une dilution telle qu'elle correspond à la conductibilité-équivalente-limite, c'est-à-dire à la dissociation totale de l'électrolyte. Pour l'appliquer nous devons donc admettre que les ions OH' constituant la *couche-limite* dans le cas précédemment étudié, se comportent comme les ions d'une solution alcaline complètement dissociée.

## Applications numériques.

D'après la formule précédente (IV) la concentration du liquide sortant est proportionnelle à la conductivité de la solution de chlorure, nous

(1) M. Chancel a donné une formule différente. (*Bull. Soc. Chim.* 4ᵉ série, t. V, p. 58 ; 1909). Nous avons démontré (*Bull. Soc. Chim.* 4ᵉ série, t. V, p. 202 ; 1909) qu'elle résulte d'une erreur d'interprétation.

aurons donc intérêt à prendre une solution aussi conductrice que possible.

Si nous adoptons 174 valeur déterminée par Kohlrausch pour la mobilité de l'anion OH' à 18° et si nous prenons une solution à 20 0/0 de chlorure de potassium ($D_{18} = 1,1335$, KCl par litre : 226,7 gr., $x_{18} = 0,2677$) nous aurons :

$$C = \frac{10^3 \times 0,2677}{174} = 1,538.$$

Soit 86,13 gr. KOH par litre.

Avec la solution à 20 0/0 de chlorure de sodium ($D_{18} = 1,1477$, NaCl par litre : 229,54 gr., $x_{18} = 0,1957$ nous aurons :

$$C = \frac{10^3 \times 0,1957}{174} = 1,125.$$

Soit 45 gr. NaOH par litre.

On voit donc que dans la méthode avec circulation comme dans la méthode avec diaphragme on a encore un grand avantage au point de vue du rendement de faire de la potasse de préférence à la soude.

Avec la solution de chlorure de sodium à 26,4 0/0 ($D_{18} = 1,2014$, NaCl par litre : 317,2 gr., $x_{18} = 0,2156$) on trouve :

$$C = 1,239.$$

Soit 49,56 gr. NaOH par litre.

La vitesse de déplacement du liquide dans la cloche, la vitesse d'écoulement du liquide et la chute de tension dans la cloche sont directement proportionnelles à la densité de courant. En admettant une densité de courant de un ampère par décimètre carré de surface horizontale de cloche nous aurons avec la solution de chlorure de sodium à 26,4 0/0 :

*Vitesse de déplacement du liquide dans la cloche.*

$$v = \frac{174}{0,2156} \times \frac{0,01}{26,8} = 0,301 \text{ cm. par heure.}$$

*Vitesse d'écoulement du liquide.*

V $= S \times v = 30,1$ cm³ par heure et par décimètre carré de section de la cloche.

*Chute de tension dans la cloche* (Entre la couche-limite et l'anode).

$$U = x.\frac{L}{S}\,l = \frac{1}{\rho}.\frac{L}{S}.l.$$

$$= \frac{1}{0,2156}.\frac{1}{100}.1 = 0,0463 \text{ volt p. cm.}$$

Toujours en admettant que la couche-limite reste immobile, ces valeurs étant proportionnelles à la densité de courant, il suffira dans un cas quelconque de les multiplier par la densité de courant pour avoir la valeur réelle correspondante.

### Influence de la température.

Si nous considérons l'expression (V) nous voyons que $A$ et $z$ subissent de la même façon l'action de la température et par conséquent $z$ et $l_z$. Dans le cas de la méthode avec circulation, ces valeurs se rapportent, il est vrai, à deux composés différents, mais on remarque que dans les conditions où l'on opère, solution concentrée de chlorure, solution assez faible d'alcali, les coefficients de température ont sensiblement la même valeur, environ deux pour cent par degré, aussi bien dans le cas de la potasse que dans celui de la soude.

L'influence de la variation de température est donc absolument insignifiante, au point de vue de tout ce qui touche au rendement naturellement. Bien entendu au point de vue de la différence de potentiel aux bornes et de la dépense d'énergie on a intérêt à opérer à chaud.

La question peut être envisagée sous une autre forme si au lieu de partir d'une solution de titre déterminé que l'on chauffe, on discute sur une solution faite à chaud en présence d'un excès de sel.

Dans le cas du chlorure de sodium, on sait que la solubilité est sensiblement la même à chaud et à froid, la température ne doit donc pas avoir d'effet à ce point de vue.

La solubilité du chlorure de potassium est beaucoup plus importante à chaud, mais aucune mesure de conductivité n'a été faite, à notre connaissance, dans ces conditions. On ne peut donc, *a priori*, prévoir ce qui se passera : la conductivité, à température égale, vers 80° par exemple, pouvant fort bien passer par un maximum entre la solution étendue et la solution saturée comme cela arrive fréquemment dans les cas de produits très solubles (Courbes p. 180).

### Cas général.

Il est assez difficile de maintenir la couche-limite immobile et si la vitesse du liquide est un peu plus grande que celle des ions OH' cette couche se déplace vers la cathode. L'appareil est alors rempli de la solution de chlorure saturé de chlore. Il y aura formation, au voisinage de la cathode, d'hypochlorite qui sera aussitôt réduit. D'où avantage d'opérer avec une saumure concentrée et chaude dans laquelle le chlore est insoluble.

Avec le rendement théorique nous ne pouvons donc obtenir de solutions concentrées en alcali. Que va-t-il se passer si, pour avoir une concentration plus élevée, nous diminuons la vitesse du liquide ? Celle-ci sera plus faible que celle des ions OH' et par conséquent la couche-limite s'approchera de l'anode avec une vitesse égale à la différence entre les deux précédentes.

Au point de vue des réactions, la couche-limite s'approchant de l'anode rencontrera la solution neuve de chlorure saturée de chlore venant en sens inverse et il y aura formation d'hypochlorite et d'acide hypochloreux. Ceux-ci prendront part à l'électrolyse et donneront naissance à la série des réactions déjà passées en revue dans l'étude de la méthode avec diaphragme. Il y aura formation d'oxygène (anhydride carbonique et oxyde de carbone avec les anodes de charbon), d'acide hypochloreux, de chlorate, d'acide chlorhydrique, etc... Les produits formés, à l'exception des gaz naturellement, seront entraînés partiellement vers la cathode.

Nous aurons donc auprès de l'anode une couche de solution de sel saturée de chlore, puis une zone renfermant de l'acide hypochloreux, une de l'hypochlorite de sodium et finalement la zone alcaline. Ces différentes zones seront d'ailleurs progressives, mais en raison de la coloration de la première, leur limite peut paraître assez nette. Il y a lieu de remarquer que la zone-limite de la soude que l'on observe dans un tel système, n'est pas tout à fait identique avec la couche-limite dont nous avons discuté les propriétés dans le cas de vitesses égales.

En définitive, nous avons donc dans cette méthode également, perte de rendement du fait de la transformation de la soude en hypochlorite, en admettant pour simplifier, la formation de ce seul produit et, l'on se rend aisément compte que, si tout le courant était transporté par la soude, le rendement correspondrait à la différence entre la vitesse des anions OH' et celle du liquide.

Il est plus élevé en raison de ce fait qu'une partie du courant est transporté par le chlorure de sodium et, si nous appelons $x_2$ et $x_1$ les conductivités respectives de la soude et du chlorure pour une tranche donnée du liquide, nous aurons comme nous l'avons vu (p. 38) en appelant $x$ la quantité de courant transporté par la soude :

$$x = \frac{1}{1 + \dfrac{z_1}{z_2}}$$

Il faut naturellement faire les mêmes remarques au sujet des valeurs de $z_1$ et de $z_2$.

Comment se comporte cette valeur de $x$ entre les deux électrodes ?

Appelons comme précédemment, $v$ la vitesse de l'anion OH' et soit $h$ celle du liquide.

1° Si
$$h = v$$
la couche-limite reste stationnaire, le rendement est théorique et la concentration du liquide sortant très bien définie.

2° Si
$$h > v$$
la couche-limite est refoulée à la cathode, le rendement est théorique, mais la concentration en alcali diminue d'autant plus que la différence des vitesses est plus grande.

Il est facile de se rendre compte que l'on a dans ce cas :

$$C = \frac{10^3.x}{l_{\text{OH}}} \cdot \frac{v}{h}$$

Si nous remplaçons $v$ par sa valeur (formule III) nous trouvons :

$$C = \frac{10^3.Dc}{F \times h}$$

Dans ce cas, la concentration du liquide sortant est indépendante de la conductivité de la solution de chlorure et même de la mobilité de l'ion OH'. Cela n'a rien de surprenant puisque la vitesse du liquide étant plus grande que celle de l'ion OH', la totalité de la soude est, aussitôt sa formation, entraînée au delà de la cathode.

Cette formule n'est autre d'ailleurs que celle de la caractéristique de la méthode avec circulation (1).

3° Si
$$h < v$$
la couche-limite avance vers l'anode et la soude donne avec le chlore et sous l'influence du courant, la série des réactions citées plus haut.

Quelle est dans ce cas la concentration de la zone cathodique ? Il est bien évident que peu à peu les ions Cl' s'éliminant de la cathode il y a au voisinage de celle-ci une zone de soude pure, mais les ions OH' étant plus rapides que les ions Cl', le rapport $\dfrac{\text{Na Cl}}{\text{Na OH}}$ croît pendant un certain temps pour devenir sensiblement constant. Différents facteurs sont à prendre en considération à ce sujet, aussi est-il difficile de formuler le résultat.

Si nous cherchons à estimer le rendement, nous voyons que la partie de soude passant de la zone cathodique dans la zone anodique est fonction de la différence des deux vitesses $v$ et $h$ ; d'autre part la fraction de courant transportée par la soude étant :

$$x = \frac{1}{1 + \dfrac{z_1}{z_2}}$$

(1) André Brochet. *Bulletin Soc. Chim.* 4e série, t. V, p. 202, 1909.

C étant la concentration équivalente de l'alcali, M son poids atomique et $n$ sa valence, le poids de soude ainsi transporté pendant un temps $t$ sera :

$$p = \frac{(v - h)\, S.\, t.\, C.\, M}{\left(1 + \dfrac{x_1}{x_2}\right) n}$$

le poids de soude obtenu théoriquement étant :

$$P = v.\, S.\, t.\, C.\, \frac{M}{n}$$

Le rendement sera donc :

$$r = \frac{v.\, S.\, t.\, C.\, \dfrac{M}{n} - \dfrac{(v - h)\, S.\, t.\, C.\, M}{\left(1 + \dfrac{x_1}{x_2}\right) n}}{v.\, S.\, t.\, C.\, \dfrac{M}{n}}$$

et en simplifiant

$$r = 1 - \frac{1 - \dfrac{h}{v}}{1 + \dfrac{x_1}{x_2}}$$

Si $h = v$ nous avons $r = 1$.

$h > v$ nous savons que la zone cathodique ne renferme que du chlorure, $x_1 = 0$ et l'on a encore : $r = 1$.

Quant au calcul du cas général, intéressant pour nous, il paraît difficile à préciser.

Les deux rapports :

$$\frac{h}{v} \quad \text{et} \quad \frac{x_1}{x_2}$$

sont évidemment fonction l'un de l'autre, bien qu'aucune relation ne semble les réunir à priori.

D'autre part nous ne pouvons calculer exactement la vitesse $v$. La formule donnée précédemment ne s'applique qu'à l'ion OH' formant la couche-limite et se déplaçant dans une solution de chlorure. Dans le cas présent, à celui-ci se trouve substitué une certaine quantité d'alcali, on ne peut donc avoir qu'une simple indication, mais il est évident que les remarques faites au sujet du rendement maximum et concernant notamment la nature de l'alcali, l'influence de la température, etc., s'y appliquent également.

## Influence du changement de densité.

L'augmentation de densité de la solution cathodique est de la plus haute importance. Nous avons établi précédemment le calcul théorique permettant, en tenant compte des facteurs de transport, de déterminer les quantités de soude et de chlorure se substituant l'une à l'autre. Il faut tenir compte également de ce fait qu'à teneur égale, les solutions de soude sont plus denses que celles de chlorure (Tableaux XXVI et XXVII, pages 173 et 174) ce qui amplifie le phénomène. Aussi, dans un tube en U, tel celui de la page 121, si on fait passer le courant sans circulation du liquide, on voit des stries se former autour de la cathode et descendre jusqu'au fond du tube. Le fait peut être rendu plus net en ajoutant à la solution un peu de phtaléine du phénol.

Examinons maintenant ce qui résulte du fait de l'augmentation de densité de la solution, dans le cas où la vitesse du liquide est nulle ou plus faible que celle de l'ion OH'. D'après le calcul que nous avons établi précédemment, il y a pour une quantité donnée d'électricité, plus de soude formée que de chlorure éliminé de la cathode, mais si la soude s'accumule et prend part à l'électrolyse, l'augmentation de densité se fera de moins en moins vite jusqu'à l'établissement de l'équilibre déterminé d'après le rapport de la vitesse du liquide à la densité de courant.

La soude s'accumulera donc dans le fond de la cuve du fait de l'augmentation de densité qu'elle provoque, et son niveau supérieur, en admettant que seul ce phénomène intervienne, correspondra au bord inférieur de la cloche.

Nous pouvons également prendre ce niveau, que nous supposerons établi artificiellement, comme point de départ des ions OH' et appliquer les mêmes discussions que précédemment.

On a donc tout intérêt, de même que pour la dépense d'énergie, à placer les cathodes aussi bas que possible pourvu toutefois que l'hydrogène dégagé ne puisse se rendre dans la cloche. De même, en ce qui concerne le tube d'évacuation de la lessive, il sera placé de préférence à la partie inférieure de la cuve, ou tout au moins, au-dessous des cathodes. La solution salée surmontant les cathodes ne servira alors qu'à maintenir l'équilibre dans la cloche, elle aura un rôle passif et ne sera modifiée que du fait de la diffusion.

Les inconvénients de l'augmentation de densité se feront peu ou point sentir si la vitesse du liquide est supérieure à celle des ions OH'. Le point de départ de la lessive pourra se faire au niveau ou immédiatement au-dessus des cathodes.

Certains auteurs ont considéré que les résultats de la méthode avec circulation étaient dûs à l'augmentation de densité de la solution alcaline, d'où le nom de « *Gravity system* » par exemple, qui lui a été donné. Il n'en est rien, les discussions et calculs précédents eussent été les mêmes si les solutions alcalines avaient diminué de densité en s'enrichissant, comme cela a lieu pour les solutions d'ammoniaque. La disposition des appareils eut été inverse et au lieu de recueillir la solution alcaline au-dessous des cathodes, on l'eut prise au dessus.

Bein, dans son brevet français, avait d'ailleurs signalé différents dispositifs suivant la densité relative des solutions avant et après électrolyse et notamment le cas de l'extraction du brôme.

## Procédés divers

Les procédés Hulin, Hargreaves-Bird et autres dans lesquels on fait filtrer le liquide anodique à travers le diaphragme peuvent être considérés comme établis sur le même principe et discutés de la même façon. Citons également les suivants qui ne diffèrent que par des questions de forme : Cutten (1), fait filtrer l'électrolyte à travers une couche de chlorure de sodium, Bailey et Guthrie (2) utilisent un diaphragme extrêmement poreux et des électrodes en lames de persiennes recouvertes de cloches pour réunir les gaz. Carmichael (3) a recours à un diaphragme non poreux entre les deux électrodes placées horizontalement.

Le Consortium für elektrochemische Industrie prît également deux brevets allemands que nous avons analysés précédemment puis nous arrivons aux procédés Billiter, Townsend et autres systèmes à contre-courant.

Quelles que soient les considérations qui ont guidé leurs inventeurs, il est facile de comprendre que dans tous ces procédés le principe est identiquement le même et les calculs concernant la méthode par circulation que nous avons donné précédemment peuvent s'y appliquer. Dans certains cas le diaphragme n'a plus pour but de séparer les liquides anodique et cathodique, dont la composition varie plus ou moins régulièrement d'une électrode à l'autre, mais simplement de canaliser l'hydrogène afin de l'empêcher précisément de remuer les différentes couches.

L'ensemble des procédés à cathode-diaphragme et à contre-courant per-

(1) Cutten, Brevet français n° 218.757, 1892.
(2) Bailey et Guthrie, Brevet anglais n° 15.510 ; 1893.
(3) Carmichael, Brevet français n° 237 998 ; 1894.

met donc de passer sans transition de la méthode avec diaphragme à la méthode avec circulation.

En ce qui concerne la méthode avec circulation proprement dite il est généralement admis que W. Bein (1) utilisa le premier ce principe ; d'autres brevets cependant avaient été pris avant, notamment par Richardson et Holland qui décrivirent un appareil formé d'une cuve séparée en trois compartiments, deux anodiques, un cathodique, au moyen de cloisons non poreuses n'arrivant pas à la base (2). Dans un autre brevet (3) Richardson emploie l'oxyde de cuivre comme dépolarisant et peut ainsi rapprocher anode et cathode, cette dernière parallèlement à la première et au-dessous. A défaut de l'emploi de l'oxyde de cuivre, il revendique (4), de même que Holland (5), un dispositif spécial pour canaliser les gaz de la cathode de façon à ne pas agiter le liquide, et ce dernier arrive finalement à l'emploi de la *cloche* (6) dont le principe avait déjà été utilisé par Hurter, Auer et Muspratt (7).

Antérieurement Bamberg faisait usage de la cuve divisée en deux compartiments par un double jeu de cloisons non poreuses placées en chicane (8), dispositif utilisé depuis par Bein. Celui-ci, en outre du brevet allemand précité, en prit deux autres par la suite (9) mais il ne prit qu'un seul brevet français (10).

Enfin les brevets les plus intéressants au point de vue technique en ce qui concerne les appareils sans diaphragme furent ceux de l'Oesterreichischer Verein für chemische und metallurgische Produktion sur lesquels nous allons revenir plus en détail. Remarquons toutefois que le brevet allemand (11) est fort différent des brevets français (12) et anglais (13) demandés près de deux ans plus tôt.

Le procédé Richardson et Holland fut mis en essai en Angleterre à Snodland (Kent) en 1892, malgré les résultats satisfaisants qu'il donna.

(1) W. Bein, Brevet allemand n° 84.547 ; 22. 10 ; 1893.
(2) Richardson et Holland, Brevet anglais n° 2.297 ; 1890, Richardson, Brevet français n° 211.368 ; 1891.
(3) Richardson, Brevet français n° 211.369 ; 1891.
(4) Richardson, Brevet anglais n° 5.694 ; 16. 3. 1893.
(5) Holland, Brevet anglais n° 5.525 ; 14. 3. 1893.
(6) Holland, Brevet français n° 258.361 ; 1896.
(7) Hurter, Auer, Muspratt, Brevet anglais n° 19.701 ; 20. 10. 1893.
(8) Bamberg, Brevet anglais n° 20.413 ; 1891.
(9) Bein, Brevet allemand n° 107.917 ; 1898 et n° 142. 245 ; 1898.
(10) Bein, Brevet français n° 249.017 ; 1895.
(11) Oesterreichischer Verein für chemische und metallurgische Produktion, Brevet allemand n° 144.487 ; 1900.
(12) *Id.* Brevet français n° 280.152 ; 1898.
(13) *Id.* Brevet anglais n° 16.129 ; 1898.

à l'usine de St-Heleus (Lancashire), ouverte en 1895, celle-ci fut obligée de fermer en 1900.


## Procédé à cloche.

L'Oesterreichischer Verein für chemische und metallurgische Produktion exploite ses procédés sur une grande échelle à Aussig (Bohême), elle a adopté pour ses éléments d'appareils la forme d'une cloche d'où le nom de procédé à cloche, généralement donné à l'heure actuelle à cette méthode.

La forme de cette cloche n'est pas indifférente. Si l'on considère la question de la différence de potentiel aux bornes ; celle-ci sera d'autant plus faible que les électrodes, ou du moins leur centre, seront plus rapprochés et l'on conçoit aisément qu'en admettant des systèmes d'électrodes également éloignées du bord de la cloche, à surface égale un appareil formé d'une cloche étroite et longue offrira moins de résistance au passage du courant qu'un appareil renfermant une cloche circulaire. La différence sera d'autant plus sensible que l'écart de niveau entre les électrodes et le bas de la cloche sera plus faible. On est ainsi conduit à des cloches mesurant un mètre de longueur pour 10 centimètres de largeur.

La cloche d'Aussig (fig. 39 et 40) est constituée par une caisse étroite et longue B en matière non conductrice à laquelle est accolée une caisse en fer formant cathode C et arrivant à quelques centimètres du bas de la cloche.

L'anode A, sur laquelle il n'est pas donné d'indication, probablement en charbon, affecte la forme même de la caisse, elle est suspendue en

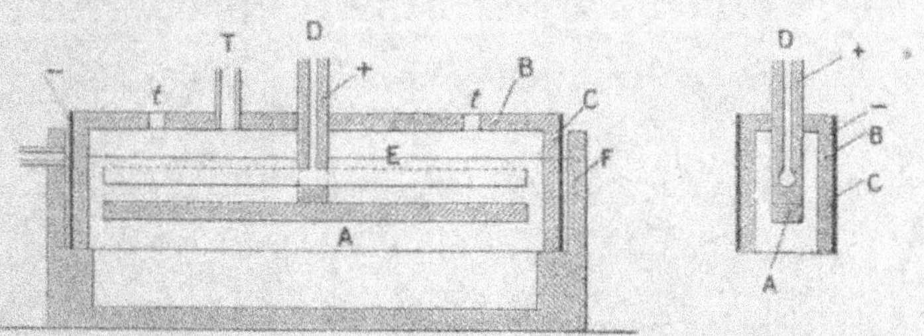


Fig. 39 et 40. — Appareil à cloches (Coupe).

son milieu par un tube D également en charbon servant de conducteur et amenant le liquide à un tube parallèle à l'anode E, muni de perforations à la partie supérieure de façon à ne pas provoquer de remous dans le liquide.

Fig. 41. — Appareil à cloches (Plan).

Ces cloches sont ainsi placées côte à côte au nombre de 25 dans une grande cuve (fig. 41) ; elles communiquent deux à deux au moyen de tubes placés à la partie supérieure dans les trous $t$.

Voici le texte de la revendication accordée par le Patent-Amt pour le brevet allemand n° 141.187, concernant un *Appareil pour l'électrolyse continue des solutions de chlorure* :

« *Patentanspruch*. — 1° Un appareil pour l'électrolyse continue des solutions de chlorures alcalins, composé de cellules placées isolément ou en série dans un récipient *ad hoc* servant de cuve ou de bain muni d'un trop plein, lesquelles cellules sont arrangées de sorte que la cathode se trouve extérieurement ou latéralement à la cellule qui est faite d'une matière imperméable au liquide, fermée en haut, ouverte en bas, l'anode étant située à l'intérieur, horizontalement et au-dessus d'elle les points d'accès du liquide électrolytique, *caractérisé par* : le fait que le corps anodique susceptible le cas échéant d'être perforé, remplit la section horizontale de la cellule si parfaitement que la communication entre l'espace cellulaire au-dessus de l'anode d'une part et l'espace situé au-dessous ne peut être établi que par les interstices étroits à tel effet que la solution électrolytique amené dans l'espace situé au-dessous du corps anodique ne peut pénétrer dans l'espace situé au-dessous de l'anode que par ces interstices et par cette voie elle est mélangée, par les bulles de chlore dégagées continuellement à la surface du corps anodique, avec la lessive anodique déjà affaiblie comme teneur en chlorure alcalin et ceci d'une façon intime et régulière. »

« 2° Un mode de construction de l'appareil protégé en 1° dans lequel la distance verticale entre la surface anodique inférieure et le niveau du bord inférieur de la cellule est de 0,5 cm. au moins, par chaque pour cent d'hydrate alcalin devant être obtenu dans la lessive alcaline écoulée. »

Le schéma que nous donnons (fig. 39 et 40) n'est donc pas en accord avec le texte du brevet allemand, l'anode A doit avoir sensiblement la section de la cloche ; c'est la revendication principale du brevet.

Deux études ont été publiées sur le procédé à cloche. Adolf (1) a fait des essais avec des anodes de platine et de charbon et arrive à cette conclusion qu'à rendement égal on obtient des solutions plus concentrées au moyen du procédé à cloche qu'avec la méthode à diaphragme, la pureté du chlore obtenu étant la même dans les deux cas. Il a utilisé des cloches cylindriques de différents diamètres et a fait l'étude de la série des couches qui se produisent à la séparation des zones anodique et cathodique.

Il arriva également à cette conclusion que l'acidité formée à l'anode a une action marquée sur la séparation des couches anodique et cathodique.

Steiner (2) a utilisé des cloches se rapprochant comme forme de celle décrite dans le brevet allemand. Il a comparé l'influence de la nature de l'anode ; bien que les conditions ne soient pas strictement les mêmes il est aisé de se rendre compte que la qualité du charbon a une énorme influence sur le rendement et que le graphite Acheson se comporte à peu près comme le platine, tandis que le charbon de cornue donne un rendement tout à fait mauvais.

L'alimentation des cloches constitue le point délicat de la méthode par circulation. Il est facile de se rendre compte, en effet, que cette alimentation devra être très régulière, non seulement pour chaque cloche, mais également pour toute la longueur de la cloche. Cette régularité est d'autant plus difficile à réaliser que le débit doit être très faible, puisque pour une cloche de dix décimètres carrés de surface et une densité de courant de 2 ampères par décimètre carré, la quantité de liquide devant être ainsi répartie sur la longueur de un mètre, n'est que de 600 centimètres cubes par heure, en admettant une solution saturée de sel et le rendement théorique (p. 127).

Ce débit peut être diminué si l'on veut augmenter la concentration de la lessive, mais quelles que soient les améliorations ou modifications de la méthode, on aura toujours un écoulement de cet ordre de grandeur. De plus le nombre des cloches d'une installation tant soit peu importante est extrêmement grand.

On n'a aucune indication sur la façon dont ces difficultés ont été tournées par les grandes usines. Différents systèmes d'alimentation ont été présentés ; ceux de Solvay (3) et de Rambaldini (4) bien que n'ayant pas été pris spécialement en vue de cette méthode peuvent s'y rapporter, celui de G. Hepburn et Mather et Platt (5) ne présente rien de particulier et celui de

(1) Adolf, *Zeitsch. f. Elektrochem.*, t. VII, p. 581 ; 1901.
(2) Steiner, *Zeitsch. f. Elektrochem.*, t. X, pp. 317 et 713 ; 1904.
(3) Solvay, Brevet français n° 278.880 ; 1898.
(4) Rambaldini, Brevet anglais n° 2.376 ; 1902.
(5) G. Hepburn et Mather et Platt, Brevet anglais n° 12.221 ; 1905.

O. Steiner (1) a l'inconvénient de rendre les différentes cloches d'une même cuve, solidaires les unes des autres.

A côté de l'usine autrichienne de Aussig (Bohême) trois autres fonctionnent à l'heure actuelle en Allemagne. Elles appartiennent à trois sociétés différentes ; ce sont les usines de :

1° Bitterfeld (Saxe), Salzbergwerk Neustassfurt.

2° Greppin (Saxe), Aktiengesellschaft für Anilin-Fabrikation.

3° Westerhüsen près Magdeburg (Saxe), Aktiengesellschaft für Saccharin-Fabrikation, ci-devant Fahlberg, List et Cie.

On n'a que peu de renseignements sur les procédés employés qui sont vraisemblablement ceux de Aussig plus ou moins modifiés. Le dernier brevet allemand de Bein (n° 142.245 ; 1898) et celui de l'Oesterreichischer Verein für chemische und metallurgische Produktion (n° 141.187 ; 1900) sont présentés sous le nom de la Salzbergwerk Neustassfurt (2).

D'après Brandeis (3), Directeur de l'usine d'Aussig, la puissance totale utilisée dans les quatre usines précitées était de 4.000 chevaux en 1903.

D'après Fœrster (4) la puissance de l'usine d'Aussig est de 3.000 chevaux ; ce qui correspond, par cloche, pour les 25.000 cloches employées dans cette usine, à 20 ampères sous 4 volts environ.

(1) O. Steiner, *Chemiker Zeitung*, t. XXXIII, p. 74 ; 1909.
(2) Ferchland et Rehländer, *Die elektrochemischen deutschen Reichpatente* ; 1908.
(3) Brandeis, *Congrès de chimie appliquée*, Berlin, t. IV, p. 466 ; 1903.
(4) Fœrster, *Elektrochemie wässeriger Lösungen*, p. 418 ; 1903.

# CHAPITRE X

## MÉTHODE AVEC CATHODE DE MERCURE

Principe. — Tension de décomposition. — Appareils et procédés divers. — Procédé
Castner-Kellner. — Procédé Solvay. — Traitement de l'amalgame.

### Principe.

Les procédés au mercure pour la fabrication des alcalis et du chlore sont
évidemment les plus simples au point de vue théorique. Le principe con-

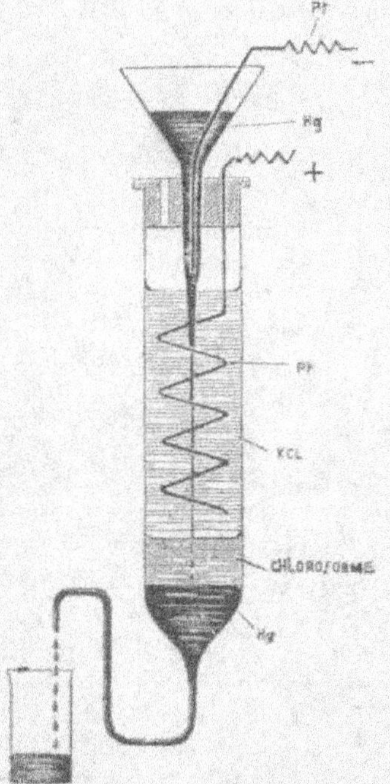


Fig. 42. — Préparation de l'amalgame de sodium. Expérience de cours (*Nernst*).

siste à électrolyser une solution de chlorure alcalin avec une cathode de
mercure ; dans ces conditions les ions « métal » au lieu de passer à l'état

moléculaire se déchargent au contact du mercure en fournissant un amalgame et se trouvent ainsi dans une certaine mesure à l'abri de l'action de la solution. Les ions Cl' se déchargent à l'anode, passent à l'état moléculaire et le chlore se dégage en raison de sa faible solubilité dans la solution de chlorure.

On peut réaliser facilement l'expérience avec le dispositif de Nernst. Un tube effilé à la partie inférieure et recourbé en forme de siphon renferme du mercure et au-dessus une couche de chloroforme, puis une solution saturée de chlorure de potassium ou de sodium (fig. 42).

Ce tube est fermé par un bouchon supportant un entonnoir effilé par le bas, comme ceux que l'on emploie pour filtrer le mercure. Il est rempli du métal dans lequel plonge un fil de platine. Un autre fil de platine, roulé en spirale, plonge dans la solution et sert d'anode. Le mercure forme cathode et en s'écoulant se charge de sodium. L'amalgame protégé de l'action de l'eau par la couche de chloroforme s'écoule par le siphon.

Un procédé basé sur un dispositif à peu près semblable a été breveté par Arlt (1).

L'amalgame traité par l'eau se décompose, mais l'attaque est assez lente et si l'on veut faire un simple dosage, le mieux est d'ajouter un excès d'acide titré, l'attaque est alors très rapide et l'excès d'acidité est ensuite dosé.

L'attaque de l'amalgame se fait aisément si l'on constitue un couple au moyen d'un métal ; le plus simple est de faire directement la décomposition dans un appareil en fer ou en fonte. On constitue ainsi une pile qui permet de récupérer l'énergie correspondante. Ce point a été breveté par Kellner et, à la même époque, Castner, pour éviter les pertes de mercure par transvasement, arrivait au même résultat, mais utilisait le mercure comme électrode bipolaire.

L'appareil de Laboratoire imaginé par Œttel (2) correspond exactement à l'appareil Castner.

Un récipient plat A (fig. 43) renferme une certaine quantité de mercure pouvant être remué par un agitateur B. L'anode, en platine ou charbon, est placée dans un récipient sans fond, c, contenant une solution de chlorure de sodium, par exemple. Ce récipient est fermé par un bouchon à deux trous permettant le passage de l'anode et d'un tube pour le dégagement du chlore. La cathode est formée d'une lame de fer ou de nickel plongeant dans l'eau rendue légèrement conductrice, au début, par une petite quantité de soude.

<hr>

(1) Arlt, brevet allemand n° 95.731 ; 1895.
(2) Œttel, *Elektrochemische Übungsaufgaben*, p. 46 ; 1897.

Dans le vase C, la couche de mercure sert de cathode et se charge de sodium ; dans le vase A, elle agit comme anode ; le sodium est oxydé, et il se dégage sur la cathode de l'hydrogène provenant de la décomposition de l'eau.

Le principe du procédé Castner est représenté schématiquement fig. 44.

Ce procédé présente un grave inconvénient.

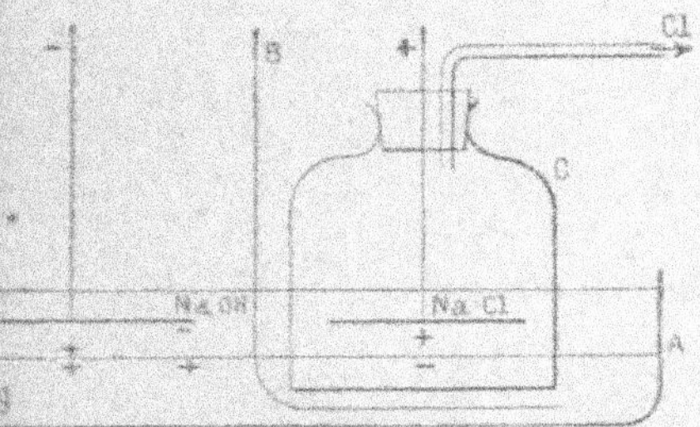
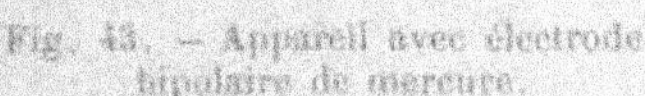


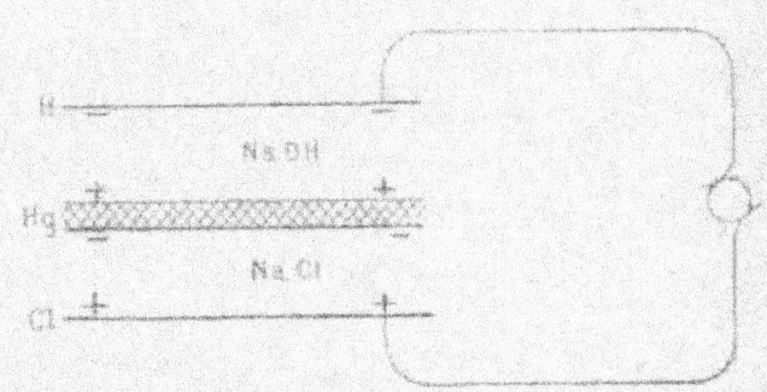


Fig. 43. — Appareil avec électrode bipolaire de mercure.

Fig. 44. — Schéma du procédé Castner.

Au début d'un essai l'amalgame met un certain temps pour aller de la partie cathode à la partie anode de l'électrode, il en résulte qu'il n'y a pas de sodium à la surface de cette dernière et, à défaut de soude, il y a production d'oxyde de mercure. Aussi lorsque l'on vient à faire passer le courant l'intensité tombe immédiatement à zéro du fait de la couche non conductrice d'oxyde qui se forme à la surface du mercure. Si l'on agite le courant passe à nouveau mais la production d'oxyde devient très abondante.

Ce phénomène est amplifié du fait que, dans ce que l'on peut appeler le compartiment anodique, l'amalgame plus léger reste à la partie supérieure. Cela correspond donc à un retard dans le transport de l'amalgame auquel on peut remédier en employant au début de l'amalgame au lieu de mercure pur ; par exemple en ne mettant pas d'eau dans le compartiment cathodique et en reliant le mercure au pôle négatif. Au bout d'un certain temps on peut alors mettre en marche normale après avoir rempli le récipient.

Malheureusement le rendement n'est pas théorique, une partie de l'amalgame est décomposé dans le compartiment anodique, il y a donc formation de soude et, par conséquent, d'acide hypochloreux avec tous ses inconvénients : formation d'oxygène, d'anhydride carbonique (si l'anode est en charbon), etc..., en plus de l'hydrogène qui peut produire un mélange tonnant spontanément inflammable (1).

(1) Sproesser, *Zeitsch. f. Electrochem.*, t. 7, p. 971 ; 1901.

Toutefois d'après les recherches de Glaser (1) la destruction de l'amalgame est surtout due à l'action dépolarisante du chlore.

Mais, si le sodium n'entre pas en quantité théorique dans l'amalgame, il en sort en quantité théorique à l'anode, de sorte que l'amalgame va sans cesse en s'appauvrissant et le phénomène signalé plus haut se produit à nouveau.

Pour remédier à cet inconvénient Castner indiquait deux dispositifs : l'un consistait à employer deux sources de courant ; par exemple une dynamo reliée à l'anode et à la cathode et une plus petite reliée à l'anode et au mercure et reconstituant ainsi l'amalgame correspondant à la perte de rendement. Avec le second dispositif, la source de courant était reliée à l'anode et au mercure servant de cathode et celui-ci était réuni à la partie métallique, soit extérieurement, soit par contact direct (fig. 45 et 46), ce

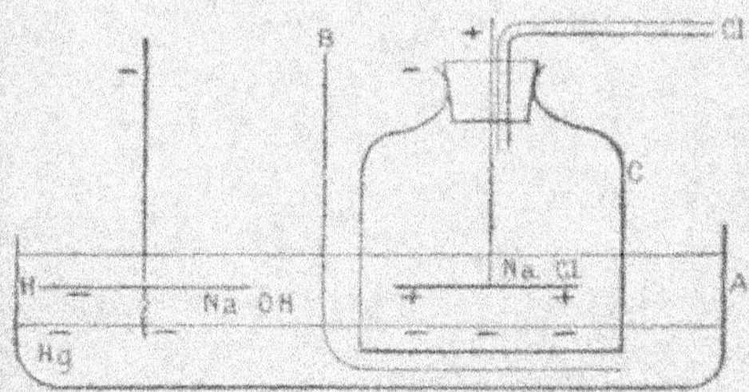


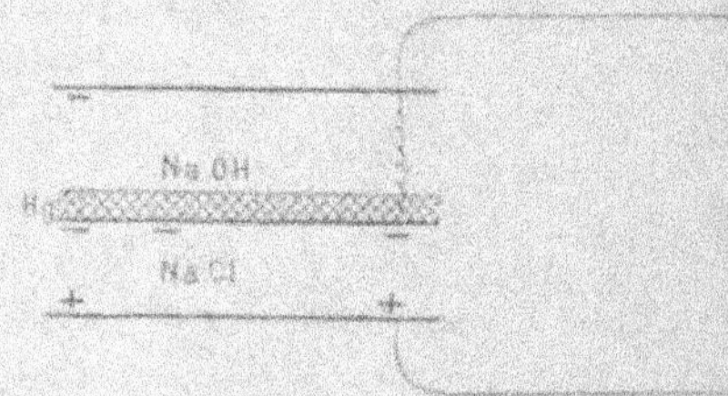


Fig. 45. — Appareil avec cathode de mercure.

Fig. 46. — Schéma du procédé Castner-Kellner.

n'était autre chose que le procédé Kellner breveté quelques jours plus tôt en Allemagne (2), Castner ayant la priorité en Angleterre (3), France (4) et Belgique (5) et aux Etats-Unis (6).

Cette coïncidence amena l'accord entre les deux inventeurs, chacun d'eux conservant la propriété dans son pays : Castner aux Etats-Unis et Kellner en Autriche. Avec l'entente internationale actuelle au sujet des brevets d'invention, ceux de Castner eussent été sans valeur.

(1) Glaser, *Zeitsch. f. Elektrochem.*, t. 8, p. 552 ; 1902.

(2) Kellner, brevets allemands n° 70.067 et 73.224 ; 17 août 1892. — Castner, brevet allemand n° 88.230 ; 14 sept. 1892.

(3) Castner, brevet anglais n° 16.040 ; 7 sept. 1892. — Kellner, brevet anglais n° 17.169 ; 26 sept. 1892.

(4) Castner, brevet français n° 224.319 ; 13 sept. 1892. — Kellner, brevet français n° 224.557 ; 26 sept. 1892.

(5) Castner, brevet belge n° 101.357 ; 13 sept. 1892. — Kellner, brevet belge n° 101.509 ; 26 sept. 1892.

(6) Castner, brevets américains n° 513.135 et 528.332 ; 1894. — Kellner, brevet américain, n° 590.848 ; 1897.

Par la suite, les procédés Castner-Kellner devinrent la propriété de l'Aluminium Company pour l'Angleterre et ses colonies et de la maison Solvay pour le continent européen.

## Tension de décomposition.

Le fait de produire l'amalgame et de le décomposer, soit dans le même appareil, soit dans des appareils différents, correspond à une utilisation inégale de l'énergie électrique.

Il est nécessaire de faire intervenir ici la notion de tension de décomposition dont nous avons parlé précédemment (p. 18).

Si nous considérons l'amalgame $KHg^{37,5}$ qui est liquide nous avons :

$$KCl\,aq + Hg = KHg + Cl$$
$$100,8 \text{ cal.} \qquad\qquad 26.2$$
$$e = \frac{100,8 - 26,2}{23,2} = 3,21 \text{ volts.}$$

Glaser (1) a obtenu 3,14 volts d'après les chiffres de tension déterminés par Le Blanc (2) et 3,1 à 3,2 volts par expérience directe.

Pour la décomposition par l'eau de l'amalgame $KHg^{37,5}$ on a :

$$KHg + H^2O = KOH + H + Hg.$$
$$26.2 + 69 \qquad 116,8.$$
$$e = \frac{116,8 - 93,2}{23,2} = 0,93 \text{ volts.}$$

Nous voyons donc que la formation de l'amalgame exige une tension de décomposition de 3,21 volts et que la décomposition de celui-ci par l'eau permet de récupérer 0,92 volt. Si l'opération de la récupération est effectuée dans le même appareil la tension de décomposition est égale à :
$$3,21 - 0,93 = 2,28 \text{ volts.}$$

Valeur qui correspond naturellement à celle obtenue par le calcul direct.

$$KCl\,aq + H^2O = KOH + H + Cl.$$
$$100,8 + 69 \qquad 116,8$$
$$e = \frac{169,8 - 116,8}{23} = 2,28$$

Si nous appliquons la règle à l'électrolyse du chlorure de sodium en passant par l'amalgame $NaHg^{25}$ (18,8 cal.) nous trouvons 3,3 volts pour la formation de cet amalgame et 1,04 pour sa décomposition, soit 2,29 volts pour la formation de la soude.

(1) Glaser, *Zeitsch. f. Elektrochem.*, t. 8, p. 352 ; 1902.
(2) Le Blanc, *Zeitsch. f. physik. Chemie*, t. 5, p. 473 ; 1890.

## Procédés divers.

Une cinquantaine d'inventeurs ont pris des brevets sur les procédés à mercure, le plus ancien appareil breveté est celui de Nolf (1) dont les grandes lignes furent reprises par Rhodin (2).

L'appareil Rhodin repose sur l'emploi d'une cathode de mercure et sert à fabriquer directement la soude. La cuve externe en fonte ou fer forgé BB (fig. 42 et 43) reçoit directement le courant (pôle négatif) et renferme une certaine quantité de mercure H; à l'intérieur de ce récipient, se trouve une cloche en grès CC, dont les bords plongent dans le mercure; cette cloche est munie d'une tubulure D, reliée à un tube fixe E par un joint hydraulique. Cette cloche peut être mise en mouvement autour de son axe par l'intermédiaire d'une roue G, engrenée avec une autre I, animée d'un mouvement de rotation.

Le dessus de cette cloche est percé de six ouvertures J, dans lesquelles sont emboîtées autant d'anodes A, formées de cylindres de charbons réunis dans une tête en plomb, protégée de l'attaque du chlore par une couche de ciment. Cet ensemble est soutenu par une poutre K; au-dessous du collet de cette poutre se trouve une rigole remplie de mercure faisant corps avec le tube D, et dans laquelle plonge un anneau métallique relié aux anodes, auquel le courant est amené par une tige fixe et un second anneau intérieur au premier.

Dans le compartiment cathodique M, on fait circuler un courant d'eau et, dans le compartiment anodique N, une solution salée; le chlore se dégage par les tubulures D et E, et l'amalgame formé vient se décomposer au contact de la solution M. Le passage du mercure d'un compartiment dans l'autre est facilité par le mouvement de rotation de la cloche et l'action de rainures placées dans le fond de la cuve en fonte. L'hydrogène se dégage sur les parois de la cuve B.

Cet appareil repose sur le principe du procédé Castner-Kellner et un procès important eut lieu entre la « Castner-Kellner Alkali Cᵒ » et la « Commercial Development Corporation » propriétaire des brevets Rhodin. L'appareil fut condamné en première instance comme contrefaçon de l'appareil Castner-Kellner, mais le jugement fut cassé en appel et la « Commercial Development Corporation » gagna définitivement devant la Chambre des Lords.

Au dire de la compagnie propriétaire on pouvait faire des solutions à 300 gr. par litre avec un rendement de 95 p. cent.

(1) Nolf, brevet belge n° 58,919 ; 1882.
(2) Rhodin, brevets français n° 212.489 ; 1896 et 289,489 ; 1899.

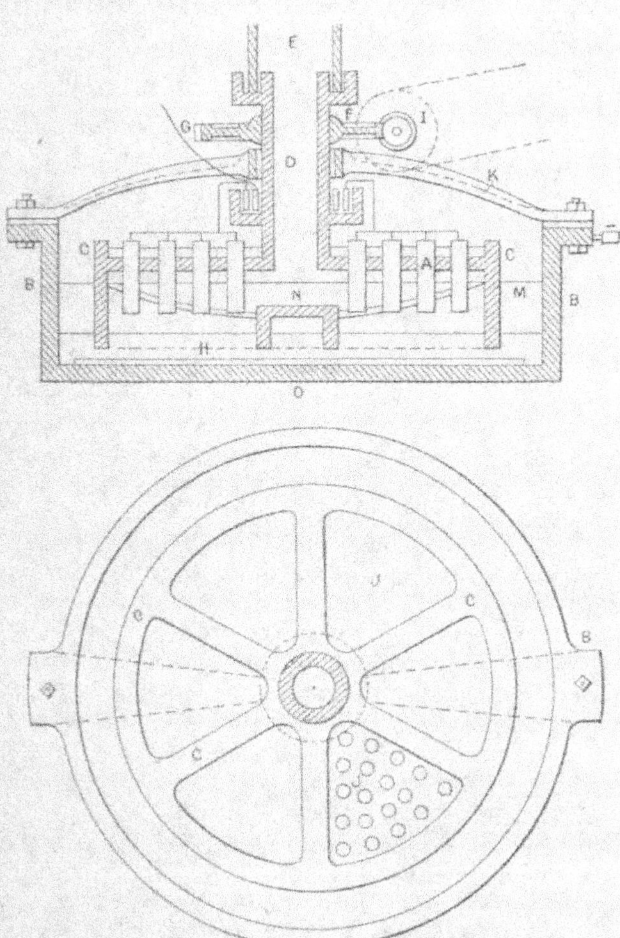

Fig. 47 et 48. — Appareil Rhodin.

Fig. 49. — Appareil Castner-Kellner.

10

L'appareil n'a d'ailleurs jamais été mis en exploitation industrielle. Il était évident, *a priori*, qu'il ne pouvait être construit qu'avec des dimensions restreintes et exigeait une force motrice et une main-d'œuvre considérable (1).

L'appareil Mactear (2) rappelait un dispositif à peu près analogue mais il était fixe et la circulation du mercure était obtenue au moyen d'une vis sans fin qui prenait le mercure dans la cloche anodique pour l'envoyer dans le compartiment externe, d'où l'amalgame coulait à nouveau dans la cloche.

En raison de sa densité considérable, la circulation du mercure présente une certaine difficulté d'autant plus que la valeur intrinsèque du métal rend les moindres pertes très onéreuses. Il est certain que pour éviter ces pertes un appareil industriel doit être conçu de telle façon que le mercure n'en sorte pas et n'ai pas à être manipulé.

Lord Kelvin (3) utilise une poche métallique qu'un dispositif mécanique élève d'une façon régulière.

Hermite et Dubosc (4) font le remontage au moyen d'un chaîne à godets qui projette le métal sur une plaque de cuivre inclinée formant cathode et sur laquelle il s'écoule en nappe mince.

Ce brevet n'est d'ailleurs qu'un perfectionnement de celui de Atkins et Applegarth (5), un plus récent fut pris par Gurwitsch (6) sur le même principe en remplaçant la plaque de cuivre par une de fer. En raison de la grande différence de tension superficielle entre le mercure et l'amalgame ce dernier s'étale beaucoup plus et présente un contact plus grand, pour une même quantité de mercure avec la cathode solide.

Kettembeil (7) puis Carrier (8) ont étudié le procédé comportant l'écoulement du mercure sur une plaque métallique et confirmé les résultats de Glaser ; sans diaphragme une densité de courant assez élevée est nécessaire pour obtenir un bon rendement.

Ces systèmes présentent l'inconvénient de demander une puissance considérable et d'occasionner des pertes de mercure. Il est plus simple d'utiliser des monte-jus.

Kellner (9) fait circuler le mercure dans une rigole hélicoïdale placée sur la paroi verticale.

(1) A. Brochet, *Électricité à l'Exposition de* 1900, fascicule 12, p. 55.
(2) Mactear, brevet français n° 314.784 ; 1901.
(3) Lord Kelvin, brevet anglais n° 18.522 ; 1898.
(4) Hermite et Dubosc, brevet français n° 217.887 ; 1891.
(5) Atkins et Applegarth, brevet français n° 216.543 ; 1891.
(6) Gurwitsch, brevet français n° 324.070 ; 1902.
(7) Kettembeil, *Zeitsch. f. Elektrochemie,* t. 10, p. 561 ; 1904.
(8) Carrier, *Zeitsch. f. Elektrochemie,* t. 10, p. 566 ; 1904.
(9) Kellner, brevet français n° 243.672 ; 1894.

Les procédés à diaphragme furent même combinés à ceux à mercure, c'est ainsi que dans l'appareil Brunel (1) le mercure est surmonté d'une cloison poreuse, l'appareil Vautin (2) mieux compris était disposé de telle façon que le mercure soit au contraire sur le diaphragme, de sorte que l'amalgame formé s'en éloignait au fur et à mesure, en raison de sa faible densité.

Comme l'a montré Glaser (3) on obtient ainsi un rendement extrèmement élevé. Mais il est évident qu'au point de vue pratique la complication doit être encore plus considérable.

## Procédé Castner-Kellner.

Un certain nombre de brevets furent pris par Castner et Kellner mais toujours indépendamment l'un de l'autre.

Dans une addition à son brevet Castner revendique l'appareil classique formé d'une auge en ardoise partagée en trois compartiments A, B, C au moyen de deux cloisons plongeant dans des rainures qu'elles n'obturent pas complètement (fig. 49).

Un des côtés de la cuve est montée sur un pivot E et l'autre reçoit un mouvement régulier de va et vient vertical au moyen d'une came D. Le compartiment central est relié au pôle négatif et le courant arrive à une sorte de gril en fer communiquant avec le mercure. Les deux compartiments extrêmes renferment les anodes

### TABLEAU XXII

*Rendement de la méthode au mercure.*

(Le Blanc et Cantoni)

| Densité de courant | Rendement |
| --- | --- |
| 10,3 Amp. p. dm² | 95,1 p. cent |
| 10,2 » | 93,5 » |
| 9,7 » | 92,2 » |
| 9,7 » | 94,0 » |
| 8,4 » | 90,6 » |
| 4,8 » | 73,3 » |
| 3,4 » | 71,9 » |
| 3,4 » | 64,6 » |

(1) Vautin, brevet français n° 236.011 ; 1894.
(2) Brunel, brevet français n° 261.544 ; 1896.
(3) Glaser, *Zeitsch. f. Elektrochem.*, t. 8, p. 532 ; 1902.

Si le compartiment A est à la partie inférieure, par exemple, le mercure régénéré venant de B, se charge de sodium, tandis qu'en B l'amalgame venant de C abandonne son sodium. L'inverse a lieu lorsque la came a tourné de 180°.

L'étude du procédé avec un petit appareil identique a été faite par Le Blanc et Cantoni (1) qui utilisaient le dispositif inverse, un compartiment positif et deux négatifs. Leurs essais ont porté sur l'électrolyse du chlorure de potassium. Ils ont remarqué entre autres choses que le rendement est fonction de la densité de courant (Tableau XXII).

Les brevets Castner furent complétés longtemps après par une série de brevets pris par la Société américaine et ayant trait à l'amélioration des anodes, des cathodes et des cellules (2). De son côté Kellner en prit un certain nombre (3) sur quelques-uns desquels nous reviendrons.

La mise au point du procédé fut faite dans l'usine de l'Aluminium Company à Oldbury (Angleterre) et par Kellner à Golling (Autriche).

L'agitation des cuves nécessite l'emploi de petites unités de 4 à 500 ampères d'où l'utilisation d'un grand nombre d'appareils pour une installation tant soit peu importante comme celle de Weston-Point (Angleterre).

L'appareillage de l'usine de Jaïce est un peu différent (4). La cuve est également divisée en trois compartiments réunis par des siphons mais il y a une cellule anodique entre deux cathodiques ; elle est en ciment et les anodes sont en platine. Celles-ci sont constituées par une carcasse formée d'un tube de verre dans lequel sont mastiqués des fils de platine auxquels sont soudées des toiles constituant l'anode proprement dite. Chaque tube est rempli de mercure amenant le courant aux fils, les toiles de platine ont une surface apparente de 25 centimètres carrés et pèsent un gramme. Un appareil en renferme six séries de 88 et peut fonctionner à 4.000 ampères avec 528 grammes de platine.

La circulation du mercure se fait au moyen d'un dispositif à air comprimé. Un système plus récent utilise une vis d'Archimède.

## Procédé Solvay

Le principe de l'appareil à marche continue est de faire simplement l'amalgame que l'on traite dans un autre pour régénérer le mercure et obtenir l'alcali. Il était intéressant d'avoir des appareils d'une très forte production et demandant aussi peu de main-d'œuvre que possible. Les systèmes employés précédemment, tels que le balancement des cuves, l'em-

(1) Le Blanc et Cantoni. *Zeitsch. f. Elektroch.*, t. 11, p. 989 ; 1905.
(2) Castner. *Electrolytic Alkali Cᵒ* Brevets anglais nᵒˢ 10,974, 10,975 et 10,976 ; 1901.
(3) Kellner, brevets français nᵒˢ 242,828, 243,672 ; 1894 et 246,574 ; 1895.
(4) Taussig. 7ᵉ Congrès de Chimie appliquée. Londres, 1909.

ploi de pistons plongeurs ou de pompes, l'écoulement sur des plans ou dans des rigoles inclinés, présentait l'inconvénient de ne s'appliquer qu'à des appareils de petites dimensions ou d'occasionner des troubles lorsque, le mouvement du mercure étant arrêté, l'appareil se dégarnissait de mercure par endroits, le courant continuant à passer.

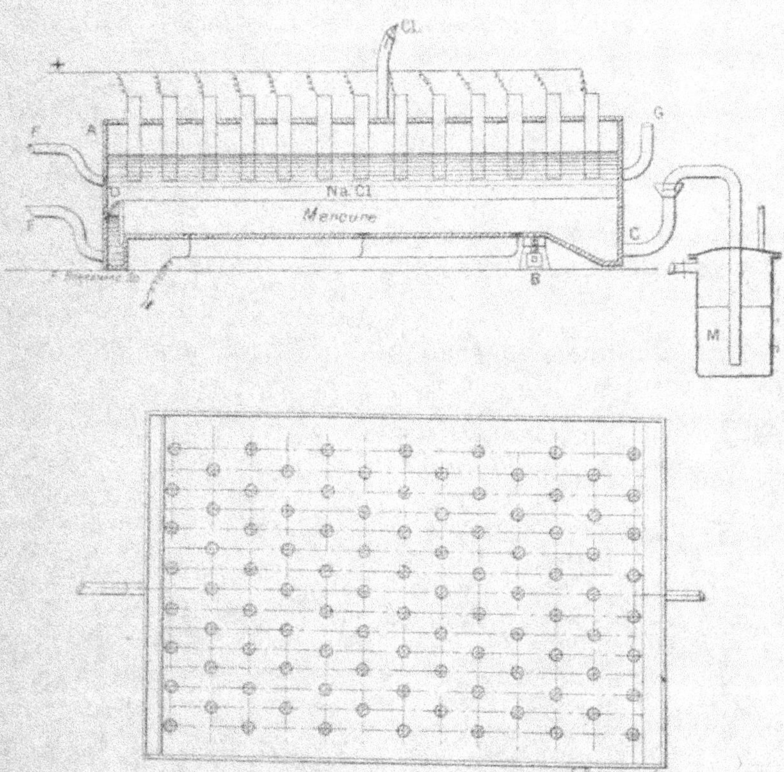


Fig. 50 et 51. — Appareil Solvay.

Dans l'appareil Solvay (1), l'écoulement se fait à la faveur d'un trop plein. Cet appareil (*fig.* 50 et 51) se compose d'une simple cuve rectangulaire, A, pouvant avoir de grandes dimensions en longueur et en largeur, et dont la surface, aussi grande qu'on le désire, permet une forte production. Le fond reste toujours couvert de mercure, lequel arrive par le tube C. le trop-

(1) Solvay, brevet français n° 278.879 ; 1898.

plein se trouvant à la partie opposée en D ; le mercure qui s'échappe s'écoule par tube F (inf.). La saumure peut circuler en sens inverse du mercure et entrer, par exemple, en F (sup.), pour ressortir en G : le système anodique est formé d'un grand nombre de charbons disposés en quinconces. Le mercure régénéré est remonté au moyen d'un monte-jus M.

L'avantage de ce dispositif est le suivant : L'amalgame obtenu est très léger et reste à la surface du mercure où il a été formé ; il a peu de tendance, en vertu de sa légèreté, à se mélanger avec le mercure de la partie inférieure, au point que l'on peut arriver à obtenir ainsi un amalgame solide flottant à la surface du bain mercuriel. Sans arriver à ce point, on voit que, d'une façon générale, c'est la partie la plus légère et, par conséquent, la plus riche en sodium qui s'écoule par le trop plein : on a donc ainsi une opération méthodique. On règle le débit de la façon la plus avantageuse pour assurer le meilleur rendement au point de vue de l'utilisation du courant. L'obtention d'amalgame solide ou tout au moins pâteux n'est même pas un obstacle, s'il répond à une bonne utilisation.

Dans cet appareil, on perd l'énergie résultant de l'attaque du sodium par l'eau. Cette attaque se fait dans un appareil présentant un dispositif analogue à l'électrolyseur et dans lequel on fait également circuler le mercure et la solution en sens inverse. On peut alors, par un dispositif spécial, récupérer l'énergie perdue dans l'électrolyseur proprement dit.

Dans un second brevet (1) et dans le but d'éviter l'attaque de l'amalgame par le chlore dissous, Solvay utilise deux solutions de densité différente ; la supérieure fixe se sature de chlore, mais l'inférieure, libre de chlore, circule régulièrement et vient à l'extérieur se saturer de sel d'une façon constante.

Ce dispositif permet l'emploi de grands appareils fonctionnant avec 10.000 et même 15.000 ampères. Il est utilisé à Jemmeppe (Belgique), Brescia (Italie) et Lissitschansk (Russie). La tension aux bornes est de 4,5 volts dans les conditions normales et la quantité de mercure mise en œuvre est de 73 tonnes pour une usine de 6.000 chevaux.

Le procédé avec circulation de mercure, en utilisant un dispositif analogue à celui de Solvay, a été étudié par Glaser qui opérait sur une solution de chlorure de potassium (2).

Il a reconnu que la plus grande partie de la perte du rendement était due à l'action dépolarisante du chlore, dans certain cas le rendement arrive à être complètement nul. L'action de l'eau est de bien moindre importance.

D'autre part le rendement n'est bon qu'à forte densité de courant, il diminue en même temps que celle-ci.

(1) Solvay, brevet français n° 278.880 ; 1898.
(2) Glaser, *Zeitsch. f. Elektrochem.*, t. 8, p. 552 ; 1902.

Voici les résultats d'un certain nombre d'essais faits dans des conditions identiques :

| 10 | Amp. p. dm². | . . . | Rendement 87 p. cent. |
| 4,2 | » » | . . . | » 62 » |
| 3,0 | » » | . . . | » 58 » |
| 1,5 | » » | . . . | » 48 » |

L'emploi d'un diaphragme permet de diminuer la densité de courant tout en maintenant le rendement élevé. Celui-ci peut arriver à être presque théorique.

### Traitement de l'amalgame.

Le traitement de l'amalgame a donné lieu, indépendamment de tout procédé électrolytique, à un certain nombre de brevets.

La Chemische Fabrik Griesheim-Elektron (1) le pulvérise au moyen d'un jet de vapeur dans une grande caisse attenant à l'électrolyseur, dans lequel retourne le mercure régénéré. Sinding-Larsen (2) annexe à l'appareil d'électrolyse une rigole hélicoïdale en fer, animée d'un mouvement de rotation, qui élève le mercure en renouvelant la surface d'attaque, puis un appareil centrifuge (3) qui aspire l'amalgame. Stœrmer (4) facilite le contact de l'eau et de l'amalgame au moyen d'un tambour muni de barreaux en forme de cage d'écureuil. Côte et Pierron (5) utilisent un long serpentin.

La Cour (6) puis La Cour et Rink (7) décomposent l'amalgame dans une série de cuves séparées, à une certaine distance se trouve une toile métallique sur laquelle se dégage l'hydrogène qui ne remue pas la couche inférieure laquelle peut ainsi se concentrer et s'écouler par une soupape à mercure qu'elle force lorsque sa densité est suffisamment élevée.

Kellner (8), pour faciliter l'attaque en utilisant l'hydrogène, décompose l'amalgame au moyen d'une solution de nitrate de sodium il y a dans ces conditions formation d'ammoniaque et de soude caustique.

$$8\ HgNa + NO^4Na + 6\ H^2O = 9\ NaOH + NH^3 + 8\ Hg.$$

Poussant plus loin cette application Kellner a utilisé un dispositif permettant de faire la réduction des composés organiques et notamment des dérivés nitrés (9).

(1) Chemische Fabrik Griesheim Elektron, brevet allemand n° 99.958 ; 1897.
(2) Sinding-Larsen, brevet allemand n° 89.254 ; 1896.
(3) Sinding-Larsen, brevet allemand n° 90.964 ; 1896.
(4) Stœrmer, brevet allemand n° 96.386 ; 1897.
(5) Côte et Pierron, brevet français n° 289.994 ; 1899.
(6) La Cour, brevet français n° 315.057 ; 1901.
(7) La Cour et Rink, brevet français n° 319.388 ; 1902.
(8) Kellner, brevet français n° 231.554 ; 1893.
(9) Kellner, brevet allemand n° 94.736 ; 1897.

# CHAPITRE XI

## MÉTHODE PAR FUSION IGNÉE

Inconvénients et difficultés. — Température des bains. — Procédés divers. — Procédé Acker. — Fabrication du sodium — Prix de revient du sodium.

### Inconvénients et difficultés.

Les procédés de la méthode par fusion ignée en vue de l'extraction des alcalis ont été successivement abandonnés ; un seul est employé à l'heure actuelle : le procédé Acker.

Le principe de la méthode consiste à extraire le métal soit à l'état libre, soit sous forme d'alliage, puis à le traiter par l'eau pour le transformer en alcali.

Comme dans la méthode au mercure, le passage par le métal libre exige une quantité d'énergie plus grande que pour faire directement l'alcali et si la différence ne peut être récupérée, il en résulte une perte d'une certaine importance.

A côté des inconvénients dûs à la méthode elle-même, il y a lieu de tenir compte de la destruction rapide de l'appareillage. Le chlorure de sodium fondu, les vapeurs très caustiques du métal, le peu d'alcali qui peut se former, attaquent rapidement la plupart des matériaux susceptibles d'être employés ; aussi faut-il de toute nécessité mettre le plus rapidement possible le métal hors d'état de nuire.

Enfin il y a lieu de signaler un autre phénomène important, c'est la formation de nuages métalliques qui prennent naissance, même indépendamment de toute action électrolytique, lorsque l'on fond un métal alcalin en présence d'un de ses sels, nuages qui diffusent dans toute la masse et, dans le cas de l'électrolyse, arrivant à l'anode provoquent de ce fait une perte de chlore en même temps que le métal se trouve détruit.

Ces nuages sont formés par du métal à l'état colloïdal, c'est-à-dire divisé en particules extrêmement ténues, pouvant rester indéfiniment en suspension. Il y a donc une grande analogie entre ces nuages et les métaux colloïdaux en milieu aqueux ou colorant certains verres (verre à l'or)

A cette question des nuages se rattache la formation de sous-sels, mal définis qui se produisent également au cours de l'électrolyse et ont une action identique ; certains contribuent en outre à diminuer la fusibilité du bain.

Toujours est-il que la loi de Faraday est toujours applicable, lorsque l'on se place dans des conditions permettant d'éviter les réactions secondaires (1).

Remarquons d'autre part que le côté théorique de l'électrolyse par fusion ignée est loin d'être parfaitement établi. L'étude des électrolytes fondus est d'ailleurs particulièrement délicate. Signalons entre autres les recherches de MM. Foussereau, Poincaré et Bouty. En ce qui concerne l'étude complète de la question nous renvoyons à l'ouvrage de M. R. Lorenz (2).

La méthode par fusion ignée s'applique à l'extraction de plusieurs métaux : magnésium, aluminium, lithium, calcium. On fabrique également le sodium, mais les difficultés rencontrées pour l'extraction du métal de son chlorure furent telles que Castner, qui avait besoin de sodium pour la fabrication de l'aluminium par voie chimique, eut recours à l'électrolyse de la soude fondue. Un grand nombre des difficultés furent, de ce fait, aplanies. Malheureusement, au même moment, le procédé Héroult mis sur pied, permettait d'extraire directement l'aluminium par électrolyse. Le sodium n'était plus nécessaire, mais l'industrie de ce métal était montée et n'a cessé de se développer depuis.

## Température des bains.

La température du bain est un facteur important de l'électrolyse par fusion ignée. Si nous considérons les points de fusion et d'ébullition des métaux obtenus par cette méthode et des bains utilisés (Tableau XXIII) nous pouvons en tirer des conclusions intéressantes. C'est ainsi que l'électrolyse du chlorure double d'aluminium et de sodium qui permit à Bunsen et Sainte-Claire Deville d'isoler l'aluminium donnait un métal pulvérulent qu'il fallait fondre ensuite sous le chlorure de sodium, le point de volatilisation de l'électrolyte étant inférieur à celui de fusion du métal.

Dans le cas de l'extraction du sodium, la question est également très délicate, le sodium distillant au-dessous du point de fusion de son chlorure. Le fait ne paraît cependant pas signalé par la plupart des auteurs qui se

(1) A. Reifenstein, *Zeitsch. anorg. Chem.* t. 23, p. 255, 1900.

(2) Richard Lorenz, *Die Elektrolyse geschmolzener Salze*. Trois volumes 1905-1906.

sont occupés de la question. La seule façon de résoudre le problème est de mélanger au chlorure de sodium une certaine quantité de chlorure de potassium (1). Le mélange à molécules égales fond à 675°.

## TABLEAU XXIII

*Constantes des bains d'électrolyse.*

| Métal | Electrolyte | Point de fusion | | Point de volatilisation | |
|---|---|---|---|---|---|
| | | Electrol. | Métal | Electrol. | Métal |
| Na | NaCl | 792° | 97° | — | 742° |
| » | NaCl + KCl | 675° | » | — | » |
| » | NaOH | 308° | » | — | » |
| Li | LiCl + KCl | 380° | 186° | — | — |
| Ca | CaCl² | 755° | 760° | — | — |
| Mg | MgCl² + KCl | 506° | 633° | — | 1100° |
| Al | Al²Cl⁶ + 2NaCl | 185° | 657° | 650° | — |
| » | Cryolithe + Al²O³ | 675° | » | » | — |
| Zn | ZnCl² | 262° | 419° | 730° | 918° |

## **Procédés divers.**

Deux appareils classiques ont été essayés pour l'extraction directe du métal : l'appareil Borchers et l'appareil Grabau.

L'*appareil Borchers* (2) se composait d'un grand tube en U formé de deux pièces : la partie cathode en fonte, la partie anode en grès. Le point délicat était d'avoir un joint hermétique entre ces deux parties. Le dispositif original usité à cet effet, consistait à les réunir par une sorte d'anneau à l'intérieur duquel on faisait circuler de l'eau, ce qui amenait une solidification du sel à cet endroit et assurait ainsi l'étanchéité du joint.

L'*appareil Grabau* (3) était en fonte et au centre se trouvait une cloche renfermant la cathode, les anodes étant à l'extérieur ; cette cloche était en grès, à double paroi, pour éviter son attaque on y faisait également circuler un courant d'eau de façon à entretenir superficiellement une couverte de sel solide.

L'emploi d'une cathode en plomb dans l'électrolyse de chlorures alcalins, dans le but d'obtenir un alliage de plomb et du métal alcalin, a été utilisé par *Vautin* (4), qui traitait ensuite cet alliage pour en extraire de la soude.

(1) Grabau, brevet français 208.354 ; 1890.
(2) Borchers, *Zeitschr. f. angew. Chem.*, t. 6, p. 486 ; 1893.
(3) Grabau, brevet français n° 201.187 ; 1889.
(4) Vautin, brevet français n° 239.460 ; 1894.

L'appareil se composait d'un cylindre en fer à fond hémisphérique rempli de plomb. Les côtés du cylindre étaient protégés par un revêtement en magnésie. L'anode, formée d'un charbon de cornue, imprégnée de sirop de sucre, séchée et calcinée, était fixée sur le couvercle, dont elle était isolée électriquement. Lorsque le plomb renfermait 20 0/0 de sodium, on le faisait couler par la partie inférieure de l'appareil et on traitait l'alliage par l'eau chaude ou la vapeur pour en retirer la soude.

Ce procédé présentait les inconvénients suivants : le sodium forme à la surface du plomb un alliage plus léger et finalement y reste en globules brillants, lesquels peuvent remonter dans le chlorure fondu et venir circuler à la surface du bain au contact du chlore ; le métal grimpe dans la matière réfractaire isolante, la rend conductrice et la désagrège ; enfin le sodium, en se dissolvant dans le chlorure, donne un sous-chlorure non conducteur qui s'oppose de plus en plus au passage du courant.

La disposition générale de l'*appareil de Hulin* (1) rappelait celui de Vautin ; mais il comportait en plus des récipients ouverts renfermant du plomb fondu, immergés dans le bain de chlorure de sodium. Ce plomb communiquait non pas avec le pôle négatif, mais avec le pôle positif et agissait comme anode soluble. Le bain renfermait ainsi constamment du chlorure de plomb qui empêchait la formation de sous-chlorure de sodium. En outre, ce transport du plomb de l'anode à la cathode facilitait le dépôt à celle-ci du sodium, qui entrait mieux en solution dans le plomb.

On établissait une dérivation de façon à faire passer par l'anode soluble environ 12 0/0 de la quantité d'électricité totale. Cette perte était considérable ; mais elle régularisait la réaction et lui permettait de se passer d'une façon normale en évitant l'élévation de la différence de potentiel aux bornes. Dans ces conditions, l'alliage formé par l'électrolyse renfermait environ 1 partie de plomb pour 2 de sodium.

Le métal de la cathode, formé primitivement de plomb, s'enrichissait donc peu à peu en sodium ; lorsqu'il en renfermait environ 25 0/0, on le recueillait ; sa densité était de 3 à 3,3. Par lessivage méthodique, la soude que l'on obtenait arrivait à renfermer de 750 à 800 grammes par litre d'alcali. La perte en chlorure était de 4 0/0. Chaque électrolyseur demandait 7 volts et 2.000 ampères, à raison de 7 ampères et demi par centimètre carré d'anode.

La principale cause de l'insuccès paraît avoir été l'attaque des anodes et l'impureté du chlore obtenu qui ne permettait pas d'avoir du chlorure de chaux au titre commercial. De plus, la perte du plomb par entraînement était considérable

_______

(1) Hulin, brevets français nᵒˢ 238.201, 238.304, 238.336 et 238.374 ; 1894.

## Procédé Acker.

Le procédé Acker (1) consiste à électrolyser le chlorure de sodium avec une cathode de plomb, comme dans le procédé Vautin ; mais la décomposition de l'alliage se fait dans l'appareil même, dans une chambre indépendante de celle où s'opère l'électrolyse.

On utilise à cet effet un courant de vapeur d'eau qui entraîne l'alliage en le décomposant dans une troisième chambre d'où le plomb retourne dans la première, tandis que la soude fondue s'écoule au dehors et que l'hydrogène vient brûler à la sortie.

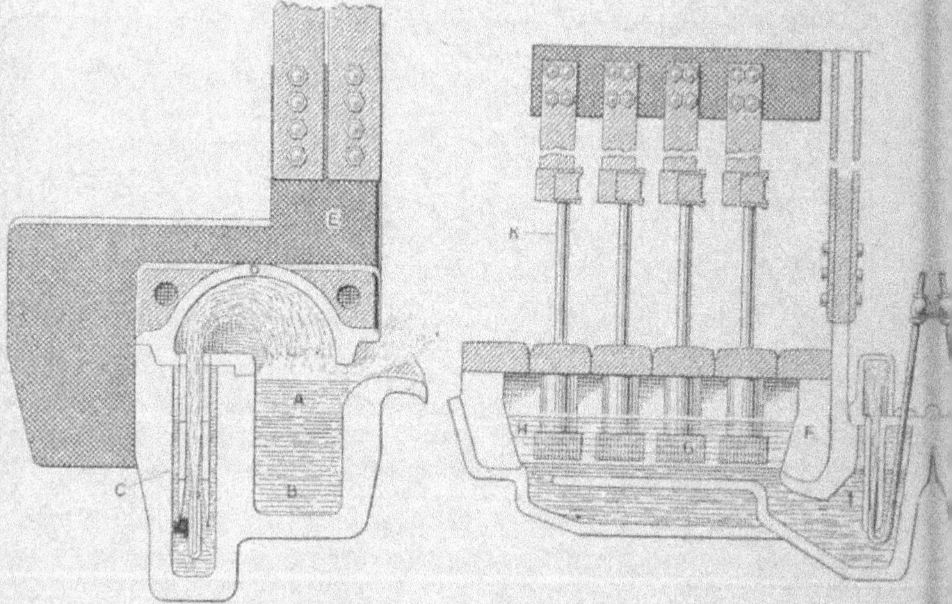

Fig. 52 et 53. — Appareil Acker.

Ce cycle audacieux d'opérations est réalisé dans un appareil en fonte de 1 m. 50 de longueur et 60 cm. de largeur environ (fig. 52 et 53). La partie supérieure de la cuve soumise à l'action du chlore et du chlorure est recouverte de briques de magnésie F jusqu'à un centimètre environ au-dessous

(1) Acker, brevets français n°° 276.169 et 279.478 ; 1898 et n°° 291.910 et 291.911 ; 199.

du niveau du plomb. Dans le bain de chlorure fondu H de 15 cm. d'épaisseur, plongent quatre anodes formées d'un bloc de graphite G de 35 cm. de longueur, 19 cm. de largeur et 7,5 cm. d'épaisseur, vissé dans un autre bloc cylindrique de 15 cm. de diamètre fixé à une tige de laiton K amenant le courant. La distance entre la base des anodes et la surface du bain de plomb est de 2 cm. environ.

La température du bain se maintient en marche régulière à 850° (cette température serait donc de beaucoup supérieure au point de volatilisation du sodium).

L'intensité fournie à chaque anode est de 2.000 Ampères ce qui correspond à une densité de courant de 3 Amp. p. cm² environ. La différence de potentiel aux bornes est de 6 à 7 volts.

L'alliage réuni dans la chambre I est entraîné dans le tube C par un courant de vapeur, le plomb régénéré se réunit à nouveau en B d'où il arrive à la partie inférieure de la chambre d'électrolyse. La soude fondu, vient en A et s'écouletandis que l'hydrogène vient brûler à la surface.

L'usine de Niagara-Falls comporte 54 appareils dont 40 à 45 montés en tension, sont en fonctionnement. La puissance utilisée est de 2 200 kw. (8.000 Ampères sous 275 volts) pour une production journalière de 10 tonnes de soude caustique et 25 tonnes de chlorure de chaux environ, soit 4,5 kgs de soude et 11,3 kgs de chlorure de chaux par kilowattjour.

D'après les bases du calcul que nous donnerons ultérieurement cela représente une production par kilowattan de 1,62 tonne de soude et de 4,07 tonnes de chlorure de chaux. Le rendement est donc assez faible, d'autant plus qu'il ne s'agit ici que de l'énergie consommée aux bornes des électrolyseurs, la puissance totale de l'usine étant de quatre mille chevaux ; mais il y a lieu de remarquer que si l'énergie est très bon marché, cet inconvénient est compensé par la suppression des frais de concentration et de fusion de la soude.

## Fabrication du sodium.

Les premiers chercheurs qui s'occupèrent de l'électrolyse par fusion ignée pensèrent que l'extraction du sodium de son chlorure pourrait fournir un procédé de fabrication de la soude ; mais c'est au contraire cette soude qui sert de point de départ, dans le procédé Castner pour la fabrication du sodium. Le prix élevé de la matière est compensé par les avantages inhérents à la soude : température de fusion plus basse, facilité d'employer des appareils entièrement métalliques sans crainte de les voir rapidement détériorés comme dans le cas de l'électrolyse des chlorures.

Au point de vue théorique l'électrolyse de la potasse et celle de la soude marchent de pair et l'on peut prendre comme point de départ les célèbres expériences de Davy en 1807-1808 qui, entre autres essais, électrolysa la potasse fondue. Bien qu'il ne put par ce processus isoler le métal, il montra son existence d'une façon probante.

Parmi les recherches sur l'électrolyse des alcalis fondus il y a lieu de signaler celles de Janeczek (1), de Hittorf (2) antérieures au procédé Castner.

Lorenz et Sacher (3) ont étudié l'emploi de *l'électrode de contact* basée sur le principe employé par Bunsen pour la préparation du lithium et consistant, non pas à plonger l'électrode dans la masse liquide où les gaz dégagés favorisent la diffusion du métal, mais à la faire arriver simplement à la surface.

Le Blanc et Brode (4) ont cherché les conditions de marche du procédé Castner. La soude fondue présente deux points de décomposition dont le plus bas disparaît lorsque toute l'eau est éliminée. La soude exempte d'eau ne renferme que des ions OH' et Na· et ne donne par électrolyse que du sodium et de l'oxygène en même temps qu'il y a formation d'eau à l'anode. Une partie du sodium reste en solution dans l'alcali et peut venir dans le voisinage de l'anode donner suivant les conditions, soit de l'hydrogène au contact de l'eau formée, soit du peroxyde de sodium lequel peut ensuite diffuser et être décomposé à son tour. On voit d'autre part, au point de vue technique, que l'on a intérêt à éviter la diffusion de l'eau vers la cathode où elle correspond à une perte de rendement du fait du dégagement d'hydrogène. Dans un second mémoire Le Blanc et Brode (5) ont montré que le potassium se comporte comme le sodium et que rien ne s'oppose théoriquement à la fabrication du métal par électrolyse de la potasse fondue.

*Appareil Castner.* — La fabrication industrielle du sodium repose sur l'emploi du procédé Castner plus ou moins modifié.

L'appareil de Castner (fig. 54) se compose d'un vase en fonte A de 60 cm. de diamètre et 45 cm. de hauteur dans lequel la cathode C de 10 cm. de est introduite par le fond au moyen d'une tige B amenant le courant. Pour éviter les fuites un tube D de 30 cm. de longueur fait suite à ce fond. Il est rempli de soude qu'on laisse solidifier et qui forme ainsi joint hermétique.

La soude est maintenue en fusion au moyen d'une rampe à gaz. L'anode E, en fer ou mieux en nickel, est fixée au couvercle F, isolé du récipient au

(1) G. Janeczek, *Berichte der deutschen chem. Ges.*, t. 8, p. 168 ; 1875.
(2) Hittorf, *Annalen Phys. Chem.* (Poggendorf), t. 72, p. 483 ; 1847.
(3) Lorenz et Sacher, *Zeitsch. für anorg. Chem.*, t. 28, p. 385 ; 1901.
(4) Le Blanc et Brode, *Zeitsch. für Elektrochem.*, t. 8, pp. 607 et 717 ; 1902.
(5) Le Blanc et Brode, *Zeitsch. für Elektrochem.*, t. 8, p. 817 ; 1902.

moyen d'amiante. Cette anode de forme cylindrique de 15 cm. de diamètre entoure la cathode.

Entre les deux électrodes se trouve un cylindre en toile de nickel de 12,5 cm. de diamètre servant de diaphragme et suspendu par un manchon en fer, manchon et diaphragme ne prenant pas part à l'électrolyse ; en effet, d'une façon générale, une pièce métallique isolée placée entre deux électrodes se comporte comme une substance neutre lorsque en raison de sa forme, elle n'oppose pas une résistance trop considérable aux lignes de courant qui peuvent ainsi contourner l'obstacle (1).

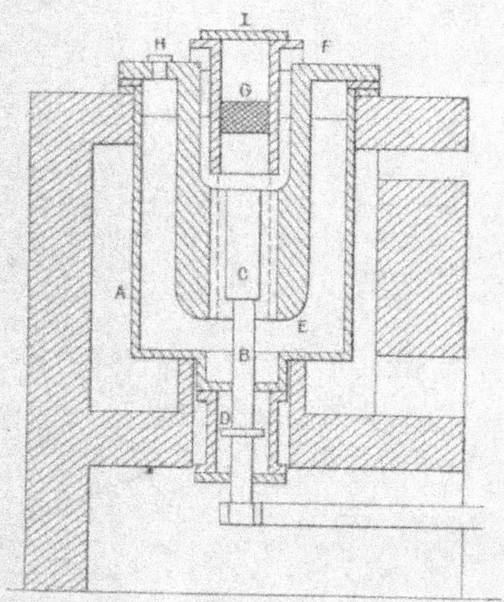


Fig. 54. — Fabrication du sodium (Castner).

Le sodium se réunit dans le manchon collecteur, à la partie supérieure de la soude caustique. Il y est puisé de temps à autre au moyen d'une cuiller perforée qui laisse passer la soude et retient le métal.

Les gaz se dégagent soit par le trou H, soit par le couvercle I incomplètement fermé.

Chaque appareil placé dans un four de maçonnerie renferme 115 kgs de soude caustique et absorbe 5 volts et 1200 ampères. La densité de cou-

(1) A. Brochet, *Comptes-rendus*, t. 136, p. 1062 ; 1903.

rant anodique est de 1,5 ampères par cm² et la densité de courant cathodique de 2 ampères par cm².

Au début il se produit un dégagement d'hydrogène et d'oxygène du fait de l'humidité, puis un dégagement d'hydrogène, d'oxygène et de sodium.

La soude pure fond à 308°. Les impuretés abaissent ce point de fusion. Pour obtenir un rendement élevé le point de fusion doit être aussi voisin que possible de 308° sinon le rendement baisse rapidement. C'est ainsi qu'à 20° au-dessous on ne fait plus de sodium.

Différentes modifications ont été apportées au procédé Castner. P. Scholl (1) propose l'emploi de parties égales de soude et de sulfure de sodium, il en résulte une plus faible tension aux bornes. D'après l'auteur le soufre doit agir sur la soude pour régénérer le sulfure. Il est plus vraisemblable qu'il se dissout dans le sulfure pour donner des polysulfures et ceux-ci doivent réagir à cette haute température sur la soude pour donner des réactions complexes, ou agir comme dépolarisant sur le sodium formé.

D'après Becker le procédé Castner présente l'inconvénient de donner des mélanges explosifs du fait de l'emploi de soude pure ; il propose pour éviter les accidents d'ajouter du carbonate de sodium.

Nous avons vu que ce mélange tonnant peut résulter des gaz dégagés aux électrodes. Peut-être même, peut-on mettre en avant, que dans certaines conditions le diaphragme agit comme électrode bipolaire.

Cette hypothèse est peu vraisemblable étant données les conditions de l'opération : forte tension de décomposition, emploi d'une toile métallique opposant de ce fait une faible résistance aux lignes de courant. Elle ne serait admissible que par suite d'une déformation du diaphragme en amenant une partie au voisinage des électrodes, dans ces conditions la partie en regard avec l'anode devient cathode et réciproquement. Mais il ne s'agit là que d'un cas tout particulier.

L'addition du carbonate ne peut qu'élever le point de fusion de l'électrolyte. En tout cas les gaz dégagés ne renferment pas d'anhydride carbonique (2).

L'emploi de l'électrode « de contact » dont nous avons parlé précédemment avait été breveté par Rathenau et Suter (3) dont le procédé est utilisé dans les usines de la *Griesheim-Elektron*, la surface doit en être calculée de telle façon que la densité de courant soit de dix ampères par décimètre carré environ. En somme, c'est le métal formé qui sert lui-même de cathode comme dans la fabrication de l'aluminium avec cette différence qu'il se réunit à la surface. L'aluminium a, au contraire, une densité voisine de son

(1) P. Scholl, Brevet américain 679.997.
(2) Carrier, *Zeitsch. f. Elektrochem.*, t. 16, p. 568 ; 1904.
(3) Rathenau, brevet allemand n° 96.672 ; 1896.

électrolyte et ce fut une des difficultés de la première heure de trouver un électrolyte plus léger que le métal.

C'est sur le même principe que repose le procédé employé par l'*Elektrochemische Werke* de Bitterfeld pour la préparation du calcium par électrolyse de son chlorure fondu (1). En opérant vers le point de fusion du métal, celui-ci se solidifie rapidement et au fur et à mesure la cathode est sortie du bain au moyen d'un dispositif mécanique, ce qui explique la forme bizarre en « stalactite » du calcium industriel ainsi obtenu.

*Appareil Becker.* — L'appareil Becker (fig. 55) se compose d'une cuve métallique brasquée ou non, dont le fond est muni d'un large tube *a* destiné au passage de la tige *b* à laquelle est fixée la cathode proprement dite B. L'extrémité inférieure du tube *a* est fermée par un cylindre en matière isolante, en lave par exemple, percé d'un trou pour le passage de la tige *b*. Le tube *a* est entouré d'un cylindre réfrigérant à double enveloppe dans le but de solidifier l'électrolyte qui y est contenu.

L'anode C de forme annulaire entoure la cathode. Au-dessus de celle-ci se trouve le cône collecteur D dont la tubulure centrale est fermée par un couvercle, sur le côté un tube *d* per-

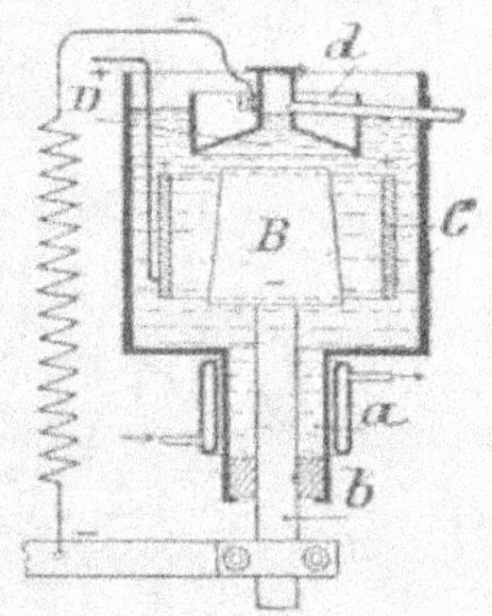

Fig. 55. — Fabrication du sodium (Becker).

met au métal de s'écouler. Le cône est en relation avec la cathode. L'appareil a donc pour but de supprimer, pour la récolte du sodium, l'emploi de la cuiller perforée qui demande une main-d'œuvre considérable et présente beaucoup de danger.

*Appareil Hulin.* — L'appareil Hulin, employé par la Société d'Electrochimie, se compose (fig. 56 à 60) d'une cuve circulaire A en fonte, à angles arrondis, à l'intérieur se trouve l'anode B formée d'un cylindre bas en fer supporté par des bras pendants C amenant le courant. Au centre se trouve la cathode formée d'une série de tiges verticales *t, t*, en cuivre, montées sur une couronne D de même métal, une queue centrale *d* qui s'épanouit en bas par des bras, soutient la couronne et lui amène le courant. Cette queue est fixée à la partie supérieure par un boulon à clavette permettant son démontage rapide.

Un séparateur E formé d'un plateau tubulé à bord rabattu permet de rassembler le sodium qui passe finalement dans la tubulure *e* d'où on l'ex-

<hr>

(1) *Elektrochemische Werke*, brevet français n° 324.103 ; 1902.

trait. On évite ainsi les projections d'alcali et le sodium est soustrait à l'action de l'air.

La cuve A, repose sur une base en maçonnerie F, comportant une chambre intérieure close, dans laquelle se développe en serpentant un long et fort conducteur en fer laminé G qui sort à l'extérieur par deux prolongements de plus grande section au moyen desquels on peut lui amener un courant de forte intensité. Une enveloppe isolante H limite la dispersion calorifique et permet de maintenir le bain à la température de fusion de la soude caustique.

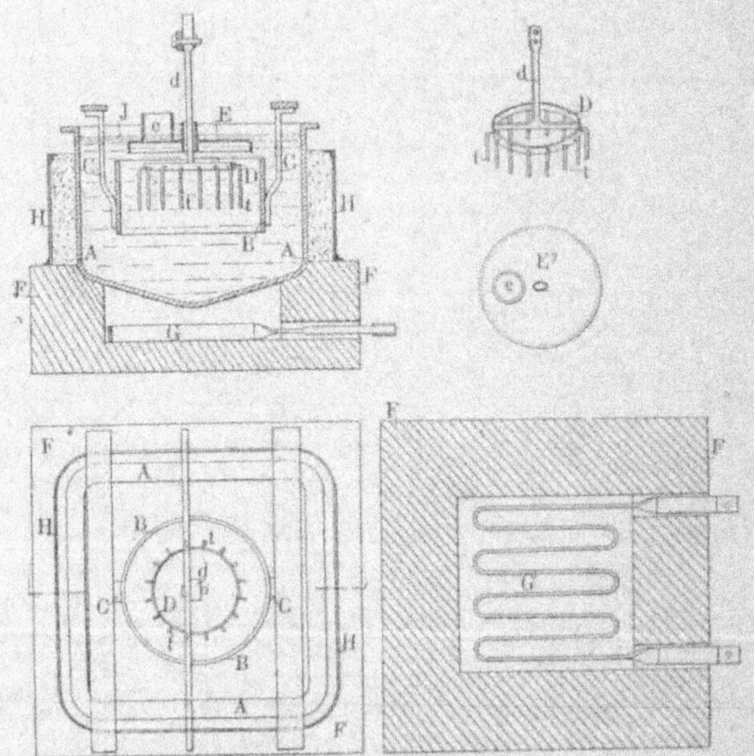

Fig. 56 à 60. — Fabrication du sodium (Hulin).

Le système de chauffage n'est utilisé que pour la mise en marche. Lorsque l'appareil est en fonctionnement régulier le bain est maintenu

(1) Société d'Électrochimie et Hulin, brevet français n° 393,766 ; 1907.

fondu par le passage du courant. En marche normale la tension aux bornes
est de 6 à 7 volts. La densité de courant est plus élevée à la cathode qu'à
l'anode, c'est la condition nécessaire au bon fonctionnement. Une trop
forte densité de courant à l'anode favorise l'attaque du métal. Une trop
faible densité de courant cathodique diminue le rendement en métal alcalin. Le sodium qui prend naissance autour d'une tige, y forme une gaine
qui l'enveloppe, s'accroît en grimpant et ne quitte ce noyau que sous
forme de globules assez gros pour résister suffisamment aux actions destructives qui l'environne. Chaque tige sert ainsi de guide à l'ascension du
sodium.

Au bout d'un temps de marche variable (12, 24 ou 48 heures) on constate une diminution progressive de la production du sodium. Le rendement tombe au-dessous de 50 0/0 en même temps que le bain s'échauffe.
On remédie à ces inconvénients en régénérant la surface active de la cathode.
Pour cela, on arrête le courant, on démonte la cathode et on plonge les
tiges dans une lessive de soude faible. On remonte et on remet en marche.

La fabrication du sodium, qui se développe considérablement, correspond
donc à une utilisation importante de la soude caustique. On emploie directement le métal en nature dans la fabrication de composés organiques,
mais cette application qui était la seule au début est devancée par la fabrication de produits spéciaux, tels que : le peroxyde de sodium et surtout
l'amidure de sodium dont les applications vont en augmentant chaque jour.

Le premier produit qui a contribué au développement de l'industrie du
sodium est le mélange de cyanure de potassium et de sodium vendu sous
le nom de cyanure de potassium à 98-100 p. 100 et qui résulte de l'action
du sodium sur le ferrocyanure de potassium.

$$Fe\,(CN)^6K^4 + Na^2 = 4\,KCN,\ 2NaCN + Fe,$$

Ce produit répond, par son titre, à du cyanure de potassium pur ; d'après
la relation précitée, il devrait avoir le titre 109, mais il renferme des carbonates ; le cyanure de sodium pur répond au titre 132 (industriellement
128-130 p. 100).

Le procédé Castner est exploité en Angleterre par la « Castner Kellner
Alkali Company », dans son usine de Weston-Point (Sodium et peroxyde).
En Allemagne, par l' « Elektrochemische Fabrik Natrium » de Francfort,
fondée par la « Deutsche Gold- und Silberscheideanstalt »ci-devant Rössler
et la « Castner-Kellner Alkali Company » ; l'usine de Reinfelden peut
produire 500 tonnes de métal par an avec une puissance de 1800 kilowatts
(sodium, peroxyde, cyanures, amidure). En Amérique, « l'Electro-chemical
Company », fondée par la « Castner-Kellner Alkali Company » et la

« Rössler and Hasslacher Chemical Company » représentant de la Deutsche Gold- und Silberscheideanstalt a son usine à Niagara-Falls.

Le sodium est fabriqué, en outre, en Allemagne, par les « Farbwerke » ci-devant« Meister, Lucius et Bruning », qui utilisent, vraisemblablement, le procédé Castner puisque le métal a surtout pour but d'être transformé en amidure pour la fabrication de l'indigo par le procédé breveté par la « Deutsche Gold- und Silberscheideanstalt ». L'« Elektrochemische Werke » à Bitterfeld utilise un procédé sur lequel il n'a pas été publié d'indication.

En Suisse la Société d'Electrochimie fabrique du sodium à Martigny (Valais) et la Société pour l'Industrie chimique de Bâle installe cette fabrication à Monthey (Valais) en vue de la préparation de l'Indigo par l'intermédiaire de la Sodaniline. En Norvège la Vadheim Elektrochemiske Fabrik a une usine à Bergen.

En France le sodium est fabriqué par la « Société d'Electrochimie » qui utilise l'appareil Hulin dans son usine des Clavaux (Isère).

## TABLEAU XXIV

*Fabrication du sodium.*

|  | Société | Appareil | Usine |
|---|---|---|---|
| France | Société d'Electrochimie | Hulin | Clavaux |
| Allemagne | Elektrochemische Fabrik Natium | Castner | Reinfelden |
| » | Elektrochemische Werke | Castner | Bitterfeld |
| » | Farbwerke M. L. B. | Castner | Höchst |
| Angleterre | Castner Kellner Alkali C° | Castner | Weston-Point |
| Etats-Unis | Elektrochemical C° | Castner | Niagara |
| Norwège | Vadheim Elektrochemiske Fabriker | ? | Bergen |
| Suisse | Société d'Electrochimie | Hulin | Martigny |
| » | Société pour l'Industrie chimique | ? | Monthey |

### Prix de revient.

D'après Becker (1) le prix d'installation d'une usine pour la fabrication du sodium peut être établi comme suit en prenant comme base une production de 500 kilogrammes par jour (24 heures).

(1) Becker. *Die Elektrometallurgie der Alkalimetalle*, 1903.

Terrain 1.200 m²  . . . . . . . . . . . .     1.800 francs
Constructions (ateliers et magasins) (300 m²) . . .    25.000 —
Bureau, logement du directeur (100 m²) . . . . .    15.000 —
Matériel d'électrolyse (14 appareils de 5.000 ampères,
conducteurs, appareils de mesure, etc.) de 15.000 à . .    17.000 —
Petit matériel (Lingotières, etc.) de 2.000 à . . . .     2.500 —
Atelier de réparations (Forge, etc.) . . . . .     3.000 —
Matériel de l'atelier d'emballage . . . . . .     2.000 —
Laboratoire . . . . . . . . . . . . . .     1.700 —
                                   Total. . . .    68.000 —

Cette somme s'applique uniquement à l'atelier d'électrolyse ; en admettant pour le calcul que l'usine se trouve dans le voisinage d'une station centrale qui lui fournit l'énergie électrique, la dépense annuelle peut être établie comme suit :

400 tonnes d'électrolyte (mélange de soude caustique et de carbonate à
22 francs les cent kilogrammes) . . . . . . . . .    88.000 francs
500 chevaux à 50 francs . . . . . . . . .    25.000 —
Main d'œuvre :
   30 ouvriers (salaire moyen 5 francs, journée de
huit heures, 360 jours . . . . . . . . .    54.000 —
   18 ouvriers pour les électrolyseurs.
   6    —    pour les coulées et l'atelier de réparation
   3    —    pour l'emballage.
   3 Manœuvres.
Direction :
   1 Directeur . . . . . . . . . . . .    12.000 —
   1 Contremaître . . . . . . . . . . .     3.600 —
   1 Comptable . . . . . . . . . . . .     3.000 —
Entretien des appareils, des électrodes, etc. 12.000 à .    18.000 —
Intérêt du capital 5 0/0. . . . . . . . . .     3.400 —
Amortissement 10 0/0 . . . . . . . . . .     6.800 —
                                   Total. . . . .   213.800 —

En admettant pour 360 jours une production de 180 tonnes, cela remet le métal à 1 fr. 18 le kilogramme. Actuellement cette estimation est beaucoup trop élevée puisqu'elle correspond approximativement au prix de vente et qu'un certain nombre de facteurs importants n'y figurent pas tels que : matières premières d'emballage, impôts, assurances, etc.

# CHAPITRE XII

## TECHNIQUE DE L'ÉLECTROLYSE

Avantages et inconvénients des différentes méthodes. — Matières premières. — Marche de l'opération. — Contrôle chimique de l'électrolyse. — Mesure de la conductivité des solutions.

### Avantages et inconvénients des différentes méthodes

Les différentes méthodes que nous venons de passer en revue ont chacune leurs avantages et leurs inconvénients qui font que, suivant les conditions locales, l'une d'elles peut être préférée aux autres.

La *méthode avec diaphragme* présente l'inconvénient :

1° D'avoir un rendement baissant rapidement avec la teneur en alcali ;

2° De donner des solutions riches en chlorures ;

3° D'exiger des frais d'évaporation considérables ;

4° D'exiger un entretien assez élevé des diaphragmes.

Son principal avantage est d'avoir une faible surface d'encombrement pour les appareils, la surface utile des électrodes et des diaphragmes étant placée verticalement.

La *méthode avec circulation*, assez comparable à celle avec diaphragme, présente l'inconvénient :

1° De donner des solutions fortement salées ;

2° D'exiger une surface d'encombrement considérable, fonction de la surface utile horizontale des cloches ;

3° De demander un appareillage très complexe (distribution du courant, répartition du liquide) du fait du grand nombre de cloches nécessaires au fonctionnement régulier.

Elle présente sur la méthode avec diaphragme l'avantage : 1° de donner à concentration égale un rendement plus élevé ; 2° de ne pas avoir l'entretien des diaphragmes.

La *méthode avec cathode de mercure* présente l'inconvénient :

1° De nécessiter un gros capital mercure. Pour une usine de 6.000 chevaux, il faut compter 73 tonnes, représentant environ 400.000 francs,

(Fœrster) auquel correspond une perte qui, quelque infime qu'elle soit, en proportion, peut avoir une valeur assez importante ;

2° De demander un emplacement considérable pour les appareils du fait que la surface cathodique utile est horizontale. Cette surface est cependant moindre que dans la méthode avec circulation la densité de courant utilisée étant plus considérable.

Elle présente l'avantage : 1° de donner des solution exemptes de chlorures, très concentrées et très pures ; 2° de permettre l'emploi d'appareils de très grandes dimensions à grosse production, ce qui simplifie considérablement le montage.

La *méthode par fusion ignée* présente l'inconvénient d'exiger une dépense d'énergie et des frais d'entretien considérables. Elle a l'avantage de donner une soude très pure, exempte de chlorure, avec des frais de concentration nuls ou presque.

La méthode avec diaphragme nécessitant l'emploi de deux électrolytes, les opérations sont de ce fait plus complexes, c'est donc elle que nous prendrons comme type pour l'étude qui va suivre ; il sera facile de passer aux autres cas plus simples.

## Matières premières

Le *chlorure de potassium* provient à peu près exclusivement des mines de Stassfurt (Saxe). On trouve un certain nombre de qualités titrant depuis 80 p. 100 KCl.

Dans les marques riches, le chlorure de sodium constitue la principale impureté ; l'acide sulfurique, sous forme de sulfate de magnésium ou de calcium, est comme nous l'avons vu très gênant.

Le sel employé aussi bien dans l'industrie de la potasse électrolytique que dans celle du chlorate doit être très pur et titrer au moins 98 p. 100 KCl et au plus 0,5 p. 100 NaCl et 0,1 p. 100 SO$^4$K$^2$.

Le *chlorure de sodium* provient soit des marais salants, soit des mines de sel gemme. Il renferme 98-99 p. 100 NaCl, quelquefois un peu moins, du fait de l'humidité ; ses impuretés sont le chlorure de magnésium, qui le rend hygroscopique et le sulfate de calcium, quelquefois de potassium. Il ne doit pas tenir plus de 0,1 p. 100 de sulfates.

Dans certains endroits on emploie la saumure provenant de la saline, mais on conçoit qu'il est nécessaire d'avoir affaire à un gisement très pur pour l'utiliser ainsi directement et même dans ces conditions la dose d'impuretés de la solution est toujours assez considérable.

## Marche de l'opération

La saumure à électrolyser peut être obtenue de trois façons différentes :

1° Par dissolution du chlorure provenant de la mine ou de la saline. Cette dissolution se fait dans des bacs à agitation ou à double fond. S'il s'agit d'enrichissement de lessive anodique celle-ci se fait dans des récipients clos, munis de couvercles à fermeture hydraulique (fig. 64) :

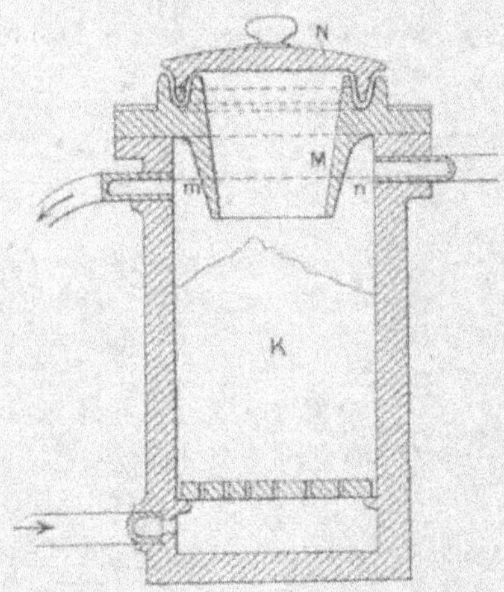

Fig. 61. — Saturateur (Hacgreaves-Bird).

2° Par dissolution du sel récupéré, imprégné d'alcali caustique. Si l'extraction a été faite dans un filtre à vide la dissolution est effectuée dans le filtre même. Si l'extraction a été faite avec une essoreuse on opère comme dans le premier cas :

3° Lorsque l'usine est à proximité d'une saline la saumure peut être envoyée par une canalisation *ad hoc*, elle traverse un compteur permettant d'en faire l'évaluation.

Dans tous les cas les solutions sont dirigées dans des récipients placés à la partie supérieure de l'usine au moyen de pompes ou de monte-jus.

Dans le monte-acide Kestner (fig. 62) également employé pour l'élévation des lessives, le liquide contenu dans le *réservoir* d'alimentation A coule de son propre poids dans la cuve B du monte-acide ; lorsque cette cuve est pleine, le liquide agit sur la partie X du flotteur qui, par l'intermédiaire de la tige C, ferme la soupape d'échappement d'air et ouvre la valve d'air comprimé. Le liquide est refoulé par le tuyau T en même temps que le clapet d'arrivée M se trouve obturé, puis l'air détendu ayant servi au refoulement s'échappe à son tour par le même tuyau T en causant dans l'appareil une chute de pression qui fait manœuvrer les valves en sens inverse et le même cycle se reproduit.

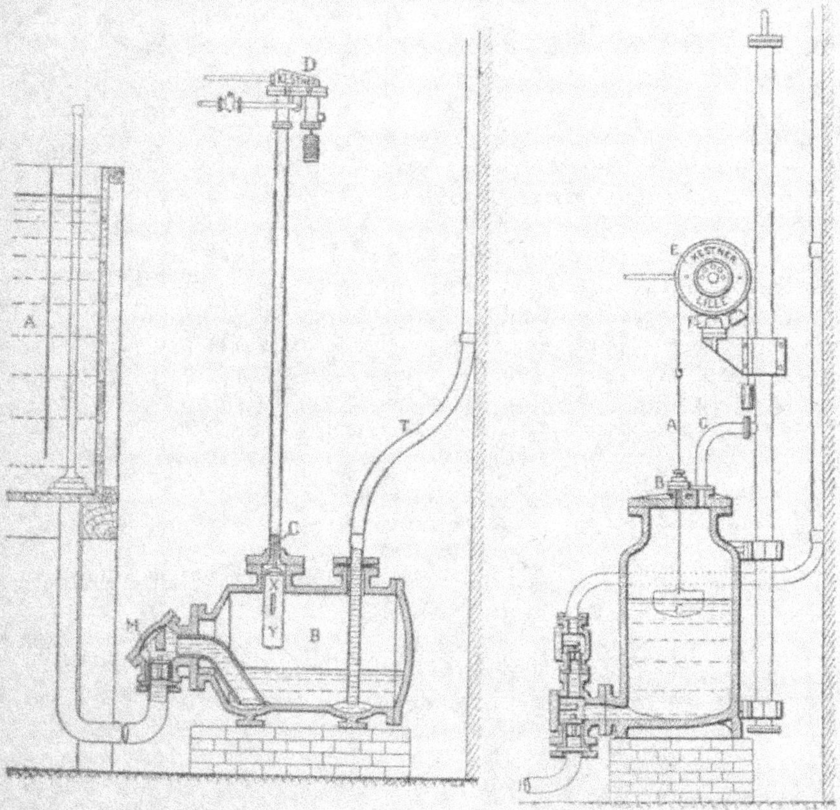

Fig. 62. — Appareil élévatoire pour liquide cathodique (*Kestner*).

Fig. 63. — Appareil élévatoire pour liquide anodique (*Kestner*).

L'inconvénient de ce système est que l'air comprimé qui s'échappe par le tube T à la fin de la chasse, peut entraîner les gaz dissous dans la solution, ce qui est particulièrement gênant pour les lessives anodiques qui renferment précisément du chlore ; dans ce cas il faut employer un autre dispositif permettant à l'air détendu de s'échapper par un orifice spécial faisant partie du mouvement pour être évacué au dehors par une conduite appropriée. Dans ce but le fil métallique A (fig. 63) qui se meut dans un

« Stuffing box » B, soutient un flotteur C qui suit le mouvement du liquide dans le corps de l'appareil. Ce fil fait tourner une poulie E qui commandant un mécanisme très simple, ouvre et ferme brusquement un tiroir rotatif en grès F, qui distribue l'air comprimé et permet l'échappement de l'air détendu.

Le liquide cathodique est préparé chaque fois, soit que l'on opère par cuvée, soit que l'on opère en régime. Le liquide anodique, au contraire, sert pendant un temps plus ou moins long, mais comme il s'épuise rapidement et que sa concentration doit être assez élevée, il faut maintenir cette concentration d'une façon constante, soit comme dans l'appareil Hargreaves en chargeant le compartiment anodique, spécialement disposé à cet effet, de chlorure de sodium, soit comme dans le procédé Outhenin-Chalandre, en faisant circuler l'anolyte dans des bacs de saturation.

Dans ce cas la solution qui sort de l'appareil par un trop plein est soumise à un traitement consistant à enlever une partie du chlore en solution pour permettre la manipulation plus facile ; d'autant plus que la solution riche dissolvant moins de chlore une partie s'en dégage à la saturation.

A cet effet le liquide circule dans un bassin traversé par un courant d'air, puis il descend en cascade dans une tour remplie de pierres siliceuses également traversée par un courant d'air. Il passe ensuite dans un saturateur. On profite de cette manipulation pour l'acidifier s'il y a lieu.

Ces liquides anodiques sont très corrosifs, ce qui nécessite que la tuyauterie, la robinetterie et les pompes soient en grès.

La circulation étant une cause d'ennuis, on a tout intérêt à faire la saturation à même le bac lorsque cela est possible.

La solution anodique se charge peu à peu du chlorate dont la teneur augmente d'une façon constante. Dans le cas du sel de potassium il est facile de s'en débarrasser par refroidissement, le chlorate de potassium déjà peu soluble à froid (70 gr. par litre environ) l'est encore moins dans la solution saturée de chlorure (13 gr. par litre environ).

Dans le cas du sel de sodium, la question est plus délicate, il faut de toute nécessité laisser le liquide s'enrichir. Lorsque la concentration atteint 150 gr. par litre environ, il est traité en vue d'en extraire le chlorate.

Un autre point à remarquer est l'enrichissement en sulfate ; comme pour le chlorate cet enrichissement est continu, mais le sel étant autrement destructif, tout au moins pour les anodes de charbon, on procède à son élimination lorsque la teneur arrive à 0 gr. 1 par litre environ. A cet effet, on ajoute au liquide chaud sortant du saturateur ou dans celui-ci lui-même du chlorure de baryum. Le sulfate de baryum est retenu dans un filtre-presse en même temps que les impuretés provenant du sel et les particules de charbon résultant de la désagrégation de l'anode qui facilitent son dépôt.

Tandis que le liquide anodique est généralement saturé, la concentration du liquide cathodique varie suivant les procédés ; le rendement en tous cas est d'autant meilleur que cette concentration en chlorure est plus forte (p. 43).

Il y a lieu de faire observer que si la solution cathodique s'appauvrit en chlorure, cet appauvrissement va en décroissant en même temps que le rendement. D'autre part la solubilité du chlorure diminue en présence de soude caustique, aussi n'a-t-on pas intérêt à dépasser une teneur de plus de 275 gr. par litre.

La saumure faite avec le sel récupéré renferme de la soude caustique, la teneur peut atteindre 10 gr. NaOH par litre.

Nous donnons dans une série de tableaux la conversion des degrés Baumé en densités (Tableau XXV), la densité des lessives alcalines (Tableau XXVI) et des saumures (Tableau XXVII) (1), ainsi que la solubilité des chlorures dans les solutions alcalines de différentes concentrations (Tableaux XXVIII et XXIX). Il est regrettable que pour ces derniers tableaux, Winteler (2) n'ait pas donné en même temps les conductivités.

Lorsque l'usine fonctionne uniquement à la houille l'énergie est chère et l'évaporation bon marché ; on se contente d'atteindre, comme dans celles marchant d'après le procédé de Griesheim une concentration de 0,6 à 0,7 N.

Dans les usines hydrauliques où, au contraire, l'énergie est bon marché et l'évaporation coûte très cher, on cherche à obtenir une concentration plus élevée et l'on arrive à 80-90 grammes de soude par litre. On est arrêté à cette teneur beaucoup plus par l'attaque du diaphragme que par la chute du rendement, déjà ralentie. Différents procédés à l'étude permettraient, comme nous l'avons vu, d'atteindre pratiquement 150 gr. NaOH par litre. L'emploi de diaphragmes permettant d'arriver à une concentration de 200 grammes par litre, comme dans les essais de MM. Mallet et Guye, serait du plus haut intérêt.

L'élaboration des produits obtenus comportera deux séries d'opération : d'une part la concentration des lessives cathodiques afin de les amener à une forme commerciale, d'autre part l'utilisation du chlore sous une des multiples formes facilitant son emploi et accessoirement le traitement des lessives anodiques pour en récupérer les chlorates.

(1) Gerlach, *Zeitsch. f. Analyt. Chem.*, t. VIII, p. 279 ; 1869.
(2) Winteler, *Zeitsch. f. Elektrochem.*, t. VII, p. 360 ; 1900.

## TABLEAU XXV

*Relation entre les degrés Baumé et les densités.*

| Degrés Baumé | Densités | Degrés Baumé | Densités | Degrés Baumé | Densités |
|---|---|---|---|---|---|
| 0 | 1,0000 | 18 | 1,1425 | 46 | 1,4678 |
| 1/2 | 1,0034 | 19 | 1,1516 | 47 | 1,4828 |
| 1 | 1,0069 | 20 | 1,1608 | 48 | 1,4984 |
| 1 1/2 | 1,0104 | 21 | 1,1702 | 49 | 1,5141 |
| 2 | 1,0140 | 22 | 1,1798 | 50 | 1,5301 |
| 2 1/2 | 1,0176 | 23 | 1,1896 | 51 | 1,5466 |
| 3 | 1,0212 | 24 | 1,1994 | 52 | 1,5633 |
| 3 1/2 | 1,0248 | 25 | 1,2095 | 53 | 1,5804 |
| 4 | 1,0285 | 26 | 1,2198 | 54 | 1,5978 |
| 4 1/2 | 1,0322 | 27 | 1,2301 | 55 | 1,6158 |
| 5 | 1,0359 | 28 | 1,2407 | 56 | 1,6342 |
| 5 1/2 | 1,0396 | 29 | 1,2515 | 57 | 1,6529 |
| 6 | 1,0434 | 30 | 1,2624 | 58 | 1,6720 |
| 6 1/2 | 1,0472 | 31 | 1,2736 | 59 | 1,6916 |
| 7 | 1,0510 | 32 | 1,2849 | 60 | 1,7116 |
| 7 1/2 | 1,0548 | 33 | 1,2965 | 61 | 1,7322 |
| 8 | 1,0587 | 34 | 1,3082 | 62 | 1,7532 |
| 8 1/2 | 1,0626 | 35 | 1,3202 | 63 | 1,7748 |
| 9 | 1,0665 | 36 | 1,3324 | 64 | 1,7969 |
| 9 1/2 | 1,0704 | 37 | 1,3447 | 65 | 1,8195 |
| 10 | 1,0744 | 38 | 1,3574 | 66 | 1,8428 |
| 11 | 1,0825 | 39 | 1,3703 | 67 | 1,839 |
| 12 | 1,0907 | 40 | 1,3834 | 68 | 1,864 |
| 13 | 1,0990 | 41 | 1,3968 | 69 | 1,885 |
| 14 | 1,1074 | 42 | 1,4105 | 70 | 1,909 |
| 15 | 1,1160 | 43 | 1,4244 | 71 | 1,935 |
| 16 | 1,1247 | 44 | 1,4386 | 72 | 1,960 |
| 17 | 1,1335 | 45 | 1,4531 | | |

## TABLEAU XXVI

*Densité des solutions alcalines à 15°.*

(Gerlach)

| 0/0 | Potasse | | Soude | | 0/0 | Potasse | | Soude | |
|---|---|---|---|---|---|---|---|---|---|
| | K²O | KOH | Na²O | NaOH | | K²O | KOH | Na²O | NaOH |
| 1 | 1,010 | 1,009 | 1,015 | 1,012 | 31 | 1,370 | 1,300 | 1,438 | 1,343 |
| 2 | 1,020 | 1,017 | 1,030 | 1,023 | 32 | 1,385 | 1,311 | 1,450 | 1,351 |
| 3 | 1,030 | 1,025 | 1,043 | 1,035 | 33 | 1,403 | 1,324 | 1,462 | 1,363 |
| 4 | 1,039 | 1,033 | 1,058 | 1,046 | 34 | 1,418 | 1,336 | 1,475 | 1,374 |
| 5 | 1,048 | 1,041 | 1,074 | 1,059 | 35 | 1,431 | 1,349 | 1,488 | 1,384 |
| 6 | 1,058 | 1,049 | 1,089 | 1,070 | 36 | 1,445 | 1,361 | 1,500 | 1,395 |
| 7 | 1,068 | 1,058 | 1,104 | 1,081 | 37 | 1,460 | 1,374 | 1,515 | 1,403 |
| 8 | 1,078 | 1,065 | 1,119 | 1,092 | 38 | 1,475 | 1,387 | 1,530 | 1,415 |
| 9 | 1,089 | 1,074 | 1,132 | 1,103 | 39 | 1,490 | 1,400 | 1,543 | 1,426 |
| 10 | 1,099 | 1,083 | 1,145 | 1,115 | 40 | 1,504 | 1,411 | 1,558 | 1,437 |
| 11 | 1,110 | 1,092 | 1,160 | 1,126 | 41 | 1,522 | 1,425 | 1,570 | 1,447 |
| 12 | 1,121 | 1,101 | 1,175 | 1,137 | 42 | 1,539 | 1,438 | 1,583 | 1,456 |
| 13 | 1,132 | 1,111 | 1,190 | 1,148 | 43 | 1,564 | 1,450 | 1,597 | 1,468 |
| 14 | 1,143 | 1,119 | 1,203 | 1,159 | 44 | 1,570 | 1,462 | 1,610 | 1,478 |
| 15 | 1,154 | 1,128 | 1,219 | 1,170 | 45 | 1,584 | 1,472 | 1,623 | 1,488 |
| 16 | 1,166 | 1,137 | 1,233 | 1,181 | 46 | 1,606 | 1,488 | 1,637 | 1,499 |
| 17 | 1,178 | 1,146 | 1,245 | 1,192 | 47 | 1,615 | 1,499 | 1,650 | 1,508 |
| 18 | 1,190 | 1,155 | 1,258 | 1,202 | 48 | 1,630 | 1,511 | 1,663 | 1,519 |
| 19 | 1,202 | 1,166 | 1,270 | 1,213 | 49 | 1,645 | 1,527 | 1,678 | 1,529 |
| 20 | 1,215 | 1,177 | 1,285 | 1,225 | 50 | 1,660 | 1,539 | 1,690 | 1,540 |
| 21 | 1,230 | 1,188 | 1,300 | 1,236 | 51 | 1,676 | 1,552 | 1,705 | 1,550 |
| 22 | 1,242 | 1,198 | 1,315 | 1,247 | 52 | 1,690 | 1,565 | 1,719 | 1,560 |
| 23 | 1,256 | 1,209 | 1,329 | 1,258 | 53 | 1,705 | 1,578 | 1,730 | 1,570 |
| 24 | 1,270 | 1,220 | 1,344 | 1,269 | 54 | 1,720 | 1,590 | 1,745 | 1,580 |
| 25 | 1,285 | 1,230 | 1,356 | 1,279 | 55 | 1,733 | 1,604 | 1,760 | 1,591 |
| 26 | 1,300 | 1,241 | 1,369 | 1,290 | 56 | 1,746 | 1,618 | 1,770 | 1,601 |
| 27 | 1,312 | 1,252 | 1,381 | 1,300 | 57 | 1,782 | 1,630 | 1,783 | 1,611 |
| 28 | 1,326 | 1,264 | 1,395 | 1,310 | 58 | 1,780 | 1,641 | 1,800 | 1,622 |
| 29 | 1,340 | 1,278 | 1,410 | 1,321 | 59 | 1,795 | 1,635 | 1,815 | 1,633 |
| 30 | 1,355 | 1,288 | 1,422 | 1,332 | 60 | 1,840 | 1,667 | 1,830 | 1,643 |

## TABLEAU XXVII

*Densité des solutions de chlorures alcalins à 15°.*

*(Gerlach)*

| 0/0 | KCl | NaCl | 0/0 | KCl | NaCl |
|---|---|---|---|---|---|
| 1 | 1,006 | 1,007 | 15 | 1,100 | 1,111 |
| 2 | 1,013 | 1,014 | 16 | 1,107 | 1,119 |
| 3 | 1,019 | 1,022 | 17 | 1,115 | 1,127 |
| 4 | 1,026 | 1,029 | 18 | 1,122 | 1,135 |
| 5 | 1,032 | 1,036 | 19 | 1,129 | 1,143 |
| 6 | 1,039 | 1,044 | 20 | 1,136 | 1,151 |
| 7 | 1,046 | 1,051 | 21 | 1,143 | 1,159 |
| 8 | 1,052 | 1,059 | 22 | 1,151 | 1,168 |
| 9 | 1,059 | 1,066 | 23 | 1,158 | 1,176 |
| 10 | 1,066 | 1,073 | 24 | 1,166 | 1,184 |
| 11 | 1,073 | 1,081 | (1) | 1,172 | — |
| 12 | 1,080 | 1,089 | 25 | — | 1,192 |
| 13 | 1,087 | 1,096 | 26 | — | 1,201 |
| 14 | 1,093 | 1,104 | (2) | — | 1,204 |

(1) Solution saturée 24,9 p. cent KCl.
(2) Solution saturée 24,6 p. cent NaCl.

## TABLEAU XXVIII

*Solubilité du chlorure de potassium dans les solutions de potasse caustique à 20°.*

(Winteler)

| Un litre contient | | Densité | Degré Baumé | Un litre contient | | Densité | Degré Baumé |
| KOH | KCl | | | KOH | KCl | | |
| --- | --- | --- | --- | --- | --- | --- | --- |
| gr. | gr. | | | gr. | gr. | | |
| 10 | 203 | 1,185 | 22,5 | 440 | 55 | 1,365 | 38,9 |
| 20 | 285 | 1,185 | 22,5 | 450 | 53 | 1,370 | 39,2 |
| 30 | 276 | 1,190 | 23,0 | 460 | 50 | 1,375 | 39,5 |
| 40 | 265 | 1,192 | 23,0 | 470 | 47 | 1,380 | 40,0 |
| 50 | 255 | 1,195 | 23,5 | 480 | 44 | 1,385 | 40,2 |
| 60 | 245 | 1,200 | 24,0 | 490 | 42 | 1,390 | 40,6 |
| 70 | 236 | 1,200 | 24,0 | 500 | 40 | 1,397 | 41,0 |
| 80 | 226 | 1,205 | 24,5 | 510 | 38 | 1,405 | 41,5 |
| 90 | 219 | 1,205 | 24,5 | 520 | 35 | 1,410 | 42,0 |
| 100 | 211 | 1,210 | 25,0 | 530 | 33 | 1,415 | 42,3 |
| 110 | 205 | 1,210 | 25,0 | 540 | 31 | 1,420 | 42,6 |
| 120 | 199 | 1,215 | 25,5 | 550 | 29 | 1,425 | 43,0 |
| 130 | 192 | 1,215 | 25,5 | 560 | 27 | 1,430 | 43,5 |
| 140 | 185 | 1,220 | 26,0 | 570* | 25 | 1,435 | 43,7 |
| 150 | 178 | 1,225 | 26,5 | 580 | 24 | 1,440 | 44,0 |
| 160 | 171 | 1,225 | 26,5 | 590 | 23 | 1,445 | 44,3 |
| 170 | 165 | 1,230 | 27,0 | 600 | 22 | 1,450 | 44,6 |
| 180 | 159 | 1,235 | 27,5 | 610 | 21 | 1,455 | 45,0 |
| 190 | 153 | 1,240 | 28,0 | 620 | 20 | 1,460 | 45,5 |
| 200 | 148 | 1,245 | 28,5 | 630 | 18 | 1,465 | 45,9 |
| 210 | 142 | 1,250 | 29,0 | 640 | 17 | 1,470 | 46,2 |
| 220 | 137 | 1,255 | 29,5 | 650 | 16 | 1,475 | 46,5 |
| 230 | 133 | 1,260 | 30,0 | 660 | 15 | 1,480 | 46,8 |
| 240 | 128 | 1,265 | 30,5 | 670 | 15 | 1,485 | 47,0 |
| 250 | 124 | 1,270 | 30,8 | 680 | 15 | 1,490 | 47,5 |
| 260 | 120 | 1,275 | 31,3 | 690 | 13 | 1,495 | 47,9 |
| 270 | 115 | 1,280 | 31,7 | 700 | 14 | 1,500 | 48,2 |
| 280 | 112 | 1,285 | 32,0 | 710 | 14 | 1,505 | 48,5 |
| 290 | 108 | 1,290 | 32,5 | 720 | 13 | 1,510 | 48,8 |
| 300 | 104 | 1,295 | 33,0 | 730 | 13 | 1,515 | 49,1 |
| 310 | 100 | 1,300 | 33,5 | 740 | 13 | 1,520 | 49,5 |
| 320 | 96 | 1,305 | 34,0 | 750 | 13 | 1,525 | 49,7 |
| 330 | 93 | 1,310 | 34,2 | 760 | 12 | 1,530 | 50,0 |
| 340 | 89 | 1,315 | 34,6 | 770 | 12 | 1,535 | 50,3 |
| 350 | 85 | 1,320 | 35,0 | 780 | 12 | 1,540 | 50,6 |
| 360 | 81 | 1,325 | 35,5 | 790 | 11 | 1,545 | 51,0 |
| 370 | 78 | 1,330 | 36,0 | 800 | 11 | 1,550 | 51,3 |
| 380 | 74 | 1,335 | 36,3 | 810 | 10 | 1,560 | 51,5 |
| 390 | 71 | 1,340 | 36,7 | 820 | 10 | 1,565 | 51,8 |
| 400 | 68 | 1,345 | 37,1 | 830 | 9 | 1,570 | 52,2 |
| 410 | 64 | 1,350 | 37,5 | 840 | 9 | 1,575 | 52,6 |
| 420 | 61 | 1,355 | 38,0 | 850 | 9 | 1,580 | 53,0 |
| 430 | 58 | 1,360 | 38,5 | | | | |

## TABLEAU XXIX

*Solubilité du chlorure de sodium dans les solutions de soude caustique à 20°.*

(Winteler).

| Un litre contient | | Densité | Degré Baumé | Un litre contient | | Densité | Degré Baumé |
|---|---|---|---|---|---|---|---|
| NaOH gr. | NaCl gr. | | | NaOH gr. | NaCl gr. | | |
| 10 | 308 | 1,200 | 23,5 | 330 | 96 | 1,340 | 36,6 |
| 20 | 308 | 1,210 | 24,0 | 340 | 90 | 1,345 | 37,0 |
| 30 | 306 | 1,215 | 25,3 | 350 | 85 | 1,350 | 37,4 |
| 40 | 302 | 1,225 | 26,4 | 360 | 80 | 1,355 | 37,8 |
| 50 | 297 | 1,230 | 26,9 | 370 | 76 | 1,360 | 38,2 |
| 60 | 286 | 1,235 | 27,4 | 380 | 71 | 1,365 | 38,6 |
| 70 | 277 | 1,240 | 27,9 | 390 | 66 | 1,370 | 39,0 |
| 80 | 269 | 1,245 | 28,4 | 400 | 61 | 1,375 | 39,4 |
| 90 | 261 | 1,250 | 28,8 | 410 | 56 | 1,380 | 40,0 |
| 100 | 252 | 1,250 | 28,8 | 420 | 52 | 1,385 | 40,2 |
| 110 | 244 | 1,252 | 29,0 | 430 | 48 | 1,390 | 40,6 |
| 120 | 236 | 1,252 | 29,0 | 440 | 45 | 1,395 | 41,0 |
| 130 | 229 | 1,260 | 29,7 | 450 | 42 | 1,400 | 41,5 |
| 140 | 221 | 1,265 | 30,2 | 460 | 39 | 1,405 | 41,9 |
| 150 | 213 | 1,270 | 30,6 | 470 | 37 | 1,410 | 42,0 |
| 160 | 205 | 1,275 | 31,1 | 480 | 34 | 1,415 | 42,3 |
| 170 | 197 | 1,275 | 31,4 | 490 | 32 | 1,420 | 42,6 |
| 180 | 189 | 1,280 | 31,5 | 500 | 30 | 1,425 | 43,0 |
| 190 | 181 | 1,285 | 32,0 | 510 | 28 | 1,430 | 43,5 |
| 200 | 173 | 1,290 | 32,4 | 520 | 27 | 1,435 | 43,7 |
| 210 | 165 | 1,295 | 32,8 | 530 | 27 | 1,440 | 44,0 |
| 220 | 159 | 1,295 | 32,8 | 540 | 26 | 1,445 | 44,3 |
| 230 | 152 | 1,300 | 33,3 | 550 | 26 | 1,450 | 44,6 |
| 240 | 146 | 1,303 | 33,5 | 560 | 25 | 1,455 | 44,6 |
| 250 | 139 | 1,305 | 33,7 | 570 | 24 | 1,455 | 45,0 |
| 260 | 131 | 1,310 | 34,2 | 580 | 23 | 1,460 | 45,5 |
| 270 | 129 | 1,315 | 34,6 | 590 | 23 | 1,465 | 45,9 |
| 280 | 124 | 1,320 | 35,0 | 600 | 22 | 1,470 | 46,2 |
| 290 | 118 | 1,325 | 35,4 | 610 | 21 | 1,475 | 46,3 |
| 300 | 112 | 1,330 | 35,8 | 620 | 20 | 1,480 | 46,8 |
| 310 | 107 | 1,335 | 36,0 | 630 | 19 | 1,485 | 47,0 |
| 320 | 101 | 1,335 | 36,2 | 640 | 18 | 1,490 | 47,5 |

## Contrôle chimique de l'électrolyse.

Le laboratoire doit suivre régulièrement la teneur des différentes solutions. Le titrage de la soude est fait au moyen d'acide sulfurique avec la phtaléine du phénol comme indicateur ; celui du chlorure au moyen du nitrate d'argent en solution neutre, avec le chromate de potassium comme indicateur.

Le plus souvent on se contente de doser la soude et de prendre la densité du liquide neuf, de doser la soude du liquide électrolysé.

Dans le liquide anodique il y a lieu de doser régulièrement chlorate et sulfate. Le premier en faisant bouillir la solution avec un excès de sulfate double de fer et d'ammonium (sel de Mohr) et dosant, au moyen du permanganate de potassium, l'excès de sel ferreux.

Pour l'acide sulfurique, on précipite d'abord en liqueur alcaline par un excès d'une dissolution de chlorure de baryum de titre connu. On ajoute un peu de chlorure d'aluminium (l'alumine facilitant la décantation du sulfate de baryum), puis on reprend en ajoutant du chromate de potassium en solution titrée, jusqu'à coloration jaune du liquide (Moynot).

On ne dose généralement pas d'une façon régulière le chlore, l'acide hypochloreux et l'hypochlorite, mais il peut être intéressant de connaître la teneur de ces produits. Le plus simple est de doser le chlore actif total par la méthode de Penot, puis dans un échantillon plus important, on fait passer un courant d'air qui entraîne le chlore gazeux. Un nouveau dosage effectué sur une partie de la solution, donne alors hypochlorite et acide hypochloreux. Une autre partie est additionnée d'eau oxygénée, il se produit une décomposition avec formation d'acide chlorhydrique correspondant à l'acide hypochloreux seul, d'après les équations :

$$ClOH + H^2O^2 = ClH + H^2O + O^2.$$
$$ClONa + H^2O^2 = ClNa + H^2O + O^2.$$

Un titrage acidimétrique permet donc de déterminer la teneur en acide hypochloreux et de connaître ainsi la teneur en hypochlorite et en chlore libre (Fœrster et Jorre).

## Mesure de la conductivité des solutions.

Dans la méthode du Pont de Wheatstone (p. 77) les résistances A et B n'ont pas besoin d'être déterminées ; il suffit de connaître leur rapport. On peut donc dans certains cas les remplacer par un fil métallique sur lequel se déplace un curseur relié à un des pôles de la source de courant. De plus dans le cas de la mesure de la résistance d'un appareil d'électrolyse, la source de courant ne peut plus être une pile en raison des phénomènes de polarisation.

Kohlrausch a proposé de remplacer le courant continu par du courant alternatif de grande fréquence produit par une petite bobine Rhumkorff. Le galvanomètre est remplacé par un téléphone.

Le courant alternatif fait vibrer le téléphone, mais lorsque la différence du potentiel devient nulle entre ses points d'attache, la vibration s'arrête. C'est en raison de l'emploi du courant alternatif qu'il est nécessaire de prendre un fil divisé ; de plus, la boîte de résistances R doit être établie de façon à supprimer les phénomènes de self-induction et de capacité dans la mesure du possible.

Le *Pont de Kohlrausch* se compose d'un fil divisé AB (fig. 64) en alliage de Platine-Iridium (Pt. 90  Ir. 10) tendu sur une règle de un mètre divisée en millimètres.

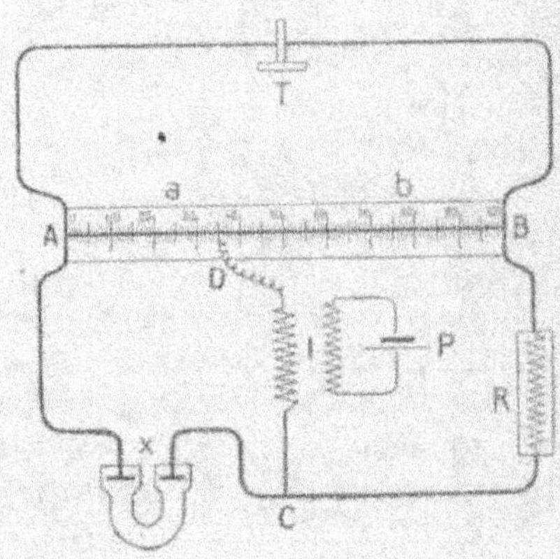

Fig. 64. — Mesure de la conductivité des solutions (Pont de Kohlrausch).

Entre A et B sont montés en série :

1° Un vase d'électrolyse formé d'un tube en U dont la partie supérieure de chaque branche est évasée et permet de placer, comme électrode, un disque de platine platiné suspendu au couvercle en ébonite.

2° Une boîte de résistances appropriée R. Le téléphone est relié aux extrémités A et B du fil divisé. La bobine Rhumkorff I est actionnée par une pile P, les extrémités du circuit secondaire sont reliées d'une part à la jonction de la boîte de résistance et de l'appareil à mesurer et d'autre à un curseur qui se déplace sur le fil.

Lorsque, pour une position déterminée, on n'entend plus de vibration, ou du moins, lorsque le son passe par un minimum, les points A et B sont au même potentiel.

Si nous appelons $a$ et $b$ la longueur des bras du fil, proportionnelle à leur résistance et $x$ la résistance de l'appareil, on démontre facilement (p. 77) que cette résistance est égale à :

$$x = \frac{a}{b}\, \mathrm{R}.$$

Les appareils employés pour ces mesures peuvent être de formes très variables, le tube en U de grande résistance est nécessaire dans le cas de solutions très conductrices comme celles qui nous intéressent.

Le platinage des électrodes (1) augmente beaucoup la sensibilité de l'appareil et la netteté du minimum. Pour être dans les meilleures conditions de fonctionnement, il faut autant que possible que le curseur soit dans la partie centrale de l'appareil. Cette condition est obtenue en faisant varier la résistance R de façon qu'elle soit du même ordre de grandeur que $x$.

Ce qui nous intéresse c'est la conductivité de l'électrolyte. Tandis que dans le cas d'un fil la conductivité $\varkappa$, ou son inverse la résistivité $\rho$, se calcule très bien d'après la résistance du fil, sa longueur et sa section d'après la formule :

$$\rho = \frac{1}{\varkappa} = \mathrm{R}\,\frac{\mathrm{S}}{\mathrm{L}}$$

il n'en est plus de même dans le cas d'un liquide, la longueur et la section étant indéterminées.

On opère alors de la façon suivante. On prend une solution de conductivité connue le chlorure de potassium normal, par exemple (74,5 gr. par litre, $\varkappa_{18} = 0,09822$), on détermine la résistance de l'appareil rempli de cette solution, soit R' et l'on a :

$$\frac{\varkappa_{KCl}}{\mathrm{R'}} = \frac{\mathrm{L}}{\mathrm{S}}$$

On connaît donc la valeur du rapport $\dfrac{\mathrm{L}}{\mathrm{S}}$.

Cette valeur divisée par la résistance de l'appareil plein de l'électrolyte considéré donne la conductivité de cet électrolyte.

Les conductivités étant très variables avec la température, l'appareil devra être placé dans un bain à température constante. Généralement les déterminations sont faites à 18°.

Pour connaître l'augmentation de conductivité par degré, on détermine la conductivité à deux températures différentes ; on fait la différence entre

(1) A. Wrobel. *Manuel de galvanoplastie et de dépôts electrochimiques*, 1908.

les deux et on divise par le nombre de degrés. La différence de conductivité par degré, divisée par la conductivité elle-même, donne le coëfficient moyen de température :

$$a = \frac{x_{t'} - x_t}{x_t\,(t' - t)}$$

La valeur du coefficient de température est généralement comprise entre 1 et 2 pour 100 de la valeur de la conductivité.

Nous donnons dans le tableau XXX les constantes de quelques solutions [1]

La colonne A donne la teneur pour 100 du produit en solution.

La colonne B donne la densité à la température $t$, rapportée à l'eau à $4^o$.

La colonne C donne la teneur en grammes par litres du produit en solution calculée d'après la formule de la colonne A.

La colonne D donne la conductivité à 18° exprimée en ohmcentimètre.

La colonne E donne le coefficient moyen de température, il suffit pour l'utiliser d'appliquer la formule :

$$x_t = x_{18}\,(1 + a\,(t - 18^o))$$

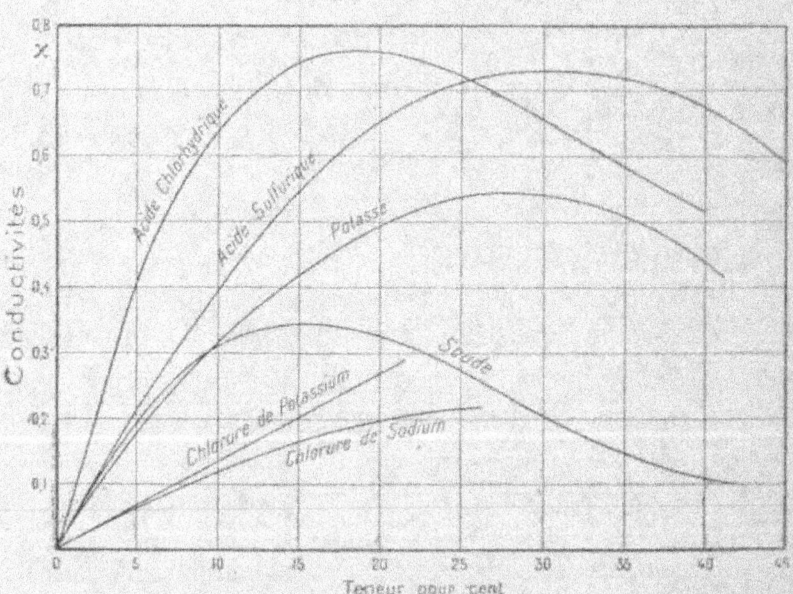



Fig. 65. — Conductivités de quelques solutions.

Ce coefficient a été déterminé entre 18° et 22°, en dehors de ces températures son application n'est donc plus rigoureuse.

La figure 65 donne les courbes de conductivités de quelques solutions.

[1] Kohlrausch et Holborn. *Leitvermogen der Elektrolyte*, 1898.

## TABLEAU XXX

*Constantes de quelques solutions*

(D'après *Kohlrausch* et *Holborn*)

| Teneur pour cent<br><br>0/0<br><br>A | Densité<br>$D \dfrac{t^o}{4^o}$<br><br>B | Teneur par litre<br><br>Grammes<br>C | Conductivité<br><br>$x_{18^o}$<br>D | Coefficient de température<br>$a$ (18°-22°)<br>E |
|---|---|---|---|---|
| **NaOH Soude caustique** $t = 15°$ | | | | |
| 2,5 | 1,0280 | 25,7 | 0,1087 | 0,0194 |
| 5 | 1,0568 | 53 | 1969 | 201 |
| 10 | 1,1131 | 111 | 3124 | 217 |
| 15 | 1,1700 | 176 | 3463 | 249 |
| 20 | 1,2262 | 245 | 3270 | 299 |
| 25 | 1,2823 | 321 | 2717 | 368 |
| 30 | 1,3374 | 401 | 2022 | 450 |
| 35 | 1,3207 | 487 | 1507 | 551 |
| 40 | 1,4421 | 577 | 1164 | 648 |
| 42 | 1,4615 | 614 | 1065 | 691 |
| **KOH Potasse caustique** $t = 15°$ | | | | |
| 4,2 | 1,0382 | 43,5 | 0,1464 | 0,0187 |
| 8,4 | 1,0776 | 91 | 2723 | 186 |
| 12,6 | 1,1177 | 141 | 3763 | 188 |
| 16,8 | 1,1588 | 195 | 4558 | 193 |
| 21,0 | 1,2008 | 252 | 5106 | 199 |
| 25,4 | 1,2439 | 316 | 5403 | 209 |
| 29,4 | 1,2880 | 379 | 5434 | 224 |
| 33,6 | 1,3332 | 448 | 5221 | 236 |
| 37,8 | 1,3803 | 522 | 4720 | 257 |
| 42,0 | 1,4298 | 601 | 4212 | 287 |
| **Na²CO³ Carbonate de sodium (1)** $t = 18°$ | | | | |
| 5 | 1,0511 | 52,5 | 0,0451 | 0,0252 |
| 10 | 1,1044 | 110 | 0705 | 271 |
| 15 | 1,1590 | 174 | 0836 | 294 |

(1) Pour le sel cristallisé Na²CO³, 10 H²O, multiplier par 2,70

| Teneur pour cent (0/0) | Densité $D \dfrac{t^\circ}{4^\circ}$ | Teneur par litre Grammes | Conductivité $\varkappa 18^\circ$ | Coefficient de température $a$ (18°-22°) |
| --- | --- | --- | --- | --- |
| A | B | C | D | E |

$K^2CO^3$ Carbonate de potassium
$t = 15^\circ$

| | | | | |
| --- | --- | --- | --- | --- |
| 5 | 1,0449 | 52,2 | 0,0561 | 0,0221 |
| 10 | 1,0919 | 109 | 1038 | 212 |
| 20 | 1,1920 | 238 | 1806 | 210 |
| 30 | 1,3002 | 390 | 2222 | 219 |
| 40 | 1,4170 | 567 | 2168 | 246 |
| 50 | 1,5428 | 774 | 1469 | 318 |

$KHCO^3$ Bicarbonate de potassium
$t = 15^\circ$

| | | | | |
| --- | --- | --- | --- | --- |
| 5 | 1,0328 | 51,6 | 0,0371 | 0,0205 |
| 10 | 1,0674 | 107 | 0688 | 197 |

$Ba(OH)^2$ Baryte caustique (1)
$t = 18^\circ$

| | | | | |
| --- | --- | --- | --- | --- |
| 1,25 | 1,0120 | 12,6 | 0,0250 | 0,0187 |
| 2,5 | 1,0253 | 25,6 | 0479 | 185 |

NaCl Chlorure de sodium
$t = 18^\circ$

| | | | | |
| --- | --- | --- | --- | --- |
| 5 | 1,0345 | 51,7 | 0,0672 | 0,0217 |
| 10 | 1,0707 | 107 | 1211 | 214 |
| 15 | 1,1087 | 166 | 1642 | 212 |
| 20 | 1,1477 | 230 | 1957 | 216 |
| 25 | 1,1898 | 298 | 2135 | 227 |
| 26 | 1,1982 | 312 | 2151 | 230 |
| 26,4 | 1,2044 | 317 | 2156 | 233 |

KCl Chlorure de potassium
$t = 18^\circ$

| | | | | |
| --- | --- | --- | --- | --- |
| 5 | 1,0308 | 51,5 | 0,0690 | 0,0201 |
| 10 | 1,0638 | 106 | 1359 | 188 |
| 15 | 1,0978 | 165 | 2020 | 179 |
| 20 | 1,1335 | 227 | 2677 | 168 |
| 21 | 1,1408 | 240 | 2810 | 166 |

(1) Pour la baryte cristallisée Ba (OH)², 8H²O, multiplier par 1,84.

| Teneur pour cent<br><br>0/0<br><br>A | Densité<br>$D \dfrac{t^0}{4^0}$<br><br>B | Teneur par litre<br><br>Grammes<br><br>C | Conducti-vité<br><br>$\varkappa_{18°}$<br><br>D | Coefficient de tempé-rature<br>$\alpha$ (18°-22°)<br><br>E |
|---|---|---|---|---|
| **BaCl² Chlorure de baryum (1)**<br>$t = 18°$ | | | | |
| 5 | 1,0445 | 52,2 | 0,0389 | 0,0214 |
| 10 | 1,0939 | 109 | 0723 | 206 |
| 15 | 1,1473 | 172 | 1051 | 200 |
| 20 | 1,2047 | 241 | 1331 | 195 |
| 24 | 1,2559 | 301 | 1534 | 192 |
| **HCl Acide chlorhydrique**<br>$t = 15°$ | | | | |
| 5 | 1,0242 | 51,2 | 0,3948 | 0,0158 |
| 10 | 1,0490 | 105 | 6302 | 156 |
| 15 | 1,0744 | 161 | 7453 | 155 |
| 20 | 1,1004 | 220 | 7615 | 154 |
| 25 | 1,1262 | 282 | 7225 | 153 |
| 30 | 1,1524 | 346 | 6620 | 152 |
| 35 | 1,1775 | 412 | 5910 | 151 |
| 40 | 1,2007 | 480 | 5152 | — |
| **SO⁴H² Acide sulfurique**<br>$t = 18°$ | | | | |
| 5 | 1,0331 | 51,7 | 0,2085 | 0,0121 |
| 10 | 1,0673 | 107 | 3945 | 128 |
| 15 | 1,1036 | 166 | 5432 | 136 |
| 20 | 1,1414 | 228 | 6527 | 145 |
| 25 | 1,1807 | 295 | 7171 | 154 |
| 30 | 1,2267 | 366 | 7388 | 162 |
| 35 | 1,2625 | 442 | 7243 | 170 |
| 40 | 1,3056 | 522 | 6800 | 178 |
| 45 | 1,3508 | 608 | 6164 | 186 |
| 50 | 1,3984 | 699 | 5405 | 193 |

(1) Pour le sel cristallisé BaCl², 2H²O, multiplier par 1,17.

# CHAPITRE XIII

## ÉLABORATION DU CHLORE



### Nécessité de l'utilisation du chlore

Outre l'obligation de recueillir le chlore, facteur de l'équilibre économique et de lui trouver un emploi rémunérateur, il est nécessaire que sa condensation soit aussi complète que possible. Ses propriétés destructives sur la végétation sont en effet supérieures à celles de l'acide chlorhydrique et pour avoir une idée de celles-ci, il suffit d'en lire le détail dans l'ouvrage classique de Lunge et Naville (1) sur l'industrie de la soude.

La fabrication du chlore est placée dans la deuxième classe des établissements dangereux, insalubres ou incommodes, la fabrication du chlorure de chaux est placée également dans la deuxième classe, s'il s'agit d'une installation en grand et dans la troisième, si la production journalière est inférieure à 300 kilogs. La fabrication des hypochlorites alcalins rentre dans la deuxième classe et celle du chlorure de soufre dans la première.

Le travail dans ces différentes industries est interdit aux enfants au-dessous de 18 ans, aux filles mineures et aux femmes.

### Pureté du chlore électrolytique

Le chlore électrolytique renferme comme impuretés de l'oxygène et de l'anhydride carbonique provenant des réactions anodiques. Il peut renfermer également de l'air provenant de la mauvaise étanchéité de la canalisation.

Le dosage peut se faire avec un appareil d'Orsat en titrant le chlore au

---

(1) Lunge et Naville. *Traité de la fabrication de la soude*, t. 2, p. 206 ; 1879.

moyen d'une solution d'iodure de potassium ou de chlorure stanneux, puis l'anhydride carbonique au moyen de la potasse et finalement l'oxygène avec le phosphore ou le pyrogallate ; le résidu étant l'azote provenant des rentrées d'air.

L'anhydride carbonique est la plus gênante de ces impuretés surtout pour la fabrication du chlorure de chaux. D'après Moynot, le maximum admissible est de 100 cm³ de gaz carbonique par litre de chlore pur.

La séparation par voie chimique de l'anhydride carbonique et du chlore ne semble pas facile. Ferchland (1) a passé en revue les différentes méthodes que l'on peut employer, mais aucune d'elles ne donne de bons résultats. Il y a lieu de remarquer toutefois que dans le procédé Elektron auquel fait allusion Ferchland, la difficulté a été tournée par la substitution des anodes en magnétite à celles en charbon (p. 109), ce qui évite la formation de gaz carbonique.

En définitive le chlore électrolytique est à très haut titre, sa concentration atteint 90-95 p. 100, elle peut même être supérieure.

## Modifications des propriétés chimiques du chlore

La remarquable action de la lumière sur les propriétés chimiques du chlore a été observée presque en même temps que la découverte de cet élément. Des faits de même nature, provoqués sous l'influence de l'énergie électrique, ont été observés plus récemment.

C'est ainsi que, d'après Sinding-Larsen, le chlore électrolytique serait doué d'une énergie chimique plus forte que celle du chlore préparé par les procédés ordinaires, il agit alors sur la chaux comme le fait le fluor en donnant de l'oxygène :

$$Ca(OH)^2 + Cl^2 = CaCl^2 + H^2O + O.$$

On peut lui faire perdre cette propriété en le chauffant au rouge après l'avoir séché (2).

D'après Kellner (3) on augmente l'activité chimique du chlore en le soumettant à l'action d'un courant alternatif de haute tension et de grande fréquence, au moyen d'un appareil à ozone, par exemple ; le chlore ainsi traité, se prête mieux à la fabrication des liqueurs de blanchiment et des autres produits. Il réagit sur l'acide acétique à la lumière diffuse, tandis que la production de l'acide chloracétique, par action directe, n'a lieu qu'en présence dela lumière solaire.

(1) Ferchland, *Elektrochem. Zeitsch.*, t. XIII, p. 966 ; 1906.
(2) Sinding-Larsen, Brevet allemand n° 99.767 ; 1898.
(3) Kellner, Brevet allemand n° 69.789 ; 1892.

Russ (1) remarque également que l'action du chlore sur le benzène peut être influencée de la même façon. Enfin Kellner confirme ses remarques en ce qui concerne le Brome (2). MM. Briner et Durand (3) s'appuyant sur ces remarques ont cherché si ces changements de propriétés n'était pas le résultat d'une condensation analogue à la transformation de l'oxygène en ozone, mais leurs résultats ont été négatifs et il n'y a pas formation d'un polymère du chlore.

Les conditions dans lesquelles ils s'étaient placés étaient les suivantes (4) :

1° Le chlore employé avait été purifié par distillation fractionnée ;

2° L'appareil était maintenu à une température voisine du point d'ébullition du chlore de façon à séparer par condensation le polymère qui aurait pu se former ;

3° La pression dans l'appareil fut mesurée au moyen d'un manomètre à acide sulfurique lequel devait indiquer, avec une grande sensibilité, la formation d'un polymère du chlore.

Antérieurement Foster (5) avait montré que le chlore sec ne subit pas de modification sous l'influence des décharges électriques.

## Compression du chlore.

La manipulation du chlore est rendue possible en dépit de son affinité pour les métaux en raison de cette remarque revendiquée par Cutten (6) que l'attaque se produit du fait de l'humidité. Avec le chlore rigoureusement sec elle est tout à fait nulle pour le fer, le cuivre, le laiton, le bronze, le zinc, le plomb, etc.

On se sert à cet effet d'appareil avec piston liquide (acide sulfurique).

Le compresseur de Schütze se compose d'un monte-jus C et d'un corps de pompe E terminé par un tube arrivant à la base du monte-jus (fig. 66). Celui-ci étant plein d'acide sulfurique à 60° B., le liquide agit sur les deux flotteurs B et $B_1$, la soupape A reliée à une pompe ou à un compresseur d'air se trouve ainsi ouverte, G étant fermée et le liquide est refoulé en E. Le gaz se trouvant dans le récipient supérieur s'échappe par le tube F dont il a levé la soupape. Lorsque le corps de pompe E est plein de liquide, le monte-jus C se trouve vide, le flotteur B étant à sec ferme la soupape de compression A et ouvre la soupape de vidange G, l'air s'échappe


(1) Russ, *Monatshefte*, t. XXVI, p. 627 ; 1905.
(2) Kellner, *Zeitsch. f. Elektrochem.*, t. VIII, p. 560 ; 1902.
(3) Briner et Durand, *Zeitsch. f. Elektrochem.*, t. XIV, p. 766 ; 1908.
(4) E. Briner et E. Durand, *Zeitsch f. Elektrochem*, t. XIV, p. 788 ; 1908.
(5) Foster, *Berichte deutsch. chemisch. Ges.*, t. XXXVIII, p. 1781 ; 1905.
(6) Cutten, Brevet français n° 218.758 ; 1892.

et le liquide descend de E en C, le chlore est aspiré par H également muni
d'une soupape et remplit E. Le flotteur B n'est pas suffisamment puissant
pour faire le jeu des soupapes A et G et celles-ci ne fonctionnent que lorsque le flotteur B, ajoute son action à celle B.

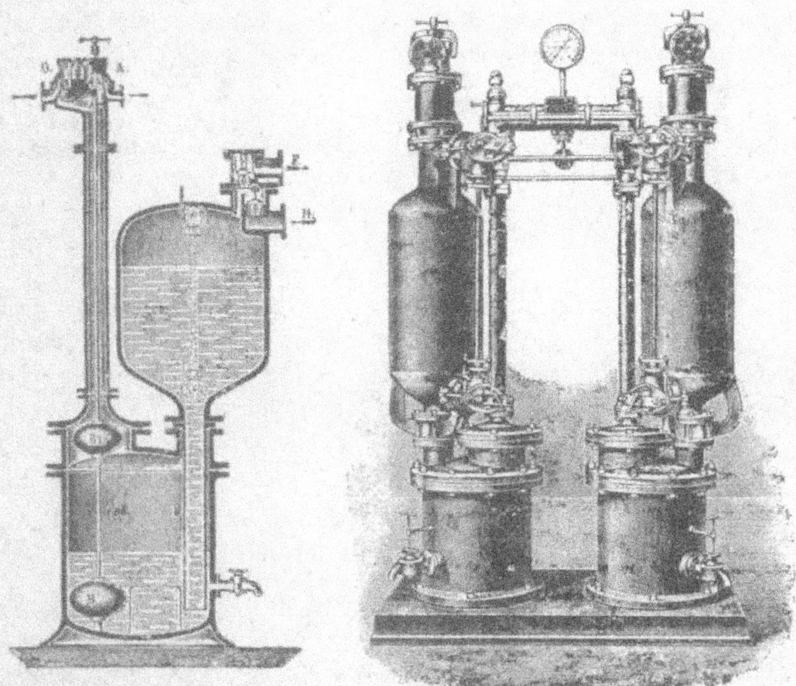

Fig. 66 et 67. — Compresseur à chlore (Schütze).

En jumelant deux compresseurs (fig. 67) on peut récupérer une partie
de l'air comprimé. On fait également des appareils à corps de pompe
multiples permettant de liquéfier de grandes quantités de chlore. On
arrive ainsi à manipuler jusqu'à 400 mètres cubes par heure.

## Chlore liquide.

Le chlore a été liquéfié en 1823 par Faraday (1), au moyen du procédé
devenu classique, consistant à chauffer dans la grosse branche d'un tube

(1) Faraday. *Philos. Trans. Royal Society*, p. 160 ; 1823.

en V des cristaux d'hydrate de chlore tandis que le gaz venait se condenser dans la branche de faible diamètre placée dans un mélange réfrigérant.

Melzens (1) substitua le charbon de bois saturé de chlore à l'hydrate.

Hannay (2) et Marx (3) brevetèrent des dispositifs permettant d'utiliser industriellement l'hydrate (Cl + 10,H²O = 28,3 p. 100 Cl).

Heinzerling (4) emploie directement la compression et le refroidissement du gaz.

Le premier résultat pratique dans la fabrication du chlore liquide (5) a été obtenu par la Badische Anilin- und Soda-Fabrik qui breveta un appareil intermittent et un appareil à marche continue.

Les deux appareils sont en forme d'U, le piston se déplace dans une des branches et le chlore se trouve comprimé dans l'autre.

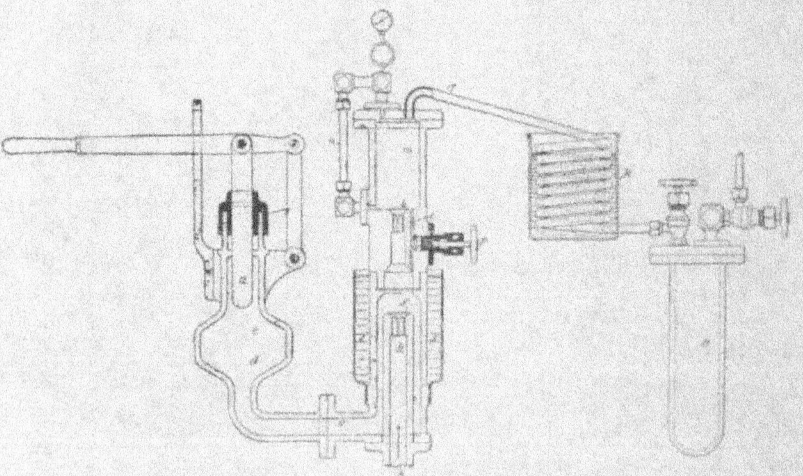

Fig. 68. — Appareil à liquéfier le chlore (Badische Anilin- und Soda-Fabrik).

Examinons simplement l'appareil continu (fig. 68). Dans la branche gauche se meut dans du pétrole $c$, le piston $a$ d'une pompe. Le pétrole est isolé par de l'acide sulfurique qui remplit tout le reste $d$, $e$, $f$, de l'appareil. A l'endroit qui correspond à la surface de contact des liquides, l'appareil est élargi afin d'amoindrir le déplacement vertical de la couche de séparation

(1) Melsens, *Comptes-rendus*, t. 77, p. 781, 1873.
(2) Hannay, Brevet français n° 197.279; 1889.
(3) Marx, Brevet français n° 249.048; 1896.
(4) Heinzerling, Brevet allemand n° 49.280; 1888.
(5) Badische Anilin- und Soda-Fabrik, Brevet français n° 192.253; 1888.

(non marquée sur le dessin, entre $c$ et $d$) et d'empêcher ainsi qu'il ne se produise des émulsions. Le côté droit $f$ communique avec l'espace $m$ par la soupape $k$ et par un canal $l$ qui se règle au moyen de la soupape $p$.

L'espace $m$ est pourvu d'un niveau à tube de cristal $n$ et de la conduite $o$ par laquelle le chlore comprimé débouche dans le réfrigérant $k$ et de là dans l'autoclave B. En $f$ se trouve une conduite $h$ terminée à la partie inférieure par une soupape. La branche $f$ est chauffée au bain-marie à une température de 50°-80°.

Lorsque le piston s'élève, le chlore est aspiré à travers $h$ ; il est refoulé en $m$ à travers la soupape $k$ lorsque le piston s'abaisse.

Pour peu qu'à ce moment il restât en $f$, ne fût-ce qu'une bulle de chlore, il en résulterait une diminution considérable du travail utile.

Il suffit, pour s'en rendre compte, de considérer que toute quantité de gaz n'ayant pas franchi la soupape $k$, au terme de la phase de compression, tendra à revenir à son volume primitif aussitôt que la faculté lui en sera donnée, c'est-à-dire dès que le piston $a$ reprendra son mouvement ascensionnel.

Comme le volume du chlore à la pression ordinaire équivaut à seize fois le volume du chlore comprimé, il en résulterait d'un tel état de choses que la quantité de chlore fraîchement aspiré en $f$, durant la nouvelle ascension du piston $a$, serait diminuée d'une quantité égale à seize fois le volume du chlore comprimé qui, au début de la phase de décompression, se serait encore trouvé en deçà de la soupape $k$.

Pour parer à une aussi grosse perte de travail utile, on a pourvu l'appareil d'un canal $l$, à travers lequel une faible quantité d'acide sulfurique passe de $m$ en $f$ à chaque décharge de pression. Il en résulte une aspiration de chlore un peu moindre, il est vrai, que celle qui correspondrait à la course totale du piston ; en revanche, lorsque celui-ci redescend, le gaz est intégralement refoulé en $m$ et avec lui une quantité d'acide sulfurique précisément égale à celle qui avait passé de $m$ en $f$ par l'ouverture $l$. Le réglage de la soupape $p$ s'effectue selon le niveau du liquide en $m$.

Le chlore comprimé se liquéfie dans un réfrigérant en cuivre K et se rend dans une bouteille en acier B pouvant contenir 50 ou 100 kilos de chlore.

Les soupapes et la robinetterie sont en bronze phosphoreux, les joints en plomb ou en amiante.

En raison de l'influence de l'humidité qui provoque immédiatement l'attaque des métaux, toutes les parties métalliques en contact avec l'air et l'acide sont protégées par une couche d'huile.

L'élimination des impuretés gazeuses se fait par un dispositif spécial à soupapes qui permet de les éloigner.

En France la liquéfaction du chlore fut réalisée dans l'usine Péchiney, à Salindres (Gard) et dès 1892 nous avons pu juger de la commodité de cette forme commerciale dans une série de recherches sur l'action du chlore sur les alcools (1). Pour l'emploi dans les laboratoires, l'appareil lui-même présente un certain inconvénient, c'est l'attaque du robinet du fait de l'humidité, attaque plus facile à éviter lorsque la vidange se fait d'un seul coup.

En Allemagne le chlore liquide est fabriqué par différentes usines notamment par la Salzbergwerke Neustassfurt à Zscherndorf près Bitterfeld (Saxe), par la Deutsche Solvay Werke à Bernburg (Saxe) qui le livrent au commerce et par la Badische Anilin- und Soda-Fabrik qui le prépare pour son usage personnel à Ludwigshafen. Le prix de revient est de 25 francs les 100 kilogrammes.

### Emmagasinage et transport du chlore liquide.

Les bouteilles en acier pour l'emmagasinage et le transport du chlore liquide sont munies de deux robinets permettant de prendre à volonté du gaz ou du liquide (2). Les soupapes sont en bronze ou mieux en métal delta. La pression est normalement de 5 à 7 kilogrammes.

Le chlore liquide bout à — 33°6 sous la pression de 760 mm., sa densité est de 1.4273 à 15° d'après Knietsch (3) qui a publié les densités et tension de vapeur à différentes températures (tableau XXXI) et a donné en outre un certain nombre de formules empiriques pour l'interpolation.

De nouvelles déterminations ont été faites par Lange (4). Les valeurs obtenues ne diffèrent sensiblement pas de celle de Knietsch.

Le transport du chlore liquide est autorisé sur les voies ferrées.

En France, il est classé dans la première catégorie du tarif général avec majoration de 25 0/0. Il forme, avec le gaz ammoniac liquéfié et l'oxychlorure de carbone liquéfié, une classe spéciale soumise aux conditions suivantes :

Art. 39. — Le chlore liquéfié n'est admis au transport que s'il est anhydre, c'est-à-dire complètement dépourvu d'eau.

Art. 40. — Le chlore liquéfié anhydre, le gaz ammoniac liquéfié et le phosgène ou oxychlorure de carbone liquéfié doivent être renfermés dans

(1) A. Brochet, *Thèse de la Faculté des sciences de Paris* ; 1896.
(2) R. Hasenclever, *Chemische industrie*, t. 16, p. 373 ; 1892.
(3) Knietsch, *Annalen Pharm. Chem.* (Liebig), t. CCLIX, p. 100 ; 1890.
(4) Lange, *Zeitsch. f. Angew. Chem.* t. 13, p. 683 ; 1900.

des récipients en fer forgé ou en acier doux recuit ; toutefois, le phosgène peut aussi être renfermé dans des récipients en cuivre.

## TABLEAU XXXI

*Tension de vapeur et poids spécifique du chlore liquide*

(Knietsch)

| Température | Tension de vapeur | Poids spécifique |
| --- | --- | --- |
| — 75 degrés | 88 mm. | 1,6490 |
| — 60 — | 210 — | 1,6167 |
| — 50 — | 350 — | 1,5945 |
| — 40 — | 560 — | 1,5728 |
| — 33,6 — | 760 — | 1,5575 |
| — 30 — | 1,20 atm. | 1,5485 |
| — 20 — | 1,84 — | 1,5230 |
| — 10 — | 2,63 — | 1,4965 |
| 0 — | 3,66 — | 1,4690 |
| + 5 — | 4,25 — | 1,4548 |
| 10 — | 4,95 — | 1,4405 |
| 15 — | 5,75 — | 1,4273 |
| 20 — | 6,62 — | 1,4148 |
| 25 — | 7,63 — | 1,3984 |
| 50 — | 14,70 — | 1,3170 |
| 80 — | 28,40 — | 1,2000 |

Les récipients seront soumis au préalable, aux frais de l'expéditeur, à une épreuve officielle constatant qu'ils supportent, sans fuite ni déformations permanentes, une pression fixée ;

Pour le gaz ammoniac, à 100 kilogrammes ;

Pour le chlore, à 50 kilogrammes ;

Pour le phosgène, à 30 kilogrammes.

Cette épreuve sera renouvelée tous les trois ans pour le gaz ammoniac et tous les ans pour le chlore et le phosgène.

Chaque récipient portera une marque officielle placée à un endroit bien apparent, indiquant :

1° Le poids du récipient vide ;

2° La charge en kilogrammes qu'il peut contenir et qui doit être limitée :

Pour le gaz ammoniac, à 1 kilogramme de liquide par 1 l. 86. de capacité ;

Pour le chlore, à 1 kilogramme de liquide par 0 l. 9 de capacité ;

Pour le phosgène, à 1 kilogramme de liquide par 0 l. 8 de capacité ;

3° La date de la dernière épreuve.

Toutes ces indications devront être poinçonnées par l'agent qui aura procédé à l'épreuve des récipients.

Les soupapes ou robinets devront être protégés par des chapes ou couvercles en métal, vissés sur les récipients.

Quand ils seront chargés en vrac, les récipients devront être peints en blanc. Ils seront confectionnés de façon à ne pouvoir rouler ou pourvus d'une garniture extérieure remplissant ce but.

Pour les chargements par wagons complets, les récipients ne seront astreints à aucun emballage dans des caisses ou autres enveloppes et pourront être chargés nus. Pour les expéditions partielles, ils seront emballés dans des caisses, solidement et de telle façon que les timbres officiels d'épreuves puissent être facilement découverts.

Le transport international est réglé par la convention du 14 octobre 1890 complétée par les conventions additionnelles des 16 juillet 1895 et 16 juin 1898. L'article XLIV des prescriptions relatives aux objets admis au transport sous certaines conditions correspond, à la forme près, aux conditions ci-dessus énumérées pour le transport en France.

En Allemagne (1) les récipients à chlore liquide sont essayés seulement à la pression de 22 kilogrammes. Ils ne doivent subir aucune déformation à cette pression qui correspond à la tension de vapeur du chlore liquide à 69°. Le volume utile doit être d'au moins 800 centimètres cubes par kilogramme.

Comme, d'autre part, d'après les expériences de Knietsch et celles de Lange, le fer n'est rigoureusement pas attaqué avant 90°, les causes d'accident paraissent complètement éliminées.

En Allemagne le transport du chlore liquide représentait plus de mille tonnes en 1905 (2). Depuis cette époque le transport en wagons-citernes (fig. 69) a été autorisé. Chaque appareil est muni d'un thermomètre et de deux manomètres ; en outre un avertisseur électrique prévient si la pression dépasse 7 kilogrammes 1/2. Les soupapes réunies sous un dôme D sont au nombre de trois, une $b$ pour le gaz et deux $a$, communiquant par un tube avec le fond de la citerne, pour le liquide. Une double enveloppe E protège le réservoir contre l'action du soleil.

Le transvasement du chlore liquide de la citerne dans un réservoir, se fait de la façon suivante (3) : La soupape à gaz et une des soupapes à liquide du wagon sont mises en relation avec les soupapes correspondantes du réservoir B au moyen des tubes de cuivre I et II.

Le chlore gazeux est extrait du réservoir B pour l'utilisation par la

(1) R. Teichmann, *Komprimirte et Verflüssigte Gase*, 1908.
(2) *Chemische Industrie*, t. 28, p. 698 ; 1905.
(3) *Chemische Industrie*, t. 30, p. 330 ; 1907.

soupape *f* et le tube IV, il en résulte un refroidissement et par conséquent une diminution de pression dans ce réservoir. En ouvrant les soupapes *a* et *c* le chlore s'écoule de A en B du fait de la différence de pression et le siphon *ac* se trouve amorcé. On peut ouvrir alors les soupapes à gaz *a* et *d*, l'équilibre s'établit par le tube *bd* et le siphon fonctionne normalement.

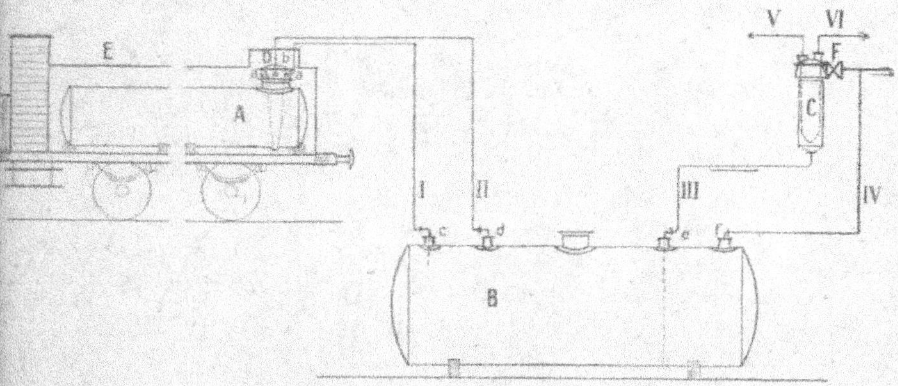


Fig. 69. — Vagon à transporter le chlore liquide. — Transvasement dans un réservoir.

Pour l'utilisation du chlore du récipient B, on n'extrait pas le gaz, sauf le cas précité, en raison de l'inconvénient dû au refroidissement et à la diminution de pression qui en résulte. On ouvre la soupape à liquide *e* et le chlore arrive dans un réchauffeur C, alimenté par un courant de vapeur, dans lequel il se gazéifie. Le courant gazeux est réglé par la soupape F.

Les tubes V et VI servent à l'arrivée de la vapeur et au départ de l'eau condensée dans le réchauffeur.

## Hydrate de chlore.

Lorsqu'on électrolyse, sans diaphragme, une solution de chlorure alcalin en employant comme anode une capsule de platine placée dans un mélange réfrigérant avec une densité de courant de 4 à 5 ampères par décimètre carré, il se forme des cristaux d'hydrate de chlore (1) $(Cl + 10H^2O)$.

La préparation de l'hydrate de chlore avait été indiquée par Bickel en utilisant un électrolyseur à diaphragme maintenu vers — 5°. Le produit

(1) Fœrster, E. Müller et F. Jorre, *Zeitsch. f. Elektrochem.*, t. 6, p. 15 ; 1899.

obtenu permet de faire par dissolution dans les alcalis de l'hypochlorite à haut titre (1).

Remarquons à ce sujet que l'appareil est tout aussi compliqué que pour obtenir du chlore gazeux et que la dépense en énergie électrique est beaucoup plus considérable, puisque la tension aux bornes est plus élevée à froid, du fait de la conductibilité plus faible de la solution. L'énergie électrique transformée en énergie calorifique sera plus considérable et, de ce fait, le coût de la réfrigération assez onéreux.

L'idée semblait donc peu intéressante au point de vue pratique, elle ne paraît d'ailleurs jamais avoir été réalisée industriellement.

### Chlorure de chaux

L'utilisation première du chlore a été la fabrication du chlorure de chaux. Ce produit, comme on sait, s'obtient d'une façon très simple en faisant passer le chlore sur de la chaux éteinte. Aux anciennes chambres à chlore en maçonnerie, en bois, en plomb, demandant une main-d'œuvre assez élevée et un travail très pénible, on a substitué dans un certain nombre d'usines l'appareil Hasenclever dans lequel la circulation de la chaux se fait automatiquement et méthodiquement en sens inverse du courant de chlore (fig. 70).

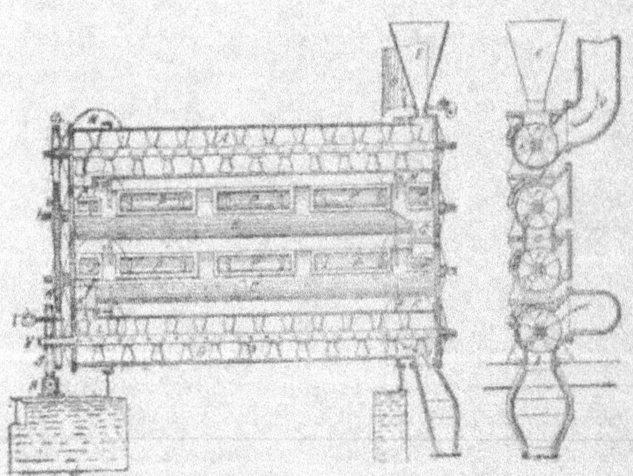

Fig. 70. — Appareil Hasenclever pour la fabrication du chlorure de chaux.

Il se compose de cylindres horizontaux superposés A, B, C, D dans lesquels tournent des arbres portant des palettes disposées en hélice ; ces

(1) J.-M. Bickel et Cᵉ. Pli cacheté déposé à la Société industrielle de Mulhouse le 25 mai 1898, ouvert dans la séance du 1ᵉʳ juillet 1908.

arbres sont actionnés par des roues dentées UUU. La chaux est chargée par la trémie E ; elle tombe dans le cylindre A, le parcourt de droite à gauche ; elle est déchargée dans le cylindre B dont l'arbre tourne en sens inverse ; va de gauche à droite, tombe dans le cylindre C, puis D, et finalement le chlorure de chaux arrive dans le tonneau d'expédition. Le chlore suit le chemin inverse, il entre en V et sort en O.

Pour combattre l'élévation de température les cylindres sont quelquefois munis d'une double enveloppe dans laquelle circule un courant d'eau.

Le titre du chlorure de chaux et des hypochlorites alcalins s'exprime en degrés chlorométriques ou de Gay-Lussac, qui indiquent le nombre de litres de chlore actif à 0° et 760 mm. auquel correspond un kilogramme du produit.

Un chlorure de chaux de titre 100 renfermera donc par kilogramme : $100 \times 2,49 \times 1,293 = 322$ gr., soit 32,2 p. 100 de chlore.

Les chlorures de chaux du commerce renferment de 35 à 37 p. 100 de chlore, ce qui correspond à 110°-115° G.-L., la limite correspondant à 121° G.-L., soit 39 p. 100 de chlore.

On admet que la chloruration n'est pas poussée à fond de façon à laisser un excès de chaux libre pour assurer la conservation. Cependant si par analogie avec ce qui se passe avec les alcalis on formule la réaction :

$$2\,Ca(OH)^2 + 2\,Cl^2 = CaCl^2 + Ca \begin{matrix} OCl \\ OCl \end{matrix} + 2\,H^2O$$

ou mieux

$$3\,Ca(OH)^2 + 2\,Cl^2 = 2\,Ca \begin{matrix} Cl \\ OCl \end{matrix} + 2\,H^2O$$

puisque le chlorure de calcium ne semble pas indépendant, on arrive à un titre beaucoup plus élevé que celui indiqué. En réalité, il se forme avec la chaux en excès une série complexe de composés basiques se produisant dans différentes conditions et dont le plus simple serait :

$$CaO,\ Ca \begin{matrix} Cl \\ OCl, \end{matrix}\ H^2O.$$

Ce produit renferme théoriquement 35,3 p. 100 de chlorure actif ; anhydre, il en contient 38,7 p. 100. Dans certains cas, ce produit pourrait se dissocier et donner sous l'action du chlore des produits moins basiques,

par conséquent plus riche et tendant vers $Ca \begin{matrix} Cl \\ OCl \end{matrix}$ plus ou moins hydraté.

Un travail très complet donnant la bibliographie de la question a été publié par H. Ditz (1).

La présence de l'anhydride carbonique dans les gaz a pour effet d'abaisser le titre du produit obtenu, ce qui peut le rendre invendable ou tout au moins amener une dépréciation considérable, d'où la mauvaise réputation de certains chlorures de chaux fabriqués au début avec le chlore électrolytique. Cependant on arrive à tourner cette difficulté qui se présentait également dans la fabrication du chlore par voie chimique. Le chlore attaquant plus rapidement la chaux que l'anhydride carbonique, celui-ci se concentre dans les dernières portions, mais on contrebalance son action en diluant les gaz avec de l'air.

L'anhydride carbonique agit sur le chlorure de chaux en mettant l'acide hypochloreux en liberté, celui-ci se transforme en acide chlorique, qui décompose encore plus énergiquement le chlorure de chaux, mais en raison de la basicité du produit l'effet va en s'atténuant (2).

La préparation du chlorure de chaux en solution semblait jusqu'à ces derniers temps de peu d'intérêt, principalement en ce qui concerne les usines éloignées des centres de consommation. On avait observé, en effet, que lorsque l'on arrivait à une densité de 1,14 correspondant à une teneur de 63-66 grammes par litre de chlore actif (20-21 degrés chlorométriques) la teneur en chlore actif de la solution n'augmentait plus, tandis que la proportion de chlorure se mettait à croître ; on en avait conclu à la formation de chlorate (3). Il y avait là une erreur d'observation, il se produit, en effet, des composés insolubles de la forme :

$$Ca(OCl)^2, n\ Ca(OH)^2$$

dont deux paraissant répondre aux formules :

$$Ca(OCl)^2, 2\ Ca(OH)^2$$
$$et\ Ca(OCl)^2, 4\ Ca(OH)^2$$

ont été isolés.

(1) H. Ditz, *Zeitsch. f. angew. Chem.*, pp. 3, 26, 49 et 105 ; 1901, et p. 749 ; 1902.

(2) On peut se rendre facilement compte de cette action par analogie avec les hypochlorites alcalins. Si l'on fait arriver dans une solution concentrée d'hypochlorite de sodium un courant rapide de gaz carbonique, celui-ci est absorbé intégralement, quelle que soit la vitesse du courant gazeux, et il se dépose un précipité de carbonate ou bicarbonate de sodium ; puis, spontanément, la masse s'échauffe et il se produit une effervescence énergique, projetant le liquide hors du flacon. Cette effervescence est due à la transformation rapide de l'acide hypochloreux en acide chlorique qui décompose à son tour le carbonate formé.

Ce mode opératoire est cependant indiqué dans quelques ouvrages classiques comme procédé de préparation de l'acide hypochloreux. Il se rapportait peut-être aux solutions étendues d'hypochlorite que l'on faisait autrefois, de sorte que l'acide dilué se conservait suffisamment pour étudier ses réactions ou le séparer par distillation.

(3) Lunge et Naville, *Fabrication de la soude*, t. III, p. 457.

Il en résultait que la teneur de la solution en chlore actif restait constante tandis que celle en chlorure de calcium continuait à croître.

En poussant plus loin l'action du chlore, ces produits se dissolvent à nouveau et l'on peut arriver à des solutions très riches en hypochlorite et ne renfermant qu'une quantité très faible de chlorate. L'hypochlorite $Ca(OCl)^2$ finit même par précipiter à l'état cristallin et cette précipitation peut être favorisée par l'addition de chlorure de calcium. Le produit rincé, essoré, séché, se conserve parfaitement (1).

Si ce produit répond bien à la formule $Ca(OCl)^2$ (poids moléculaire 143) il doit être équivalent, au point de vue du pouvoir blanchissant, à son poids de chlore actif puisqu'il correspond à deux molécules de chlore $(2\ Cl^2 = 142)$.

L'hypochlorite de calcium hydraté $Ca(OCl)^2, 4H^2O$ a été obtenu par Kingzett (2) en 1875 mais son existence était regardée comme incertaine et donna lieu à une longue polémique (3 et 4).

## Hypochlorites alcalins

L'électrolyse des chlorures alcalins ne permet pas d'obtenir des solutions concentrées d'hypochlorite. Celui-ci est en effet oxydé à l'anode en donnant du chlorate (p. 62), il est en outre réduit à la cathode en donnant du chlorure. Cette dernière réaction peut être évitée par l'addition de chromate (5), elle permet ainsi d'arriver à un titre un peu plus élevé en hypochlorite (6) sans cependant que le produit obtenu ait une valeur commerciale.

Si l'on veut faire de l'hypochlorite concentré, il faut donc faire d'une part de la soude caustique, la concentrer, et sur cette soude faire agir le chlore comme dans les procédés chimiques ordinaires.

## Tétrachlorure de carbone

On a pensé utiliser le chlore à la fabrication de dérivés chlorés pouvant être employés comme succédanés du sulfure de carbone et des autres solvants sur lesquels ils présentent le grand avantage d'être ininflammables ; mais, comme le sulfure de carbure, ces produits ont l'inconvénient d'être relativement dense. On a pu en préparer ainsi tout une gamme à point d'ébullition croissant d'une façon régulière (tableau XXXII, p. 203).

(1) Chemische Fabrik Griesheim-Elektron, Brevet français n° 376.845 ; 1907.
(2) Kingzett, *Journ. Chem. Soc.*, t. XXVIII, p. 404 ; 1875.
(3) Kingzett, *Chem. News*, t. XLIII, p. 25, 59 et 107 ; 1881 et t. XLVI, p. 129 ; 1882.
(4) Lunge, *Chem. News*, t. XLIII, p. 1, 46 et 81 ; 1881 et t. XLVI, p. 148 ; 1882.
(5) E. Muller, *Zeitsch. f. Elektrochem.*, t. V, p. 469 ; 1899.
(6) A. Brochet, *Bull. Soc. Chim.*, 3ᵉ série, t. XXIII, p. 193 ; 1900.

Le produit auquel on s'est adressé de prime abord est le tétrachlorure de carbone découvert par Regnault (1) dans l'action du chlore sur le chloroforme, puis par Dumas (2) en faisant réagir le chlore sur le méthane. Il renferme, comme nous l'avons dit, 92,2 p. 100, de son poids de chlore.

On l'obtient par réaction du chlore sur le sulfure de carbone. Kolbe (3), le premier, le prépara de cette façon en faisant passer le mélange dans un tube chauffé au rouge vif :

$$CS^2 + 6\,Cl = CCl^6 + S^2Cl^2$$

Malheureusement le phénomène est beaucoup plus complexe et un certain nombre de réactions se passent à côté ; c'est ainsi que par défaut de chlore il peut se former du soufre :

$$CS^2 + 4\,Cl = CCl^4 + S^2$$

Le soufre peut à son tour réagir sur le tétrachlorure pour donner chlorure de soufre, chlorosulfure, etc. Au-dessus de 220° on a (4) :

$$CCl^4 + S^6 = CS^2 + 2\,S^2Cl^2$$

au-dessus de 130° (5) :

$$CCl^4 + S^2 = CSCl^2 + S^2Cl^2$$

De même au rouge le tétrachlorure de carbone peut se décomposer pour donner de l'hexachloréthane :

$$2\,CCl^4 = C^2Cl^6 + Cl^2$$

Il peut se former également de l'éthylène tétrachloré qui, cependant, fixe facilement le chlore pour repasser à l'état d'hexachloréthane :

$$2\,CCl^4 = C^2Cl^4 + 2\,Cl^2$$

On voit donc qu'un certain nombre de ces réactions sont réversibles, et la présence de chlorosulfures de carbone vient encore compliquer la question.

Pour compléter ces réactions du tétrachlorure de carbone, il y a lieu d'ajouter qu'il attaque à haute température certains oxydes métalliques pour les transformer en chlorure (6) et que déjà à 120° il est décomposé par le cuivre en poudre avec formation d'hexachloréthane (7-8).

En raison de ces réactions secondaires, les modes de préparation à haute température n'avaient pu être utilisées industriellement.

(1) Regnault, *Annales Chim. Phys.*, t. LXXI, p. 353 ; 1839.
(2) Dumas, *Annales Chim. Phys.*, t. LXXIII, p. 73 ; 1840.
(3) Kolbe, *Annalen Pharm. Chem.* (Liebig), t. XLV, p. 41 ; 1843, et t. LIV, p. 146 ; 1845.
(4) Klason, *Berichte deutsch. Chem. Gesells.*, t. XX, p. 2383 ; 1887.
(5) Gustavson, *Berichte deutsch. Chem. Gesells.*, t. III p. 989 ; 1870.
(6) L. Meyer, *Berichte deutsch. Chem. Gesells.*, t. XX, p. 682 ; 1887.
(7) Goldschmidt, *Berichte deutsch. Chem. Gesells.*, t. XIV, p. 928 ; 1881.
(8) Radsiszewski, *Berichte deutsch. Chem. Gesells.*, t. XVII, p. 834 ; 1884.

Un procédé original a cependant été proposé par Combes (1); on sait que le chlore ne réagit pas, au rouge, sur le charbon de bois, c'est même un moyen de purification de ce corps; mais si le chlore entraîne du chlorure de soufre, il se forme par l'intermédiaire de ce produit, du tétrachlorure de carbone que l'on retrouve à la sortie mélangé au produit primitif. Les deux produits peuvent être séparés au moyen d'un réfrigérant maintenu vers 100°-120° qui condense le chlorure de soufre que l'on renvoie à l'appareil.

Remarquons que parmi les produits qui peuvent se former à chaud les chlorosulfures ne sont pas un obstacle puisque l'on peut les détruire comme dans l'opération à basse température.

L'action directe du chlore sur le charbon a été également proposée en utilisant un four électrique. La formation du tétrachlorure semble dans ces conditions problématique, sauf le cas où précisément certaines impuretés, tel le soufre par exemple, pourraient jouer le rôle de substance catalytique comme dans le procédé Combes.

En opérant à basse température, on évite une série des réactions secondaires ; celles dues à la dissociation du tétrachlorure. La réaction se produit par simple barbotage du chlore dans le sulfure de carbone mais elle est très lente.

Rathke (2), l'active en ajoutant de l'iode. Hofmann (3), du chlorure d'antimoine, Mouneyrat (4) emploie le chlorure d'aluminium (2 p. 100) et obtient ainsi au laboratoire le tétrachlorure sans chlorosulfure, la réaction va même jusqu'à la mise en liberté du soufre, mais celle-ci n'est pas intégrale. Elle le devient en présence de limaille de fer, de sorte que l'on peut ainsi faire réagir sur le sulfure de carbone, directement le chlorure de soufre (5) :

$$CS^2 + 2 Cl^2S^2 = CCl^4 + 6 S,$$

ce qui a permis l'emploi de gaz pauvres en chlore, tels ceux du procédé Deacon (6).

Urbain (7) opère d'ailleurs en deux temps ; il fait d'abord réagir le chlore en présence de chlorure d'aluminium, puis traite le mélange par de la limaille de fer. Le tétrachlorure est distillé, puis rectifié sous l'eau pour détruire le chlorure de soufre entraîné.

(1) C. Combes, Brevet français n° 312.046 ; 1901.
(1) J. Maywald, Brevet américain n° 870.518 ; 1907.
(2) Rathke, *Annalen Pharm. Chem.* (Liebig), t. CLXVII, p. 195 ; 1873.
(3) Hofman, *Annalen Pharm. Chem.* (Liebig), t. CXV, p. 264 ; 1860.
(4) Mouneyrat, *Bull. Soc. Chim.*, 3e série, t. XIX, p. 262 ; 1898.
(5) Muller et Dubois, Brevet français n° 231.302 ; 1893.
(6) Urbain, Brevet français n° 310.358 ; 1901.
(7) Urbain, Brevet français n° 308.316 ; 1901.

Côte et Pierron (1) opèrent également en deux temps un peu au-dessus du point d'ébullition du chlorure de soufre, en faisant passer le mélange gazeux sur du coke servant simplement de support au chlorure manganeux agissant comme catalyseur. Il y a formation de tétrachlorure et de composés du soufre, chlorure et autres qui sont détruits dans un second appareil renfermant comme catalyseur du sulfure de fer imprégnant du coke, comme dans la première partie du traitement.

Le mélange est fractionné et le tétrachlorure est débarrassé des traces de chlorures de soufre par un lavage en solution alcaline et distillation sous l'eau (2).

Le soufre isolé est envoyé dans un appareil à sulfure de carbone consistant essentiellement en un four électrique.

D'après M. Côte, en effet, les méthodes électrolytiques pour la fabrication des alcalis, si perfectionnées qu'elles soient, doivent, pour permettre à une usine de travailler dans des conditions viables, être établies en pays de montagne et la fabrication du tétrachlorure est le complément nécessaire de cette usine. Comme le charbon coûte cher et que le rendement thermique n'est que de 12,5 p. 100 au maximum, on a tout intérêt à utiliser l'énergie électrique bon marché et dont le rendement thermique peut atteindre 50 p. 100 (3).

On avait fondé, comme nous l'avons également fait remarquer au début, les plus grandes espérances sur la fabrication du tétrachlorure comme éliminatoire du chlore, malheureusement, outre l'inconvénient commun à tous les solvants chlorés d'avoir une forte densité, il présente celui de se décomposer légèrement en présence de l'humidité et d'attaquer les métaux tels que le fer et le cuivre, ce qui nécessite des appareils à revêtement de plomb qui sont, il est vrai, usuels dans l'industrie à l'époque actuelle, mais augmentent de ce fait les frais d'installation ou de transformation du matériel.

Pour ces raisons on n'a plus affaire à l'action d'un solvant rigoureusement neutre, ce qui présente certains inconvénients et limite l'emploi du produit.

Les premiers essais faits à Marseille pour l'application du tétrachlorure de carbone à l'épuisement des tourteaux de graines oléagineuses donnèrent de mauvais résultats au point de vue économique et au point de vue de l'attaque des appareils. Côte admet que cela était dû d'une part aux impuretés du produit employé, d'autre part à l'utilisation d'appareils non destinés spécialement à l'usage de ce solvant ; des essais faits dans le Nord sur

(1) Côte et Pierron, Brevet français n° 346.974 ; 1902.
(2) Côte, Brevet français n° 357.781 ; 1905.
(3) Côte, *Moniteur Scientifique*, 4ᵉ série, t. XXII, p. 677 ; 1908.

l'épuisement des tourteaux et des grignons, des os et cretons, des laines et cotons en nature ou en déchets ayant donné des résultats concluants au triple point de vue de l'économie d'emploi, de la qualité des huiles et graisses extraites et des produits résiduaires, enfin de la bonne conservation des appareils (1).

Avec le tétrachlorure séché sur du chlorure de calcium, l'attaque de la fonte est très faible, de même que la quantité de fer en solution et l'action va en diminuant si on répète l'opération à plusieurs reprises. Au contraire avec le tétrachlorure saturé d'eau ou en renfermant un excès, l'attaque est plus énergique et elle se maintient constante si on renouvelle l'opération (2).

D'après la Chemische Fabrik Griesheim-Elektron les frais plus élevés provenant de la substitution du tétrachlorure de carbone dans le dégraissage de certaines substances et particulièrement des os, sont compensés d'une part, par la diminution des primes d'incendie (3), d'autre part par la meilleure qualité des graisses obtenues, fait qui est, il est vrai, controversé, la glycérine provenant de la saponification des graisses ainsi régénérées, renfermant une dose plus élevée de cendres (4), lesquelles proviendraient du fer contenu dans les matières traitées (5).

Parmi les autres emplois du tétrachlorure, il y a lieu de citer également l'industrie des vernis, l'extraction des corps gras des substances de toute nature et notamment des argiles ayant servi au blanchiment des huiles, vaselines, cérésines (6), etc.

Un autre point à faire ressortir est l'action physiologique du tétrachlorure de carbone. Comme le chloroforme il jouit de propriétés anesthésiques, la benzine également; mais, l'action toxique de cette dernière est plus marquée; 70-130 mgr. de tétrachlorure donnant les mêmes résultats que 30-80 mgr. de benzine. D'autre part, la benzine provenant du goudron de houille est beaucoup plus toxique que celle qui provient des pétroles. On sait d'ailleurs que les termes benzol, benzine, se rapportent à des produits de composition assez irrégulière. Aussi les recherches entreprises sur ces produits sont-elles assez souvent contradictoires.

En ce qui concerne d'une façon générale les propriétés et les applications du tétrachlorure de carbone, il y a lieu de faire observer que dans les applications de tout nouveau corps, il faut le voir à l'œuvre pour se faire

(1) Côte (loc. cit.).
(2) A. Bolis, *Chemiker Zeitung*, t. 30, p. 1117 ; 1906.
(3) *Chemische Fabrik Griesheim-Elektron, Chem. Zeit.*, t. 31, p. 326 ; 1907.
(4) *Seifensiederzeitung*, t. 34, p. 1209 ; 1908.
(5) *Chemische Fabrik Griesheim-Elektron, Seifensiederzeitung*, t. 35, p. 40 ; 1908.
(6) *Chemische Fabrik Griesheim-Elektron, Chemische Industrie*, t. 29, p. 231 ; 1906.

sans parti pris une opinion et ce n'est au bout d'un temps, quelquefois assez long, que les inconvénients se font sentir, en même temps que l'on trouve souvent des applications les plus inattendues.

### Autres solvants chlorés

Nous signalerons en premier lieu le chloroforme dont la fabrication est réalisée par l'intermédiaire du chlorure de chaux que l'on fait réagir sur l'alcool ou l'acétone.

Les autres produits figurant dans le tableau XXXII ont été lancés industriellement par le « Consortium für Elektrochemische Industrie » de Nuremberg.

Le point de départ est l'acétylène qui réagit sur le pentachlorure d'antimoine pour donner un produit d'addition, isolé par Berthelot et Jungfleisch, $C^2H^2$, $SbCl^5$ (1).

Ce produit cristallisé et fondant vers 30° donne par distillation le dichloréthylène : CHCl:CHCl.

$$C^2H^2, SbCl^5 = C^2H^2Cl^2 + SbCl^3$$

Chauffé en présence d'un excès de perchlorure d'antimoine, il donne du tétrachlorure d'acétylène :

$$C^2H^2, SbCl^5 + SbCl^5 = CHCl^2 . CHCl^2 + 2 SbCl^3$$

Si on fait réagir directement le chlore sur l'acétylène, l'action est très énergique et l'acétylène est détruit avec flamme et formation de noir de fumée.

Pour faire le tétrachlorure d'acétylène Mouneyrat propose de faire arriver le chlore et l'acétylène dans du bichlorure d'éthylène, $CH^2Cl:CH^2Cl$, en présence de chlorure d'aluminium (2).

La combinaison se fait facilement en même temps que le bichlorure d'éthylène se transforme lui-même en tétrachlorure d'acétylène.

Le même auteur fait d'ailleurs remarquer que la combinaison directe du chlore et de l'acétylène a lieu sans explosion et sans formation de noir de fumée si le mélange gazeux ne renferme pas trace d'oxygène (3). D'autre part l'action du chlore peut aller jusqu'à l'hexachloréthane $C^2Cl^6$.

(1) Berthelot et Jungfleisch, *Comptes Rendus*, t. LXIX, p. 542; 1869.
(2) Mouneyrat, *Bull. Soc. Chim.*, 3e série, t. XIX, p. 452; 1898.
(3) Mouneyrat, *Bull. Soc. Chim.*, 3e série, t. XIX, p. 371; 1898.

## TABLEAU XXXII

*Solvants chlorés*

| | | Point d'ébullition | Densité | Chlore | | Acétylène pour cent |
| --- | --- | --- | --- | --- | --- | --- |
| | | | | du produit pour cent | retiré pour cent | |
| Dichloréthylène | $C^2H^2Cl^2$ | 55° | 1,27 | 73,2 | — | 26,8 |
| Chloroforme | $CHCl^3$ | 61° | 1,53 | 89,1 | — | — |
| Tétrachlorure de carbone | $CCl^4$ | 78° | 1,63 | 92,2 | — | — |
| Trichloréthylène | $C^2HCl^3$ | 88° | 1,47 | 80,9 | 27,0 | 19,8 |
| Tétrachloréthylène | $C^2Cl^4$ | 121° | 1,62 | 85,5 | 42,8 | 15,7 |
| Tétrachloréthane ou chlorure d'acétylène | $C^2H^2Cl^4$ | 147° | 1,60 | 84,5 | — | 15,5 |
| Pentachloréthane | $C^2HCl^5$ | 159° | 1,70 | 87,7 | 17,5 | 12,8 |
| Hexachloréthane | $C^2Cl^6$ | Solide | — | 89,8 | 30,6 | 11,0 |

On voit d'après cela que le plus simple serait de se servir du produit lui-même comme diluant en y faisant arriver un courant de chlore et un courant d'acétylène et faisant la vidange régulière de l'appareil.

Thompkins (1) et le Consortium für elektrochemische Industrie (2) prépare le tétrachlorure d'acétylène en saturant le chlorure d'antimoine avec de l'acétylène, faisant ensuite arriver un courant de chlore qui donne du tétrachlorure d'acétylène et régénère le pentachlorure d'antimoine, puis un courant d'acétylène et ainsi de suite.

Il reste finalement un produit très riche en composé organique. On peut en séparer le chlorure d'antimoine soit en le traitant par l'eau et l'acide chlorhydrique, soit par distillation.

Le tétrachlorure d'acétylène traité par la potasse alcoolique donne le trichloréthylène $CHCl:CCl^2$. La même réaction se produit en remplaçant la potasse alcoolique par la chaux sodée ou simplement la chaux (3).

Le trichloréthylène fixe à son tour du chlore pour donner le pentachloréthane :

$$CHCl^2.CCl^3$$

lequel traité par la chaux donne le tétrachloréthylène :

$$CCl^2:CCl^2$$

que l'on obtient également en chauffant le pentachloréthane vers 100°, simplement en présence de chlorure d'aluminium anhydre. Il se dégage de l'acide chlorhydrique (4).

Le tétrachloréthylène peut également fixer le chlore pour donner l'hexachloréthane, produit solide, à odeur camphrée, fondant à 160°.

Le tétrachlorure d'acétylène attaque énergiquement les métaux en donnant de l'éthylène dichloré. L'action très nette a permis d'établir un mode de préparation de ce produit plus simple que celui indiqué plus haut (5).

Il suffit en effet de chauffer vers 60° un mélange d'acétylène tétrachloré et d'eau auquel on ajoute de la poussière de zinc. La réaction est très vive :

$$CHCl^2.CHCl^2 + Zn = CHCl:CHCl + ZnCl^2$$

Le zinc peut être récupéré par électrolyse sous forme spongieuse et se prête ainsi directement à un nouveau traitement. L'action sur le fer est vive, elle doit être réalisée dans un autoclave garni de plomb entre 120 et 150°.

Le point de départ de ces différents solvants est donc l'acétylène. Ce gaz est d'un prix assez élevé, aussi ne peut-il entrer dans la fabrication de pro-

(1) Tompkins H, Brevet anglais n° 19.568 ; 1904.
(2) Consortium für elektrochemische Industrie, Brevet français n° 346.562 ; 1904.
(3) Consortium für elektrochemische Industrie, Brevet allemand n° 171.900 ; 1905.
(4) Mouneyrat, *Bull. Soc. Chim.*, 3e série. t. XIX, p. 132 ; 1898.
(5) Consortium für elektrochemische Industrie, Brevet français n° 381.430 ; 1907.

duits dont ses constituants forment la masse principale. Ce n'est pas actuellement le cas. Nous donnons dans le tableau XXXII, la proportion d'acétylène nécessaire pour faire 100 parties de produit et, à côté de la teneur en chlore de chaque composé, la quantité de chlore éliminée au cours des opérations et rejetée finalement sous forme de chlorure de calcium.

Les trois dérivés de l'éthylène sont des carbures incomplets qui se reconnaissent facilement des autres en les agitant avec de l'eau de brome qui se trouve décolorée. Ils sont indifférents en présence d'eau vis-à-vis du fer, du cuivre, du plomb, du zinc et vis-à-vis des corps gras (1). Cependant ce point est discuté par la Chemische Fabrik Griesheim-Elektron (2). Le Consortium fait alors remarquer que si, en effet, le trichloréthylène, n'est pas stable en présence d'alcalis concentrés et donne du dichloracétylène, il est tout à fait inattaqué en présence d'alcalis étendus (3).

Comme propriétés particulières, le tétrachloréthane dissout l'acétate de cellulose, ce qui peut être le point de départ d'applications importantes. Il dissout également 20 fois son volume de chlore à la température ordinaire. Il dissout le soufre en toutes proportions au voisinage de son point d'ébullition et en retient seulement 1 p. 100 à la température ordinaire.

Le trichloréthylène dont le point d'ébullition est un peu plus élevé que celui du benzène a une chaleur de volatilisation extrêmement faible (58 calories).

Le dichloréthylène symétrique est le meilleur dissolvant du caoutchouc. On peut par simple agitation à froid faire une solution de para à trois pour cent (4).

Pour éviter les inconvénients de la décomposition du tétrachlorure d'acétylène on peut y ajouter un produit capable de saturer l'acide chlorhydrique tel l'essence de térébenthine (5).

## Produits intermédiaires et produits pharmaceutiques

A côté de certains dérivés organiques chlorés utilisés en nature, soit dans les arts, soit pour la pharmacie, tels que le chloroforme ($CHCl^3$), l'hydrate de chloral $CCl^3.C(OH)^2$, etc.., ,qui ne constituent, malgré leur importance, qu'un faible débouché pour le chlore, il convient de citer un grand nombre de produits servant d'intermédiaires dans la fabrication des produits organiques : produits pharmaceutiques, matières colorantes, etc.

La consommation de certains de ces produits est considérable, citons :

(1) Consortium für elektrochemische Industrie. *Chem. Zeit.*, t. XXXI, p. 1095; 1907.
(2) Chemische Fabrik Griesheim-Elektron. *Chem. Zeit.*, t. XXXII, p. 256; 1908.
(3) Consortium für elektrochemische Industrie. *Chem. Zeit.*, t. XXXII, p. 529; 1908.
(4) Siemens et Halske, Brevet français, n° 386.017; 1908.
(5) *Chemische Fabrik Griesheim-Elektron*, Brevet allemand ; 1907.

l'oxychlorure de carbone ($COCl_2$), les chlorures et oxychlorures de phosphore ($PCl_3$, $PCl_3$, $PCl_3O$), le chlorure de benzyle ($C_6H_5.CH_2Cl$), le chlorure de benzoyle ($C_6H_5.COCl$), celui d'acétyle ($CH_3.COCl$) et les autres chlorures d'acide, le chlorure de benzylidène ($C_6H_5.CHCl_2$), les benzène, toluène et naphtalène plus ou moins chlorés, plus ou moins substitués, etc.

Nous citerons comme application de ces derniers produits la fabrication de l'aniline par le benzène monochloré. On juge facilement quelle sera l'importance de cet emploi si le procédé est plus économique que la réduction du nitrobenzène.

Le transport par chemin de fer de certains dérivés chlorés : chlorure de soufre, trichlorure, pentachlorure et oxychlorure de phosphore, chlorure d'acétyle, etc..., est soumis à certaines conditions spéciales. Le transport international est réglé par la convention internationale du 14 octobre 1890 (p. 192).

### Colorants sulfurés

Parmi les produits importants pour la fabrication desquels on a recours au chlore, il faut signaler en premier lieu les colorants sulfurés. On appelle ainsi des matières colorantes solubles dans le sulfure de sodium, quelquefois dans l'eau pure, qui ont la propriété de teindre directement le coton. Les premières de ces matières colorantes étaient noires, puis on a fait des bleus et depuis la gamme s'est étendue aux jaune, vert, rouge...

Le noir Vidal s'obtenait en chauffant avec du soufre et du sulfure de sodium, le paraminophénol :

$$C_6H_4\left\langle\begin{array}{l}OH\ (1)\\ NH_2\ (4)\end{array}\right.$$

En raison du prix élevé de ce produit on chercha à le remplacer par des diphénylamines obtenues en condensant le chlorobenzène plus ou moins substitués avec le paraminophénol.

C'est ainsi que la nitration du chlorobenzène donne un mélange de chloronitrobenzène ortho et para :

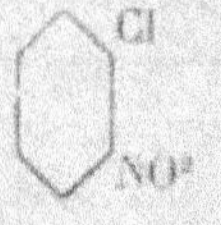

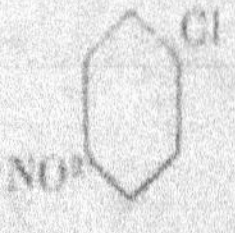

$$\begin{array}{cc} \text{Cl} & \text{Cl} \\ \bigcirc & \bigcirc \\ \text{NO}_2 & \text{NO}_2 \end{array}$$

Une seconde nitration donne quantitativement le chlordinitrobenzène :

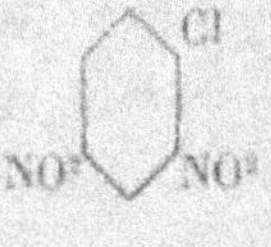

$$\underset{\text{NO}_2\quad\text{NO}_2}{\overset{\text{Cl}}{\bigcirc}}$$

La condensation de ce produit avec le paraminophénol en présence d'acétate de sodium donne la diphénylamine hydroxylée et dinitrée :

$$NO_2 \quad NO_2 \qquad NH \qquad OH$$

dont le prix de revient est beaucoup inférieur à celui du paraminophénol.

La substitution de groupements acides aux groupements $NO_2$ ou l'introduction de nouveaux, permet d'avoir une gamme importante de colorants, aussi bien au point de vue de la teinte que de la qualité.

A l'heure actuelle le processus est encore simplifié par l'emploi du dinitrophénol :

$$OH \qquad NO_2 \quad NO_2$$

obtenu par l'action des alcalis caustiques (soude ou chaux) sur le chlordinitrobenzène.

Le noir au dinitrophénol fabriqué par la plupart des usines de matières colorantes et vendu sous des noms différents, est de beaucoup celui des colorants sulfurés qui se consomme en plus grandes quantités.

En raison de l'importance considérable qu'ont pris dans ces dernières années les colorants sulfurés, dont un grand nombre sont tributaires du chlorbenzène, on peut juger du développement de la fabrication de celui-ci.

## Indigo artificiel

La fabrication artificielle de l'indigo est venue fournir un appoint important à l'industrie de la soude électrolytique. Entre toutes, la synthèse de Heumann nous intéresse spécialement ; elle résulte de l'action des alcalis caustiques sur le phénylglycocolle provenant de la condensation de l'aniline avec l'acide monochloracétique. Elle a été plus ou moins modifiée et voici dans les grandes lignes comment elle est réalisée dans la pratique.

Dans le procédé de la Badische Anilin- und Soda-Fabrik le point de départ de la fabrication est la naphtaline transformée en anhydride phtalique par l'acide sulfurique riche en anhydride, en présence d'un peu de mercure :

$$C_{10}H_8 \quad \rightarrow \quad C_6H_4 \left\langle \begin{matrix} CO \\ CO \end{matrix} \right\rangle O$$

Naphtaline　　　　　Anhydride phtalique.

L'anhydride phtalique sous l'action du gaz ammoniac est transformé en phtalimide :

$$C^6H^4 \diagup_{CO}^{CO} \diagdown NH$$

et ce produit traité par l'hypochlorite de sodium donne l'acide anthranilique :

$$C^6H^4 \diagup_{NH^2 \quad (2)}^{COOH \quad (1)}$$

Celui-ci condensé avec l'acide monochloracétique $CH^2Cl . COOH$ fournit le dérivé orthocarboxylé du phénylglycocolle :

$$C^6H^4 \diagup_{NH . CH^2 . COOH}^{COOH}$$

Par fusion de ce corps avec un alcali caustique on obtient un mélange d'indoxyle et d'acide indoxylique lesquels, oxydés au contact de l'air ou par tout autre moyen, conduisent finalement à l'indigo :

$$C^6H^4 \diagup_{NH}^{C(OH)} \diagdown C . COOH \rightarrow$$

Acide indoxylique.

$$C^6H^4 \diagup_{NH}^{CO} \diagdown CH^2 \rightarrow C^6H^4 \diagup_{NH}^{C(OH)} \diagdown CH$$

Indoxyle        Pseudoindoxyle

$$C^6H^4 \diagup_{NH}^{CO} \diagdown CH : CH \diagdown_{NH}^{CO} \diagup C^6H^4$$

Indigo.

Les matières premières sont donc à côté de la naphtaline, du gaz ammoniac et de l'anhydride sulfurique, l'acide monochloracétique, la soude caustique et l'hypochlorite de sodium. Ces trois derniers produits nous intéressent spécialement.

Ce fut l'emploi de l'acide sulfurique fumant qui entraîna la fabrication de l'anhydride sulfurique par les *procédés de contact*, combinaison directe du gaz sulfureux et de l'oxygène de l'air au contact de l'amiante platinée. Le point important était la récupération de l'anhydride sulfureux correspondant à la transformation de la naphtaline en anhydride phtalique.

Hypochlorite, chlore et soude sont obtenus par l'électrolyse de la solution de chlorure de sodium.

Les rendements des diverses phases de la fabrication sont assez élevés (1) et son importance est considérable.

Le procédé des Farbwerke *ci-devant* Meister, Lucius, Bruning et $C^{ie}$ se

---

(1) Winteler, « Sur la fabrication de l'indigo », *Chem. Zeit.*, t. XXXII, p. 602, 1908.

rapproche plus de la synthèse de Heumann. Il consiste à traiter le phényl-glycocolle non par la soude, mais par l'amidure de sodium, produit obtenu en faisant réagir l'ammoniaque gazeuse sur le métal :

$$NH^3 + Na = NH^2Na + H.$$

L'opération se produit à 250°-260°. Il se forme de l'indoxyle, de la soude et le gaz ammoniac est régénéré.

$$C^6H^5.CH^2.COONa + NH^2Na = C^6H^4\langle{\scriptstyle CO \atop \scriptstyle NH}\rangle CH^2 + Na^2O + NH^3.$$

Phénylglycocollate    Amidure              Indoxyle
   de sodium

L'indoxyle, comme dans le cas précédent, est oxydé par un courant d'air. Ce procédé est donc, *à priori*, plus simple et plus économique, puisqu'il permet d'employer directement le phénylglycocolle au lieu de son dérivé carboxylé.

Dans ce cas les matières premières sont : l'aniline, l'acide monochlora-cétique et l'amidure de sodium, c'est-à-dire le gaz ammoniac et le sodium.

Au point de vue qui nous intéresse, remarquons que le sodium servant à faire l'amidure est obtenu uniquement par le procédé Castner, électrolyse de la soude fondue et, de ce fait, l'équilibre entre la soude et le chlore n'est pas détruit.

D'autres procédés sont également employés, notamment celui de la Société pour l'Industrie chimique à Bâle, lequel consiste à remplacer, dans le cas précédent, l'amidure de sodium par la sodaniline $C^6H^5.NH\,Na$.

Le développement de l'Industrie de l'Indigo synthétique est considéra-ble, comme on peut en juger d'après les chiffres du tableau XXXIII, qui donne l'importance de l'exportation allemande de l'indigo artificiel.

## TABLEAU XXXIII

*Exportation allemande de l'Indigo artificiel.*

| Années | Francs |
|---|---|
| 1900 | 11,938,000 |
| 1901 | 15,875,000 |
| 1902 | 23,125,000 |
| 1903 | 27,075,000 |
| 1905 | 32,450,000 |
| 1906 | 39,475,000 |
| 1907 | 41,215,000 |

Il faut donc ajouter la consommation allemande et la fabrication des autres pays. Actuellement la production totale annuelle dépasse donc 60 millions de francs, soit au prix moyen de 10 francs le kilogramme *six mille tonnes*.

Dans son rapport sur la classe 87 à l'Exposition de 1900, M. Haller [1] donne, d'après le D$^r$ von Bruncke, Directeur de la Badische Anilin- und Soda-Fabrik, les renseignements suivants :

La Société qui a dépensé, pour l'installation de cette fabrication, vingt-deux millions et demi de francs, récupère annuellement de 35.000 à 40.000 tonnes d'anhydride sulfureux provenant de la fabrication de l'anhydride phtalique et transforme 2.000 tonnes d'acide acétique en dérivé monochloré. On peut juger d'après le développement de la fabrication, l'importance actuelle des matières mises en œuvre.

M. Haller fait remarquer, en parlant du procédé exploité par les Fabwerke : « Ce procédé dû à la *Deutsche Gold- und Silber-Scheide Anstalt* est le plus simple. Il serait aussi le moins coûteux si le prix du sodium au lieu d'être de 3 fr. 50 environ, baissait jusqu'à 1 fr. 25 ou 1 fr. 50 le kilogramme. »

Actuellement ce prix de 1 fr. 25 est atteint et, en France, notamment, tout l'indigo livré au commerce est préparé à Creil par le procédé à l'amidure, l'usine recevant directement le sodium et selon toute vraisemblance le phénylglycocolle.

## Emploi du chlore dans l'industrie métallurgique

Enfin le chlore liquide est utilisé dans un grand nombre de procédés métallurgiques : citons le traitement des minerais d'or, la fabrication de chlorures, le traitement des résidus de fer-blanc pour la production de chlorures stanneux et stannique ou la récupération de l'étain.

Le desétamage des résidus de fer-blanc constitue une industrie très importante ; en 1907, 3.000 à 3.500 tonnes d'étain provenant de 160.000 tonnes de fer-blanc furent ainsi traitées (60.000 tonnes en Amérique, 75.000 en Allemagne, 25.000 pour le reste de l'Europe ; la maison Goldschmidt traitant à elle seule les deux tiers de la production allemande). Plusieurs méthodes étaient basées sur l'emploi de l'électrolyse soit en milieu acide, soit au mieux en milieu alcalin. Goldschmidt qui a beaucoup étudié ces questions substitue à ces méthodes l'action directe du chlore

---

[1] A. Haller. *Rapports du Jury International*. Classe 87. *Arts chimiques et Pharmacie* ; 1902.

gazeux (1). Cette dernière méthode est employée notamment à Essen sur Ruhr et en Amérique.

## Extraction du chlorate du liquide anodique

Dans le cas de la fabrication de la potasse caustique le chlorate anodique est facile à éliminer par simple refroidissement de la solution (p. 170), essorage et claircage des cristaux, nouvelle cristallisation s'il y a lieu.

Dans le cas de la soude, le liquide anodique neutralisé, filtré, est concentré dans un appareil à effet multiple jusqu'à 54° B. Le chlorure de sodium se dépose, est essoré, puis redissous aussitôt et remis en circulation. Le filtre doit être chauffé pour éviter la cristallisation du chlorate de sodium. La solution est envoyée dans les cristallisoirs refroidis, le sel est essoré, claircé, séché par un courant d'air chaud à même le filtre et embarillé. Les eaux-mères rentrent en circulation.

(1) K. Goldschmidt. *Stahl und Eisen*, t. XXVIII, p. 1919 ; 1908.

# CHAPITRE XIV

## ÉLABORATION DES ALCALIS

Formes commerciales des alcalis caustiques. — Concentration des lessives faibles. — Comparaison des différents modes d'évaporation. — Obtention des lessives commerciales. — Contrôle de la concentration. — Obtention des alcalis caustiques. — Emballage et transport. — Application des alcalis caustiques.

### Formes commerciales des alcalis caustiques.

Les alcalis caustiques sont livrés au commerce soit sous forme de solutions concentrées, soit sous forme solide ; ces deux types existant à diverses teneurs. C'est ainsi que l'on trouve de la lessive de soude à 36, 40 et 48°B. (Tableau XXXIV) ; remarquons, toutefois, que les deux dernières concentrations présentent l'inconvénient de faire prise par le froid.

### TABLEAU XXXIV

*Titres commerciaux des lessives caustiques.*

| Degré Baumé | Densité | Soude (NaOH) | | Potasse (KOH) | |
|---|---|---|---|---|---|
| | | p. cent | p. litre | p. cent | p. litre |
| 36° | 1,332 | 30 | 400 gr. | 34 | 453 gr. |
| 40° | 1,383 | 35 | 484 | 38 | 525 |
| 48° | 1,498 | 46 | 639 | 47 | 704 |

La soude électrolytique à 36°, sauf le cas où la présence du chlorure de sodium n'a pas d'inconvénient, résulte de la dilution de solutions plus concentrées.

La lessive de potasse se vend aux mêmes densités que celle de soude.

La soude et la potasse caustiques se vendent au degré Newcastle ou degré anglais indiquant la teneur en oxyde ($Na^2O$ ou $K^2O$) (Tableau XXXV).

## TABLEAU XXXV

*Titres commerciaux des alcalis caustiques.*

| Soude | | Potasse | |
|---|---|---|---|
| Degrés Newcastle $Na^2O$ p. cent | NaOH p. cent | Degrés Newcastle $K^2O$ p. cent | KOH p. cent |
| 60/62 | 77/80 | 60/65 | 72/77 |
| 70/72 | 90/93 | 74/76 | 88/91 |
| 75/76 | 97/98 | 80/83 | 95/99 |

Ces valeurs multipliées par 1,29 dans le cas de la soude et par 1,19 dans le cas de la potasse donnent la teneur en alcalis caustiques (NaOH ou KOH).

Les teneurs moyennes : 70/72 pour la soude et 74/76 pour la potasse sont les plus courantes commercialement.

On fait également usage, quelquefois, du degré français, ou degré Descroizilles, qui indique combien de parties en poids d'acide sulfurique $SO^4H^2$ sont neutralisées par 100 parties de la substance à essayer. On peut passer du degré Newcastle au degré Descroizilles en multipliant par le rapport des poids moléculaires $\frac{98}{62} = 1,581$ dans le cas de la soude, et réciproquement du degré Descroizilles au degré Newcastle en multipliant par 0,633. Dans le cas de la potasse il faut multiplier respectivement par 1,043 et 0,959.

Ces degrés s'appliquent aussi bien aux alcalis qu'aux carbonates.

## Concentration des lessives

L'industrie des alcalis caustiques exige l'évaporation des masses d'eau considérables, opération compliquée, dans le cas des produits obtenus dans la plupart des méthodes électrolytiques, par la présence d'une abondante quantité de chlorure, qui se dépose en cours d'opération et qu'il faut repêcher au fur et à mesure.

Les grands progrès réalisés dans les procédés d'évaporation sont le fait de l'industrie sucrière pour laquelle furent inventés les systèmes à évaporation dans le vide, à simple, puis à multiple effet, qui joignaient à l'économie de l'évaporation, l'échauffement plus faible des jus et une caramélisation moins prononcée du sucre. Cependant, ce dernier point est controversé à l'heure actuelle et l'on revient à la concentration à température élevée, mais dans le vide, naturellement.

Le premier appareil à évaporation dans le vide fut installé en Angleterre en 1813 par Howard qui utilisait un condenseur barométrique et une pompe à air. Par la suite, Derosne employait un condenseur par surface dans lequel le jus dilué servait d'agent réfrigérant et Roth faisait le vide sans emploi de pompe.

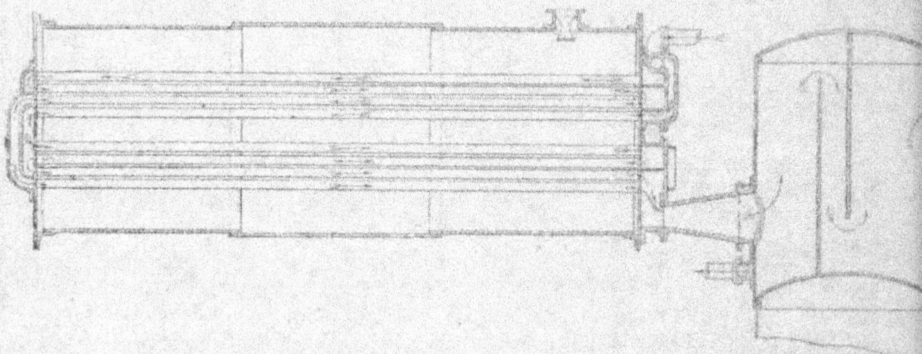

Fig. 71. — Coupe de l'évaporateur Yaryan.

Rillieux, le premier en 1830, appliqua en Amérique, le principe de la multiple utilisation de la chaleur, ses brevets européens datent de 1848, ils furent appliqués vers 1850 et gagnèrent peu à peu toute l'industrie sucrière.

Dale (1) fit construire sur ces principes un appareil qui fut utilisé en 1839 à Warrington (Angleterre), pour l'évaporation des lessives de soude. Ce fut beaucoup plus tard que les procédés passèrent sur le continent et furent employés par Wuestenhagen (2) à Hecklingen pour la concentration des eaux mères des sels de Stassfurt et par J. Buffet (3) aux établissements

(1) Dale, Brevet français, n⁰ˢ 41.154 et 41.932 ; 1859.
(2) Wuestenhagen, Brevet allemand n° 14.615 ; 1880.
(3) Buffet, Brevet français n° 140.123 ; 1880.

Malétra, au Petit-Quevilly près de Rouen, pour la concentration des lessives de carbonate Leblanc.

Jusqu'alors les lessives devaient être évacuées de l'appareil pour la filtration ou la cristallisation et le vide interrompu ; la Société « Kaliwerke Aschersleben » employa un appareil à évaporer sous pression réduite avec évacuation continue du sel déposé pendant la concentration. A cet effet la partie inférieure de la chaudière était munie d'un tube barométrique (1)

Sigismund Pick (2) opère d'une façon discontinue, mais sans arrêter l'évaporation, en faisant passer les cristaux sur un filtre placé dans une chambre située au-dessous de la chaudière. Enfin dans l'appareil Chapman la circulation du liquide est très rapide ce qui favorise l'ébullition et entrave l'encrassement de la chaudière.

L'évaporateur Yaryan (4) dont le premier brevet remonte à 1886, emploie également la circulation à grande vitesse. Chaque chaudière (fig. 71) est formée d'une série de tubes réunis par leurs extrémités en serpentins dans lesquels circule la lessive à concentrer. Elle est en relation avec un séparateur, récipient cylindrique muni de deux cloisons verticales en chicane contre lesquelles vient frapper le mélange de liquide et de vapeur.

Le sextuple effet classique, installé à Varangéville dans l'usine Solvay, concentre par 24 heures, 600 tonnes de soude de 16 à 30° B, ce qui correspond approximativement à 300 tonnes d'eau évaporée, à raison de 4 kilogrammes d'eau par kilogramme de vapeur ou 32 kilogrammes d'eau par kilogramme de charbon.

La lessive faible passe méthodiquement dans 6 réchauffeurs alimentés par les eaux de condensation des effets successifs et arrive dans la première chaudière à une température voisine de l'ébullition.

L'inconvénient de l'appareil Yaryan est de ne pouvoir être utilisé à la concentration de lessives déposant des sels, ce qui est généralement le cas de la soude électrolytique. Un certain nombre de maisons allemandes construisent des appareils à grande puissance sur le type de l'évaporation Yaryan, tel l'appareil « Rapid » de la maison Kaufmann. En ce qui nous concerne ils sont utilisables pour la concentration préalable des lessives étendues (Vorverdampfer).

Pour l'extraction simultanée des sels, un dispositif original a été breveté par Kaufmann, il consiste en un malaxeur épousant exactement

---

(1) Kaliwerke Aschersleben, Brevet allemand n° 34.034 ; 1885.
(2) Sigismund Pick, Brevet allemand n° 55.316 ; 1890.
(3) Chapman, Brevet français n°° 192.627 et 192-731 ; 1888.
(4) Yaryan, Brevet français n° 179.491 ; 1886.

la forme de la culasse de l'appareil. Il est mis en mouvement par un arbre vertical de telle façon que l'on ait une vitesse périphérique $v = \sqrt{2g\frac{h}{D}}$.

Fig. 72. — Filtre à succion (Nutschfilter Kaufmann).

$h$ étant la dépression dans l'appareil exprimée en colonne d'eau, D la densité du sel, $g$, l'accélération de la pesanteur. Grâce à la force centrifuge les produits pourront faire équilibre à la pression atmosphérique et même être projetés au dehors par une ouverture disposée à cet effet. L'inconvénient du système est l'usure rapide de l'appareil, aussi Kaufmann est-il revenu à un dispositif rappelant celui de Pick.

La chaudière d'évaporation à tubes verticaux, terminée en cône à la partie inférieure communique soit directement, soit par l'intermédiaire d'un transporteur avec un séparateur de forme cylindrique, communiquant lui-même avec un récipient à double fond perforé servant de filtre à succion (Nutschfilter, fig. 72).

Le sel déposé se réunit peu à peu dans ce dernier appareil et lorsque celui-ci en est rempli jusqu'à un niveau déterminé, on l'isole par une valve. Le sel se réunit alors dans le séparateur. On donne de l'air à la partie

supérieure du filtre et le liquide s'écoule par la partie inférieure toujours
en relation avec le producteur de vide. Le produit est alors claircé, séché
s'il y a lieu par un courant d'air chaud ; on le dissout dans l'appareil même
s'il doit rentrer en circulation. La partie filtrante est formée d'une toile
mixte : amiante et fil d'acier. Le filtre à succion peut, dans certains cas,
être remplacé par une essoreuse.

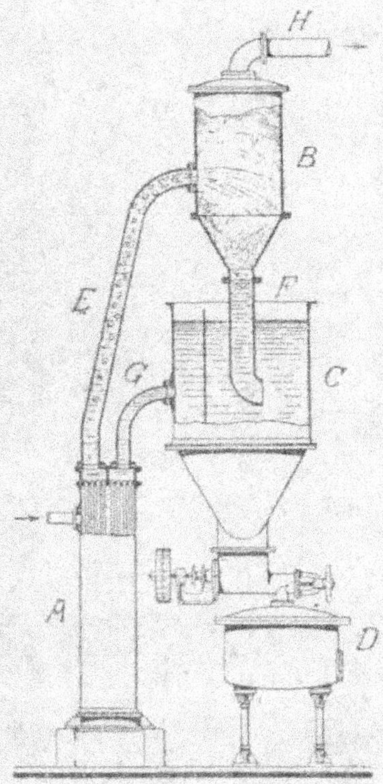

Fig. 73. — Petit modèle d'appareil à concentrer dans le vide avec séparation de sels
(Sauerbrey).

Un ensemble à peu près analogue est utilisé par un grand nombre de
fabricants, il comprend en principe (fig. 73) un vaporisateur A chauffé à la
vapeur. Le mélange de vapeur et de liquide est entraîné par un tube E
dans un séparateur B en communication par H avec les pompes à vide. Le
sel se dépose dans le récipient conique C, tandis que le liquide retourne par

G au vaporisateur. Le sel se rend finalement par l'intermédiaire du transporteur dans le filtre à succion D.

L'appareil de Kestner a été conçu sur le principe du *grimpage en couche mince* et les résultats obtenus en ont amené une rapide extension.

Chaque chaudière (fig. 74) se compose d'un faisceau de tubes R de 5 à 7 mètres de hauteur, plus si possible, placé dans une chambre de vapeur M. Ces tubes communiquent par leur partie inférieure avec un réservoir alimenté par le tube T, qui traverse par un presse-étoupe la culasse de l'appareil. La vapeur arrive en A l'eau condensée s'échappe en E et la purge d'air se fait en G.

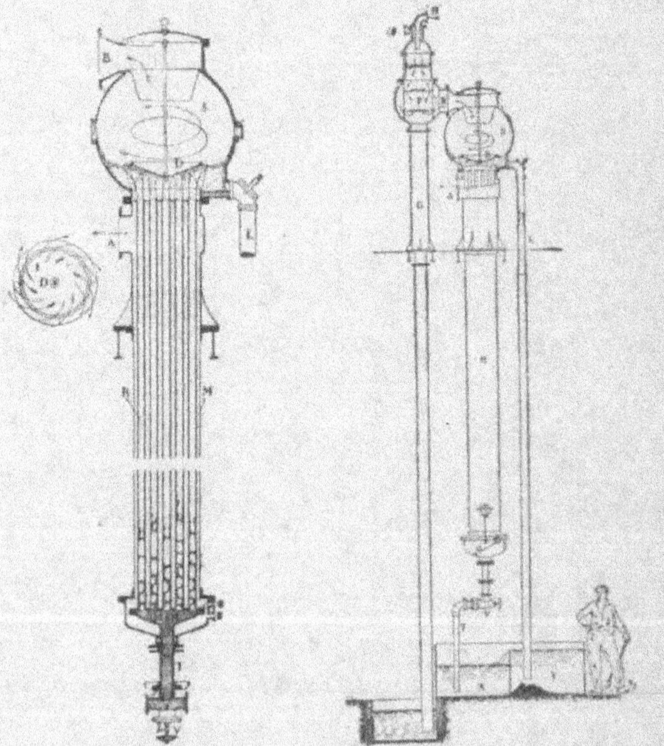

Fig. 74. — Principe du grimpage en couche mince.

Fig. 75. — Appareil à grimpage pour l'évaporation dans le vide avec récupération des sels (Kestner).

A la partie supérieure du faisceau tubulaire se trouve le séparateur S de forme sphérique ou cylindrique et muni d'une chicane hélicoïdale D imprimant à la lessive et à la vapeur, qui viennent se buter contre elle, un mouvement de rotation les dirigeant tangentiellement à la paroi du séparateur et facilitant ainsi leur séparation. La lessive s'échappe en L, la vapeur se rend par B au condenseur ou dans la chambre de vapeur de l'effet suivant. Les bulles qui se forment à la base des tubes augmentent rapidement de volume et bientôt la vapeur occupe toute la partie cen-

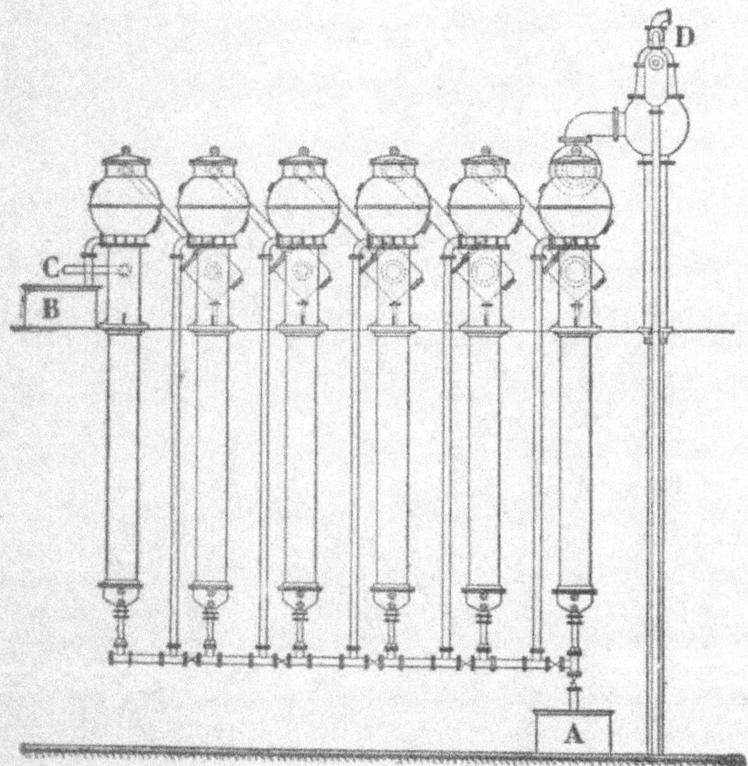

Fig. 76. — Appareil à grimpage pour l'évaporation dans le vide (Kestner).

trale des tubes entraînant la lessive qui, sous la forme d'une couche mince, grimpe le long de la paroi. Il en résulte que l'échange de température entre le liquide et la vapeur extérieure se fait très rapidement. La vitesse de la vapeur atteint 20 à 25 mètres par seconde, le grimpage de la solution est moins rapide. Sous l'influence de la force centrifuge les gouttelettes de lessives sont projetées sur les parois du séparateur et s'écoulent en L dans l'effet suivant ou au dehors. La puissance évaporatrice de ce système est telle que l'on a pu atteindre par heure, une évaporation de 11,4 kilogrammes d'eau par mètre carré de surface de chauffe et par degré de chute de température.

La vapeur, complètement débarrassée de lessive, s'échappe en B pour se rendre soit dans le condenseur, soit dans l'effet suivant.

L'appareil peut être aussi monté soit à simple effet, soit à multiple effet. Dans l'appareil à sextuple effet (fig. 76), A est le bac d'alimentation, B le réservoir à lessive concentrée, C l'arrivée de vapeur de chauffe et D le départ des vapeurs produites et l'aspiration.

Les chambres de séparation qui font corps avec l'appareil tubulaire représentent à peine le quart de volume qu'elles ont dans un appareil ordinaire et un grand avantage de l'appareil résulte de la faible masse de liquide qu'il renferme à puissance égale ; 500 litres, par exemple, au lieu de 15.000 que demanderait un triple effet de sucrerie de même puissance évaporatoire. Il en résulte que le lavage peut être fait très souvent, plusieurs fois par jour si cela est nécessaire, sans qu'il soit besoin de mouvements importants de liquide. On peut ainsi, le plus généralement, se débarrasser des dépôts et incrustations avant qu'ils n'aient eu le temps de se concréter.

Lorsque l'appareil est utilisé pour la concentration de lessives avec dépôt de sel, le tube d'évacuation de la lessive plonge dans un récipient Y (fig. 75) et fonctionne comme tube barométrique. Il en résulte que le sel se dépose librement à la partie inférieure, d'où il peut être recueilli et essoré. Le liquide retourne dans le réservoir X et rentre en circulation s'il s'agit d'un appareil à effet simple. Dans le cas d'effet multiple, le récipient Y sert à alimenter l'effet suivant. Dans la plupart des cas, en raison de la durée du contact dans les tubes et de la rapidité de l'échange de température, un seul passage du liquide dans chaque chaudière est suffisant.

Quel que soit le système, chaque appareil comportera donc, à côté de la chaudière d'évaporation, un séparateur pour la vapeur et la lessive et, s'il y a lieu, un séparateur pour lessive et cristaux, avec filtre à vide ou essoreuse. Il faut en outre un réchauffeur destiné à porter la lessive faible à une température voisine de l'ébullition par échange de température avec l'eau de condensation.

La condensation des vapeurs et la dépression dans les appareils est effectuée au moyen d'un système de condenseurs et de pompes. Les condenseurs peuvent se rapporter à deux types : Les condenseurs par surface dans lesquels les vapeurs arrivent au contact de parois refroidies extérieurement, dispositif tubulaire, par exemple, et les condenseurs par injection dans lesquels la vapeur condensée se mêle à l'eau employée pour la condensation ; le vide pouvant être fait au moyen d'une pompe entraînant simplement l'air (*condenseurs à contre-courant*), ou par une pompe dite à air humide aspirant à la fois les gaz et l'eau (*condenseurs à courants parallèles*).

## Comparaison des différents modes d'évaporation.

*Chauffage électrique.* — Les progrès de l'électrométallurgie, l'utilisation commode de l'électricité dans un certain nombre de procédés de chauffage avaient donné à penser que ce mode d'évaporation pourrait être envisagé dans les pays de chutes d'eau pour la concentration des lessives alcalines.

Dans le cas de la houille il serait enfantin de vouloir passer par l'intermédiaire de la force motrice et de l'électricité qui ne serviraient qu'à provoquer une chute importante du rendement.

Kienlen (1) admet qu'avec ces intermédiaires on n'utilise que 7 p. 100 de la chaleur fournie par la houille, tandis qu'avec le chauffage direct on récupère 25 p. 100 avec des foyers ordinaires et 75 p. 100 au moyen de bons générateurs.

Bucherer (2) établit le calcul, puis Haeussermann et Niethammer (3) publièrent des essais sur la concentration de l'acide sulfurique de 60° à 66° B. Les résultats obtenus ont été très mauvais, mais on peut objecter, *à priori*, qu'ils étaient faits trop en petit et surtout sans chercher à combattre le refroidissement extérieur. En tout cas il est hors de doute que, d'une façon générale, le chauffage électrique est inutilisable industriellement sauf dans le cas où l'on recherche une de ses qualités spéciales : température élevée, propreté, commodité, facile régulation, qualités que sauf la première, on peut réaliser avec l'emploi de la vapeur.

L'application du chauffage électrique est déjà plus intéressante en ce qui concerne l'utilisation des forces naturelles. Dans ce cas le plus simple est de comparer directement l'effet Joule au pouvoir calorifique de la houille.

L'énergie fournie par une source d'électricité est exprimée par la formule

$$e = UIt.$$

exprimée en Joules ou Wattsecondes si U est en volts, I en ampères et $t$ en secondes.

Or 9,81 Joules équivalent à un kilogrammètre et un kilogrammètre à 426 calories.

La quantité de chaleur correspondant à l'énergie électrique est donc exprimée en calories par la formule de Joule :

(1) Kienlen, *Moniteur scientifique* ; 4e série, t. 12, p. 91 ; 1898.
(2) Bucherer, *Chemiker-Zeitung* ; t. 17, p. 1597 ; 1893.
(3) Haeussermann et Niethammer, *Chemiker-Zeitung* ; t. 17, p. 1287 ; 1893.

$$W = \frac{UI t}{9,81 \times 426} = \frac{UI t}{4.180}$$

Un kilowattheure dégagera donc :

$$\frac{1.000 \times 3.600}{4.180} = 860 \text{ calories.}$$

Un kilowatt-jour dégagera . . . . . 20.460 c.
Un kilowatt-an (360 jours) . . . . . 7.450.000 c.

Un kilowatt-an a donc le même pouvoir calorifique qu'une tonne de houille de qualité moyenne donnant 7.450 calories au kilogramme.

Il faut donc, pour que le chauffage électrique soit rémunérateur, que le prix du kilowatt-an soit inférieur à celui de la tonne de houille ce qui ne pourrait se présenter que dans des cas tout à fait spéciaux. Il semble d'ailleurs qu'aucun essai en grand n'ait été tenté dans cette voie. Mais bien entendu le chauffage électrique est intéressant dans un grand nombre de circonstances et, à côté du four électrique, pour des opérations intermittentes, peu importantes ou demandant une température régulière. Nous en avons vu des applications (p. 162).

*Chauffage direct*. — En se plaçant dans de bonnes conditions, avec un générateur à grande puissance bien conduit, on admet qu'un charbon de bonne qualité peut vaporiser environ huit fois son poids d'eau.

Si au lieu d'évaporer de l'eau, nous évaporons des solutions, la température plus élevée à laquelle il faudra porter ces solutions fera que le rendement ira en diminuant surtout dans le cas des alcalis, pour lesquels la concentration augmente indéfiniment.

Avec l'emploi de chaudières à évaporer perfectionnées, à flammes intérieures et retour tubulaire comme celles employées à Stassfurt, Kienlen admet que l'on peut évaporer par kilogramme de charbon : 5 kilogrammes d'eau entre 10° et 20°B et seulement 3 kilogrammes de 20° à 48°B. Dans ces conditions, on peut évaporer approximativement 4 kilogrammes d'eau par kilogramme de charbon.

*Chauffage à vapeur*. — Avec l'emploi de la vapeur, le rendement est un peu meilleur, mais en raison du point d'ébullition élevé, il faut employer cette vapeur sous une pression assez forte (5 kgr.); même dans ces conditions, la concentration ne pourra dépasser 30°B et devra être poussée à 48° par chauffage direct. On arrive ainsi à évaporer cinq kilogrammes d'eau par kilogramme de charbon.

*Évaporation sous pression réduite. — Multiple utilisation de la chaleur.* — L'emploi du vide permet d'abaisser de 40 à 50° le point d'ébullition de la lessive, ce qui conduit à la suppression du chauffage direct pour l'obtention des lessives concentrées et même Kestner a pu réaliser ainsi la fabrication de soude solide à 60 p. 100 Na²O.

Le principe de la multiple utilisation de la chaleur consiste à employer la vapeur sortant d'un appareil d'évaporation pour provoquer l'ébullition dans un second appareil, à diriger la vapeur de ce second appareil dans un troisième et ainsi de suite. Abstraction faite de la quantité de vapeur destinée pour chauffer le liquide, on conçoit que la quantité nécessaire pour vaporiser une même quantité d'eau avec un appareil à double effet, a triple effet, etc. sera deux, trois, etc. fois moindre.

Il faudra naturellement que le point d'ébullition des liquides aille en diminuant ce que l'on réalise par l'emploi des pressions décroissantes correspondant finalement à un vide très grand.

On peut déduire facilement l'économie du système de la façon suivante : Un kilogramme de vapeur dégage 540 calories en se condensant à la pression normale, mais la vapeur produite, en raison de sa tension plus faible et de sa chaleur latente plus forte, exigera un peu plus, environ 10 calories ; si nous appelons L la quantité totale de lessive, E la quantité d'eau à volatiliser et $\theta$ la différence de température entre la lessive introduite et le point d'ébullition dans la chaudière, nous aurons approximativement la quantité de vapeur nécessaire en appliquant la formule :

$$P = \frac{L\theta}{540} + E\frac{540}{530}.$$

Si le système est à effet multiple nous aurons :

$$Pn = \frac{L\theta}{540} + \frac{E}{n}\frac{540}{530}$$

formule généralement adoptée pour les calculs.

Le simple examen de cette formule montre que l'on a intérêt à employer des lessives aussi chaudes que possible, ce qui est très facile au moyen d'un échangeur de température utilisant l'eau de condensation pour chauffer les lessives.

On a intérêt également à employer de la vapeur à basse pression dont la chaleur latente est plus élevée. Celle-ci est donnée par la formule de Clausius qui permet de calculer le nombre de calories $Q_v$, fournies par un poids V de vapeur, à la température $t_v$ :

$$Q_v = (607 - 0,708\ t_v)\ V.$$

Cependant, dans certaines conditions de marche, avec un nombre d'effets restreint, il peut être, au contraire, plus avantageux de faire usage de vapeur à très haute pression ce qui permet d'avoir à la sortie de la vapeur encore utilisable.

*Application* (*Kienlen*).

Soit à concentrer 100 mètres cubes de lessive de soude de 10° à 48° B.

D'après les tableaux XXV et XXVI nous voyons que la lessive primitive de densité 1,0744 tient 6,5 p. 100 NaOH, soit 70 gr. p. litre et la lessive finale de densité 1,4984, tient 46 p. 100 NaOH, soit 690 gr. p. litre.

Un volume V de lessive primitive donnera donc $\dfrac{70}{690}$ V de la lessive finale et la quantité d'eau à évaporer sera :

$$100 \left( 1 - \frac{70}{690} \right) = 90 \ \mathrm{m}^3 \ \text{environ.}$$

Si nous prenons sous la pression de 40 cm. de mercure, 66° comme point d'ébullition de la lessive à 48° B et 50° comme température d'entrée de la lessive diluée, Θ sera égal à 10°. En appliquant ces valeurs à la formule établie au paragraphe précédent, il nous sera facile de calculer le nombre de kilogrammes de vapeur ou de charbon nécessaires pour effectuer la concentration suivant l'effet employé. Les résultats sont réunis dans le tableau XXXVI qui renferme, en outre, la quantité d'eau volatilisée par kilogramme de vapeur d'après l'application de cette formule et les nombres pratiques correspondants.

## TABLEAU XXXVI

*Economie de l'évaporation dans les appareils
à effet multiple.*

| n | Dépense | | 1 kg. vapeur évaporé | | Rendement | 1 kg. charbon évaporé |
|---|---|---|---|---|---|---|
| | vapeur | charbon | calcul | pratique | | |
| | kgs | kgs | kgs | kgs | | kgs |
| 1 | 93,688 | 11,711 | 0,95 | 0,9 | 93,8 | 7,68 |
| 2 | 47,839 | 5,979 | 1,88 | 1,7 | 90,4 | 15,05 |
| 3 | 32,556 | 4,069 | 2,77 | 2,5 | 90,2 | 22,1 |
| 4 | 24,914 | 3,114 | 3,76 | 3,25 | 86,3 | 30,1 |
| 5 | 20,330 | 2,542 | 4,42 | 3,85 | 87,2 | 35,4 |
| 6 | 17,273 | 2,159 | 5,10 | 4,25 | 83,3 | 40,8 |

Le rapport de ces deux valeurs montre que le rendement diminue lorsque l'on multiplie le nombre des effets. D'autre part, on voit que l'avantage de la multiplicité des effets diminue rapidement comme d'ailleurs la différence entre les inverses des nombres entiers : 1/2, 1/3, 1/4, 1/5, etc...

On n'aurait donc pas intérêt à augmenter outre mesure le nombre des caisses d'évaporation ; d'autre part, ce nombre dépend lui-même de la chute de température et de pression entre chaque caisse et se trouve de ce fait nécessairement limité.

Plus la chute de température est grande, plus l'ébullition est vive ; il en résulte que les bulles s'attachent moins aux parois et que la transmission de la chaleur est meilleure. En outre une vive ébullition diminue les incrustations. Pratiquement cette chute de température est de 15° environ.

## Obtention des lessives

La teneur des lessives obtenues par électrolyse est très différente, aussi bien au point de vue de la richesse en alcali que de la richesse en sel, suivant la méthode employée et les conditions économiques locales. L'opération de la concentration pourra de ce fait varier légèrement d'une usine à l'autre, tout en restant semblable dans les grandes lignes.

Le plus souvent cette concentration se fait en deux temps. La première phase est effectuée dans des appareils à quadruple effet ou à sextuple effet en tôle ou en fonte munis, s'il y a lieu, de dispositifs de récupération du sel. On concentre ainsi jusqu'à 33°-36° B.

Généralement au delà de cette teneur la fonte seule peut être utilisée en raison de la corrosivité des alcalis concentrés.

La lessive à 36° B. renferme encore une certaine quantité de chlorure, si celui-ci ne gêne pas et si le lieu d'utilisation n'est pas éloigné elle peut être livrée sous cette forme.

Dans un appareil à quadruple effet marchant avec de la vapeur à trois kilogrammes la pression est de 1 kg. dans la première chaudière ; dans les suivantes, le vide est successivement de 130 mm. (0,170 kg.), 420 mm. (0,550 kg.) et 670 mm. (0,880 kg.). Ce qui fait comme différence de pression d'un effet au suivant : 2 kgs, 1,170 kg., 0,380 kg. et 0,330 kg. Ces chiffres étant donnés uniquement à titre d'indication.

L'intérieur des appareils doit être parfaitement entretenu. Ils doivent être rincés à l'eau chaude après chaque opération ou une fois par vingt-quatre heures s'ils sont à marche continue. Ce nettoyage a pour but d'éviter les incrustations ou les dépôts qui amènent une forte perte dans le rendement en empêchant l'échange régulier de température.

Si l'incrustation se produit, il faut de toute nécessité la résoudre. Dans le cas actuel, le dépôt étant du sel, le grattage ou l'emploi d'acide ne sont pas nécessaires, le remplissage avec de l'eau chaude ou le passage d'un jet de vapeur suffisent généralement. Les appareils à volume réduit présentent de ce fait un avantage appréciable (p. 220).

La seconde partie de la concentration se fait dans des appareils à simple effet, entièrement en fonte, permettant d'arriver à 48°-50° B.

Cependant avec les appareils Kestner la concentration peut être réalisée dans le fer jusqu'à 48° B. lorsqu'il s'agit de soude électrolytique.

A cette teneur la presque totalité du chlorure est précipitée et la lessive destinée à être vendue sous cette forme est logée dans des wagons-citernes ou dans des fûts en tôle. Elle présente l'inconvénient de se prendre en masse par le froid.

La purification osmotique des lessives d'après le procédé Griesheim-Elektron (p. 95) qui permet notamment de séparer fer, silice et alumine peut être faite sur les solutions ainsi concentrées. Cette méthode est particulièrement intéressante lorsque l'on désire revenir à des solutions plus étendues. Le tableau XXXVII donne les résultats obtenus avec une lessive de soude brute, il montre le parti que l'on peut en tirer dans le cas des lessives électrolytiques.

TABLEAU XXXVII

*Purification osmotique des lessives alcalines.*
*(Griesheim-Elektron)*

| Densité | Avant 30°B | | Après 12°B | |
|---|---|---|---|---|
| | p. litre | p. cent | p. litre | p. cent |
| NaOH | 764 | 100 | 518 | 100 |
| Na²S | 4 | 0,51 | 0,15 | 0,03 |
| NaCl | 6 | 0,77 | 0,29 | 0,04 |
| Na²SO⁴ | 1 | 0,13 | traces | 0,00 |

Un autre procédé pour la purification de la potasse consiste à la faire cristalliser de façon à laisser le chlorure dans les eaux mères. (1). Une solution de potasse débarrassée du chlorure par cristallisation ne renferme plus que 0,55 p. 100 KCl, soit comme la potasse est à 50 p. 100, 1,1 KCl p. 100 KOH. En poussant plus loin la concentration jusqu'à cristallisation et laissant refroidir entre 60° et 35° il se dépose un hydrate qui ne renferme plus que 0,1 p. 100 KCl.

(1) Salzberkwerke Neustassfurt, Brevet allemand n° 117.748 ; 1900.

## Contrôle de la concentration.

La concentration de la lessive dans les différents appareils est simplement suivie à la densité. Les eaux de condensation provenant des différents effets sont presque toujours légèrement alcalines du fait de l'entraînement vésiculaire de petites quantités de lessive.

L'alcalinité de ces eaux donne une indication sur le fonctionnement de l'appareil. Si l'appareil présente de légères fuites la vapeur pénètre dans la lessive ce qui augmente la dépense. Si la fuite devient plus importante, du fait de la corrosion d'un tube, par exemple, la vitesse de la vapeur se trouve augmentée dans l'appareil et il en résulte un entraînement plus important de la lessive que l'on peut ainsi facilement caractériser. Il est alors nécessaire d'isoler l'appareil et de le remplacer par une chaudière de réserve.

## Obtention des alcalis caustiques.

La concentration au delà de 48° B. se fait à feu nu dans des bassines de fonte blanche chauffées au coke. Ces bassines hémisphériques sont principalement fabriquées en Angleterre, berceau de l'industrie des alcalis caustiques. Elles ont jusqu'à 3 mètres de diamètre

La séparation des matières étrangères qui se déposent pendant cette partie de la concentration ne peut se faire que par décantation. Elle ne s'effectue bien que lorsque l'eau est complètement chassée d'où la nécessité d'arriver presque au point de fusion de la soude, soit aux environs de 300°.

La présence d'une petite quantité de chlorate donne à la soude une certaine moins-value et favorise l'attaque de la fonte avec formation de ferrites et de manganates. Ces produits sont détruits par l'addition de rognures de cuir, de réducteurs, tels que hyposulfite, cyanure, etc. On favorise, dans certains cas, le dépôt par addition de chaux éteinte, puis on baisse le feu sans le laisser éteindre tout à fait.

Il y a lieu de remarquer à ce sujet que l'inverse a précisément lieu dans le cas de la soude Leblanc, les impuretés réductrices, sulfures, hyposulfites, etc... étant détruites par l'addition d'un oxydant, généralement le nitrate.

Lorsque la soude est bien limpide, on la coule dans des récipients en tôle dans lesquels elle se solidifie. On se sert à cet effet d'une cuiller équilibrée, suspendue par une chaîne. On arrête l'opération lorsque le liquide est trouble et on recharge directement sur celui-ci.

Lorsque le dépôt est suffisamment important le résidu est coulé séparément, dissous dans l'eau, le dépôt séparé par décantation et la lessive renvoyée à la concentration.

Les bassines s'usent à la longue, on rebouche autant que possible les crevasses par la soudure électrique ou autogène au moyen de morceaux de fonte. La durée de ces appareils est de deux années environ (Moynot)

La dépense de charbon est de 600 kilogrammes environ par tonne de soude, soit à peu près 2 kilogrammes d'eau évaporée par kilogramme de coke.

La soude solide à bas titre (60/62 p. 100 $Na^2O$) dont le point d'ébullition à la pression ordinaire est de 180° environ, peut être obtenue directement dans un appareil chauffé à la vapeur imaginé par Kestner.

Dans le premier type qui fut établi, chaque tube au lieu d'être disposé dans une enveloppe commune était chauffé dans une chemise indépendante, la vapeur étant distribuée par une couronne, à la partie supérieure et l'eau de condensation étant réunie dans une seconde couronne placée à la partie inférieure des tubes.

Le produit final était coulé directement de l'appareil dans les barils.

Dans les types récemment créés, les tubes sont réunis dans une enveloppe commune et l'appareil ne diffère sensiblement pas des autres appareils de concentration.

On peut obtenir la potasse caustique cristallisée sans eau de cristallisation (KOH) ou avec une ou deux molécules $KOH,H^2O$ ; $KOH,2H^2O$, en laissant refroidir une solution très concentrée (1). Il se dépose successivement le produit anhydre, puis les hydrates ; c'est ainsi que tant que la solution renferme plus de 86 p. 100 KOH c'est le produit répondant à la formule KOH qui se dépose ; jusqu'à 75 p. 100 KOH, c'est le monohydrate. $KOH,H^2O$ ; jusqu'à 56 p. 100 KOH c'est le bihydrate. On peut ainsi séparer de petites quantités de soude qui restent en solution, ou, comme nous l'avons vu, de chlorure de potassium.

## Emballage et transport.

La potasse et la soude caustiques sont emballées dans des futs en fer tenant 50, 100, 300 ou 500 kgs.

Le transport par chemin de fer d'un pays dans un autre est réglementé par la convention internationale du 14 octobre 1890 (p. 192) :

1) Salzbergwerke Neustassfurt et Teilnehmer, Brevet allemand n° 189.835 ; 1906.

## XV

Les acides minéraux liquides de toute nature, ainsi que la chlorure de soufre sont soumis aux prescriptions suivantes :

1° Quand ces produits sont expédiés en touries, bouteilles ou cruches, les récipients doivent être hermétiquement fermés, bien emballés et enfermés dans des caisses spéciales ou bannettes munies de poignées solides pour en faciliter le maniement.

Quand ils sont expédiés dans des récipients de métal, de bois ou de caoutchouc, ces récipients doivent être hermétiquement joints et pourvus de bonnes fermetures.

2° ....

3° Les prescriptions 1 et 2 s'appliquent aussi aux vases dans lesquels les dits objets ont été transportés. Ces vases doivent toujours être déclarés comme tels.

## XVI

La lessive caustique (lessive de soude caustique, lessive de soude, lessive de potasse caustique)..., sont soumis aux prescriptions spécifiées sous le n° XV 1 et 3 (à l'exception de la disposition du 2 citée au 3).

En ce qui concerne l'emballage avec d'autres objets voir le n° XXXV.

### Applications des alcalis caustiques

Bien que les usages de la potasse et de la soude caustiques soient moins nombreux que ceux de l'acide sulfurique ou du carbonate de sodium, les passer en revue correspondrait à une étude presque complète de la chimie industrielle.

Il faut signaler, en première ligne, la fabrication des savons qui constitue le plus gros débouché des alcalis caustiques et, à côté, la production de certains désincrustants pour chaudières, lesquels ne sont, en somme, que des savons de basse qualité. La fabrication de la pâte de bois, tout au moins pour certaines variétés de cellulose, les industries organiques : préparation des produits chimiques ou pharmaceutiques, matières colorantes, etc., en consomment également de grandes quantités.

L'obtention des produits présentant un groupement phénolique est le plus important. On fait, en général, le dérivé sulfoné, mono ou polysubstitué et on le fond avec de la soude caustique ; signalons : le phénol $C^6H^5OH$, la résorcine $C^6H^4(OH)^2$, la pyrocatéchine $C^6H^4(OH)^2$, les naphtol α et β $C^{10}H^7(OH)$ et surtout les différentes oxyanthraquinones, plus ou moins substituées, qui constituent les nombreuses variétés d'alizarine (alizarine type $C^{14}H^6O^2(OH)^2$).

Notons en passant que l'anthraquinone se fait par oxydation de l'anthracène au moyen du mélange chromique, l'acide chromique passant à l'état de sulfate de chrome. La régénération de l'acide chromique par oxydation du sulfate de chrome au moyen d'électrodes en plomb est une opération bien établie (p. 35) et l'on peut admettre que la plus grande partie de l'anthraquinone est ainsi préparée par voie électrolytique indirecte.

La fabrication du sodium, qui se fait uniquement par le procédé Castner plus ou moins modifié, électrolyse de la soude fondue, constitue à l'heure actuelle un important débouché pour la soude caustique et dans la préparation de l'indigo, notamment, elle peut être remplacée par l'amidure de sodium.

Les cyanures, le peroxyde et l'amidure de sodium, dont l'utilisation va chaque jour en augmentant, correspondent à une consommation de plus en plus grande de sodium et par conséquent de soude caustique.

Enfin de nombreuses industries utilisent journellement de grandes quantités d'alcalis, signalons : le blanchiment et le mercerisage du coton, le décapage des vieilles peintures, le dégraissage des métaux, les opérations accessoires du nickelage, du cuivrage, la fabrication des hydrates et oxydes métalliques et d'un grand nombre de produits chimiques : hypochlorites, chromates, permanganates, acide oxalique, etc.

# CHAPITRE XV

## UTILISATION DE L'HYDROGÈNE

L'hydrogène est un sous-produit dont la valeur n'est pas négligeable, bien que, dans la plupart des cas, elle ait été, jusqu'à présent, considérée comme telle. Ses applications sont nombreuses et deviennent chaque jour de plus en plus importantes.

Le calcul de la quantité produite est facile à effectuer. L'équation générale de l'électrolyse du chlorure de sodium est la suivante :

$$2NaCl + 2H^2O = 2NaOH + Cl^2 + H^2.$$

D'après cela, théoriquement, pour 80 grammes de soude, on obtient un volume moléculaire de chlore, soit 22,412 litres à 0° et 760 mm. et autant d'hydrogène. Soit par tonne de soude, 280 mètres cubes de chacun des deux gaz.

La soude commerciale à 70/72, renferment 90-92 p. 100 NaOH, comme cette soude est produite avec un rendement inférieur à 90 p. 100, tandis qu'il est sensiblement théorique pour l'hydrogène, on peut admettre qu'à une tonne de soude commerciale, correspond 280 mètres cubes, soit 25 kilogrammes d'hydrogène, au minimum.

En calculant sur ces bases on peut compter 600 mètres cubes d'hydrogène par kilowatt-an. Il y a lieu de faire observer que dans la fabrication de ce gaz par électrolyse directe de la soude caustique, on obtient beaucoup plus, mais dans ce cas la tension aux bornes peut être réduite à 2,2 — 2,3 volts et d'autre part les dépenses accessoires d'énergie électrique sont moins importantes. Dans l'électrolyse de la soude on obtient également de l'oxygène, qui est en réalité le produit le plus intéressant, mais, par suite des procédés d'extraction basés sur la distillation de l'air liquide, son prix est considérablement tombé, de sorte que l'hydrogène doit supporter à lui seul les frais de la fabrication ; aussi l'avenir de cette industrie semble-t-elle fortement compromise, ce qui peut engager les fabricants de soude à recueillir leur hydrogène.

On peut ranger en deux catégories les applications de l'hydrogène ;

dans la première il est livré au commerce en nature, dans la seconde il est utilisé sur place.

La vente du gaz présente, il est vrai, un gros inconvénient, du fait du capital important nécessité, non par la compression elle-même, mais en raison du stock considérable de tubes qui est nécessaire pour satisfaire aux besoins de la clientèle, car ils sont souvent immobilisés pendant un temps assez long.

Ces tubes, dans lesquels le gaz est comprimé généralement à 150 kilogrammes par $cm^2$ et qui sont timbrés à 250, coûtent assez cher et leur entretien est onéreux.

L'établissement de ces tubes, leur entretien, leur remplissage sont soumis à un certain nombre de prescriptions en raison des dangers qu'ils peuvent présenter. Il en est de même pour le transport. Le transport international par voies ferrées est réglementé par la convention internationale du 14 octobre 1890 (p. 192).

En raison de ces difficultés et des frais qui en résultent, il est donc préférable de chercher sur place l'utilisation de l'hydrogène.

Les applications commerciales de l'hydrogène sont le gonflement des aérostats et la production des hautes températures (soudure autogène, perçage et tranchage des tôles épaisses, etc...).

L'aérostation militaire nécessitera toujours pour le service en campagne, l'emploi des tubes ou de procédés permettant de fabriquer directement l'hydrogène sur place, mais les parcs d'aérostation soit militaires, soit civils pourraient avantageusement être placés dans le voisinage immédiat des usines de soude électrolytique. Les progrès de la navigation aérienne place cette question au premier plan de l'actualité et l'on vient précisément d'installer à Trosly-Breuil un parc aéronautique pour la construction et le remisage des dirigeables du type *Bayard-Clément*.

De même la fabrique de dirigeables allemands du type *Parceval* a été installée à Bitterfeld où se trouvent plusieurs fabriques importantes de soude électrolytique.

La production de l'ensemble des usines exploitant les procédés de la « Chemische Fabrik Griesheim-Elektron » peut atteindre journellement quarante mille mètres cubes et pendant l'exposition d'aérostation de Francfort en 1909, l'usine de Griesheim pouvait fournir jusqu'à mille mètres cubes d'hydrogène par jour.

La fabrication de l'acide chlorhydrique fut également mise en avant. Il y a évidemment là une grosse question d'économie industrielle. Comme nous l'avons vu, le procédé Leblanc a tenu contre le procédé Solvay en raison de l'acide chlorhydrique qu'il était seul à fabriquer.

Sans vouloir présager de l'avenir, il est possible d'admettre l'hypothèse de la suppression du procédé Leblanc, mais cette éventualité ne pourrait se réaliser qu'à la dernière extrémité en raison de la moins-value du chlore passant à l'état d'acide chlorhydrique.

Nous avons décrit précédemment (p. 64) le dispositif de la Volta permettant de recueillir l'hydrogène et de le transformer en gaz chlorhydrique destiné à l'acidification du liquide anodique. Un autre dispositif de brûleur a été indiqué par G. Lévi et E. Migliorini (1).

La réaction entre les deux gaz se produit régulièrement en les faisant passer sur du charbon de bois (2).

Une autre application consisterait à combiner l'hydrogène obtenu à de l'azote pour le transformer en ammoniaque. D'après M. Ph.-A. Guye, les soixante mille chevaux employés à la fabrication de la soude électrolytique permettaient de produire par an 39.000 tonnes de sulfate d'ammoniaque (3).

Enfin l'hydrogène peut être utilisé comme combustible ; étant donné son pouvoir calorifique de 34.000 calories, on voit qu'à la fabrication d'une tonne de soude, correspond la mise en disponibilité d'au moins 850.000 calories, correspondant à plus de 100 kilogrammes de houille.

Le gaz ne peut être utilisé directement, sauf pour la soudure autogène, mais il peut être mélangé avec d'autres gaz (gaz pauvre, gaz à l'eau, etc.) ce qui permet de l'employer soit pour le chauffage, soit pour la force motrice, en regagnant ainsi une partie de l'énergie.

Signalons également le mode d'utilisation ou de récupération consistant à l'utiliser dans la cuve même pour la réduction de l'oxyde de cuivre (Holland, p. 134) de façon à diminuer la tension aux bornes, la formation d'ammoniaque (Kellner, p. 151), ou de produits organiques (Kellner, p. 151).

(1) G. Lévi et E. Migliorini. *Gazetta. Chim. Italiana*, t. 37, p. 123 ; 1907.
(2) H. et W. Pataky, Brevet français n° 296.740 ; 1900.
(3) Ph. A. Guye, *Bull. Soc. chim*. Conférence du 24 mai 1909 ; p. XVI.

# CHAPITRE XVI

## PRIX DE REVIENT



### Evaluation du prix de revient.

L'établissement du prix de revient est la question vitale de toute industrie et si pour certaines, le calcul de ce prix est relativement simple, cela
n'est généralement pas le cas de la plupart des industries chimiques, en
raison du nombre et de la complexité des opérations, d'autant plus que la
valeur intrinsèque du produit fabriqué est à peu près seule en jeu et
qu'enfin, rentre en ligne de compte un facteur, souvent très important, le
rendement.

Cependant, pour des industries bien connues, comme c'est le cas de la
distillerie, de la sucrerie, de la fabrication de l'acide sulfurique, etc.,
on arrive à calculer, d'une façon très précise et à l'avance, le capital nécessaire à l'établissement de l'usine et le prix de revient du produit fabriqué.

Ces calculs résultent de la comparaison avec des installations en fonctionnement et il est relativement simple d'établir les facteurs de modification d'un point à un autre.

Le cas est beaucoup plus difficile pour les industries électrochimiques
dans lesquelles les difficultés semblent se multiplier à plaisir, aussi un certain nombre d'évaluations, établies généralement au moment de lancer
une société, sont-elles fantaisistes.

Les évaluations sérieuses diffèrent elles-mêmes, considérablement, de
l'une à l'autre et prêtent aisément à la critique.

Un certain nombre de mémoires ont été publiés au sujet du prix de
revient de la soude électrolytique, signalons entre autres :
Cross et Bevan (1), Haeussermann (2), Borchers (3), Seibert (4),
Moynot (5).

(1) Cross et Bevan, *Journ. Soc. Chem. Ind.*, t. 11, p. 963 ; 1892.
(2) Haeussermann, *Zeitsch f. Elektrochem*, t. 2, p. 21 ; 1895.
(3) Borchers, *Zeitsch. f. Elektrochem*, t. 3, p. 114 ; 1896.
(4) H. Seybert, *Elektrochemische Zeitschrift*, t. 8, p. 167 ; 1901.
(5) Moynot, *Moniteur Scientifique*, 4e Série, t. 21, p. 396 ; 1907.

## Prix de l'énergie électrique.

Le prix de l'énergie électrique est naturellement un facteur de première importance dans la fabrication de la soude électrolytique ; il peut varier dans les plus grandes limites. D'une façon générale, l'emploi des chutes d'eau permet d'arriver à un prix de beaucoup inférieur à celui auquel on peut prétendre en utilisant le charbon sous toutes ses formes, soit par l'intermédiaire des moteurs à vapeur, soit par l'intermédiaire des moteurs à gaz.

Il faut admettre, pour une discussion générale, que la puissance utilisée est de l'ordre de grandeur de 1.000 kilowatts, au moins. Pour de petites installations le prix arrive à être beaucoup plus élevés et, à côté des conditions locales, dépend surtout du rendement beaucoup plus mauvais des appareillages de faible puissance.

Dans le prix de l'énergie électrique produite par le charbon, on peut discuter l'emploi des moteurs à vapeur et celui des moteurs utilisant les divers types de gaz actuellement employés (gaz pauvre, gaz à l'eau, gaz de haut-fourneau, etc.).

Ce prix de l'énergie est fonction des données suivantes :

1° Intérêt et amortissement des frais d'installation : Achat du terrain, constructions (facteurs extrêmement variables), générateurs, moteurs, dynamos (facteurs plus constants et de beaucoup les plus importants) ;

2° Main d'œuvre ;

3° Entretien, graissage, etc...

4° Dépense de combustible.

M. Haller a établi, dans son *Rapport sur l'exposition de 1900* (Classe 87, Arts chimiques et Pharmacie), d'après les données de M. Hannon, directeur technique des Établissements Solvay, une échelle des prix dans les différents cas qui peuvent se présenter.

En admettant une houille pour chauffage industriel, qualité moyenne, d'une puissance calorifique de 7.500 calories, on obtient disponibles, dans la vapeur produite (rendement 65 0/0), 4.875 calories.

D'autre part, une machine à vapeur consomme par heure et par cheval-effectif, avec un rendement de 85 à 87 0/0, 7 kilogrammes de vapeur à la pression de 12 kilogrammes, soit 4.641 calories.

La consommation de charbon par cheval-heure effectif est de :

$$\frac{4.641}{4.875} = 0 \text{ kgr. } 95,$$

soit pour un cheval-an (360 j. de 24 heures), 8.208 kilogrammes. En se basant sur ces dépenses et en admettant que le total des dépenses fixes (intérêt et

amortissement, main-d'œuvre, entretien, graissage, etc.) soit de 79 fr. 50
par cheval-an, on trouve, en faisant varier le prix (1) de la houille, les
valeurs comprises dans le tableau XXXVIII comme prix de revient du cheval-an, du kilowatt-an et du kilowatt-heure. Pour déterminer ces dernières valeurs nous admettons un rendement de 90-91 p. 100 pour la transformation de l'énergie mécanique en énergie électrique, soit un kilowatt
pour 1,5 cheval ; le rendement peut d'ailleurs être amplifié pour les fortes
puissances et atteindre 95-96 p. 100.

## TABLEAU XXXVIII

*Prix de l'énergie électrique.*

| Houille — La tonne | Cheval-an | Kw.-an | Kw.-heure |
|---|---|---|---|
| 10 fr. | 161 fr. 58 | 242 fr. 37 | 0 fr. 028 |
| 15 | 202 62 | 303 95 | 0 035 |
| 20 | 243 66 | 365 49 | 0 042 |
| 30 | 325 74 | 488 61 | 0 056 |
| Chute d'eau | 40 à 80 fr. | 60 à 120 fr. | 0,007 à 0 fr. 014 |

Le prix de l'énergie varie également non seulement avec la puissance
de l'installation, mais également avec la puissance des unités de l'installation. Clausel de Coussergues dans un article bien documenté sur l'état de
la fabrication de l'acier au four électrique (2) donne comme dépense de
vapeur :

    10 kgs p. kilowattheure pour un groupe de   500 kw.
     9 kgs      —          —   1.000 —
     7 kgs      —          —   3.000 — *(Turbine)*

La substitution d'un groupe de 1.500 kw. à deux de 750 pouvant amener, suivant certains praticiens, une économie de 30 0/0.

En ce qui concerne les moteurs alimentés par différents types de gaz, le
total des dépenses fixes serait plus élevé, mais la dépense de combustible
serait beaucoup plus faible et pourrait être dans certains cas diminuée de
plus de moitié. L'emploi des gaz de haut-fourneaux qui avait fait grand bruit
vers 1900 ne paraît pas avoir donné les résultats que l'on en attendait et

(1) En France le prix de vente moyen a été, au carreau de la mine, de 15 fr. 50 la
tonne en 1906.
(2) Clausel de Coussergues. *Revue de Métallurgie*, t. VI, p. 661 ; 1909.

la fabrication de la soude que l'on envisageait alors comme un accessoire de la fabrication du fer ne s'est pas développée dans cette direction.

Il est évident que la fabrication de l'acier électrique qui s'étend considérablement à l'heure actuelle y aura mieux sa place.

La récupération des sous-produits semble également favoriser l'emploi des moteurs à gaz et c'est ainsi que les procédés Mond sont utilisés à l'usine de Weston-Point (Angleterre) et à l'usine de Gijon (Espagne), cette dernière non encore en marche normale. D'après Ph.-A. Guye (1) l'énergie électrique ainsi obtenue reviendrait à 75 francs le cheval-an, en supposant le combustible à 12,50 francs la tonne, au lieu de 100 à 125 francs par l'intermédiaire de la vapeur.

Si nous considérons l'énergie électrique produite au moyen des chutes d'eau, il y aura lieu de tenir compte dans l'estimation du prix de revient des données suivantes :

1° Intérêt et amortissement des frais d'installation : Achat de la chute et des terrains, aménagement du canal et de la conduite forcée (facteurs extrêmement variables et généralement les plus importants), turbines, dynamos ;

2° Main-d'œuvre ;

3° Entretien, graissage, etc...

Dans les Alpes, on peut admettre que le prix de revient du cheval-an aux turbines varie de 40 à 80 francs, ce qui remet le kilowatt-an de 60 à 120 francs et le kilowatt-heure de 0 fr. 007 à 0 fr. 014.

On a pu, il est vrai, prétendre, au début de l'utilisation des chutes d'eau, à des prix plus faibles, mais on ne peut y compter pour l'établissement d'un prix de revient. C'est ainsi que le calcul classique du prix de l'énergie, à Vallorbes, 30 francs le kilowatt-an (20 francs le cheval-an) (2) ne peut entrer en ligne de compte. L'usine de Vallorbes (Suisse) où fut établie la première fabrication électrochimique, chlorate de potassium, par le procédé Gall, est dans des conditions toutes spéciales et elle profita de ce qu'à l'époque les chutes d'eau n'avaient pas de valeur, puisqu'elle fut aménagée une des premières. Le prix de 10 francs par cheval comme achat de la chute et du terrain ne se présente évidemment plus et si, en Norvège, un prix inférieur à 30 francs le kilowatt-an peut encore être pris en considération, il ne s'applique qu'aux chutes d'une très grande puissance ou particulièrement éloignées des centres de consommation.

M. G. Dettmar (3), Secrétaire Général de l'Association des Électriciens

(1) Ph. A. Guye, *Bull. Soc. Chim.* Conférence du 24 mai 1909.
(2) G. de Bechi, *Dictionnaire de Wurtz*, 2ᵉ supplément, t. III, p. 428.
(3) G. Dettmar, *Elektrotechnische Zeitsch.*, t. 29, p. 1195 ; 1908.

allemands (Verband Deutscher Elektrotechniker), au cours d'une importante réunion tenue au sujet d'un projet d'impôt sur l'Électricité, admet qu'en Allemagne le prix de l'énergie électrique varie de 62 fr. 50 à 250 fr. le kilowatt-an.

### Discussion du prix de revient.

Parmi les estimations que nous avons signalées précédemment, retenons celle de Haeussermann et celle de Moynot pour les analyser. La première est classique en Allemagne, l'auteur de la seconde a dirigé, pendant plusieurs années, une usine de soude électrolytique.

L'évaluation de Haeussermann se rapportait à une production journalière de cinq tonnes de soude caustique (à 96 p. 100) et 12,5 tonnes de chlorure de chaux à 35 p. 100. Lunge estime que ce chiffre est un peu élevé et qu'il serait préférable de prendre 11 tonnes, soit 2,2 tonnes de chlorure de chaux par tonne de soude ; Moynot, admet 2,1 tonnes et le Dr. Lepsius, 2,4 (p. 248).

Il y a lieu de remarquer que dans son relevé, Haeussermann a oublié de tenir compte de l'emballage de la soude, dont il a discuté la valeur au paragraphe correspondant.

Cette erreur a été souvent reproduite par ceux qui se sont occupés de la question. Nous l'avons corrigée, en même temps que nous avons ramené tous les chiffres à une tonne de soude pour les comparer avec ceux de Moynot (Tableau XXXIX).

### TABLEAU XXXIX

*Prix de revient de la soude électrolytique ramené à une tonne de soude (90 p. cent NaOH) et deux tonnes et demie de chlorure de chaux (35 p. cent Cl).*

| | Haeussermann | | Moynot |
|---|---|---|---|
| Énergie | 115 fr. 20 | | 36 |
| Chlorure de sodium | 30 | » | 60 |
| Charbon | 22 | 50 | 50,4 |
| Coke | — | | 20,4 |
| Chaux | 28 | 12 | 31,8 |
| Emballage (soude) | 15 | » | 20 |
| Embal. (chlorure de chaux) | 53 | 12 | 50 |
| Main-d'œuvre | 45 | 62 | 80 |
| Réparation | 43 | 75 | 76 |
| Amortissement | 57 | 44 | 55 |
| Total | 410 | 45 | 473,0 |

*Énergie utilisée.* — La différence entre les deux évaluations est énorme ; on voit, *a priori*, que celle de Haeussermann se rapporte à l'emploi du charbon et celle de Moynot à l'emploi d'une chute d'eau.

Haeussermann admet un rendement du courant de 80 p. 100 sous une tension de 3,5 volts et une concentration de 80 gr. NaOH par litre.

Ces valeurs sont modifiables, comme nous l'avons vu, suivant la marche des appareils, réglée par les conditions locales et la méthode employée ; seule la tension aux bornes paraît difficile à améliorer.

Pour fabriquer 5.000 tonnes de soude par jour il faut, dans les conditions précitées, 832 chevaux-électriques, soit 915 chevaux-mécaniques (en admettant un rendement de 91 p. 100).

En ajoutant 85 chevaux pour les moteurs, etc., cela fait une puissance de 1.000 chevaux pour une production journalière de 5.000 kilogrammes de soude.

Les deux évaluations étant ramenées à l'énergie électrique afin de comparer les résultats, on trouve qu'il faut, d'après Haeussermann, pour une tonne de soude, une dépense d'énergie correspondant à 0,408 kilowatt-an ; soit 2,45 tonnes de soude par kilowatt-an.

D'après Moynot, il faut, pour une tonne de soude, 0,432 kw-an ; soit 2,3 tonnes par kw-an. G. Dettmar (*loc. cit.*) accepte 2,2 tonnes de soude et 6 tonnes de chlorure de chaux. Ce dernier chiffre est un peu fort, comme nous l'avons vu précédemment. Enfin Lepsius donne comme moyenne, pour l'ensemble des usines marchant par le procédé Elektron : 3,6 tonnes de chlorure de chaux et 1,5 tonne de soude par cheval-an.

Pour nos discussions, nous admettrons qu'un kilowatt-an correspond à 2,2 tonnes de soude et 5,5 tonnes de chlorure de chaux ; soit 2.25 tonnes de chlorure de chaux par tonne de soude.

Cette évaluation comprenant l'énergie totale utilisée dans l'usine, soit 85 à 90 p. 100 pour l'électrolyse et 10 à 15 environ pour les services accessoires ; pompes, agitateur, moteurs, éclairage, etc.

*Sel marin.* — Les estimations des deux auteurs sont ici extrêmement différentes. Haeussermann admet une perte de chlorure de sodium de 10 p. 100 calculée sur le chiffre théorique et accepte par tonne de soude 1.600 kilogrammes à 18 fr. 75. Moynot estime qu'il faut 2.000 kilogr. de sel à 95 p. 100 ce qui correspond à une perte de 30 p. 100.

*Charbon.* — Il n'est tenu compte ici que du charbon nécessaire à l'évaporation des lessives et à la fusion finale.

Haeussermann estime qu'il faut 500 kilogrammes pour amener à l'état de lessive de densité 1,45, puis 1.000 kilogrammes pour la concentration finale et la fusion, soit en tout 1.500 kilogrammes.

Le prix du charbon est admis à 15 francs la tonne.

L'estimation de Moynot est beaucoup plus élevée : pour les deux concentrations, 1.800 kilogrammes à 24 francs et pour la fusion 600 kilogrammes de coke à 34 francs.

*Chaux.* — Haeussermann et Moynot admettent, le premier 1.500 kilogrammes de chaux à 18 fr. 75, le second 1.300 kilogrammes à 24 francs.

*Emballages.* — Haeussermann accepte comme prix pour les cylindres en tôle destinés à la soude caustique : 15 francs par tonne et pour les fûts en bois destinés au chlorure de chaux : 21 fr. 25 par tonne, soit 53 fr. 12. L'estimation de Moynot est peu différente : 20 francs et 30 francs.

*Main-d'œuvre.* — Haeussermann admet 18 fr. 75 pour la fabrication (préparation des solutions, remplissage et vidange des électrolyseurs, fonctionnement des monte-jus, manœuvres, etc.).

Se basant sur les évaluations classiques de Lunge (1), en ce qui concerne la caustification de la soude à l'ammoniaque, il accepte 1 fr. 125 pour la concentration de 100 kilogrammes de soude (évaporation, fusion et emballage). En ce qui concerne le chlorure de chaux, il prend la moitié de ce qui est admis pour le procédé Weldon, car il n'y a pas à tenir compte de la machinerie, des chaudières et d'autre part, la main-d'œuvre est diminuée du fait de l'emploi des appareils mécaniques pour la fabrication. Il compte donc finalement 0 fr. 625 par 100 kilogrammes (Fabrication et emballage du chlorure de chaux).

Le total de ces divers frais est de 45 fr. 62. Moynot admet presque le double.

*Réparations.* — Haeussermann ne compte pas, dans ce paragraphe et le suivant, ce qui a trait à l'énergie électrique. Le prix de l'amortissement et des réparations entrant déjà dans le prix de revient. Pour le reste, il admet 1 fr. 25 par 100 kgs, de produit fabriqué, ce qui fait pour 3.500 kgs, 43 fr. 75. Moynot admet sans discussion 70 francs.

*Amortissement.* — Haeussermann compte 12.000 mètres carrés de surface de bâtiments à 37,5 francs (450.000 francs) et 50.000 francs pour réservoirs d'eau, cheminée, clôtures, soit un total de 500.000 francs amortissables en vingt ans.

Pour le matériel restant : bains, appareils d'évaporation, chambres à chlorure, ateliers, etc., il compte 750.000 francs, amortis en dix ans, soit un total annuel de cent mille francs (25.000 + 75.000), ce qui fait 57.14 francs par tonne de soude.

M. Moynot ne parle pas d'amortissement. Il est vraisemblable que c'est ce qu'il compte sous la rubrique : frais généraux. La somme de 55 francs

---

(1) Lunge. *Traité de la fabrication de la soude* (Traduction Kielen).

en accord avec le chiffre de Haeussermann serait beaucoup trop faible s'il s'agissait du total de l'amortissement et des frais généraux proprement dits.

Le prix de revient ainsi établi est donc de 410 fr. 45, pour M. Haeussermann et 473 francs pour M. Moynot. Il convient d'y ajouter les frais généraux : appointements, frais de bureaux, impôts, assurances diverses, etc... dont le total est évalué le plus souvent à 25 p. 100 du prix de revient. On arrive ainsi, en arrondissant les chiffres, à 525 francs dans l'hypothèse de Haeussermann et 600 francs dans celle de Moynot. Rappelons que ces valeurs se rapportent à une tonne de soude et deux tonnes et demie de chlorure de chaux.

Les deux évaluations sont donc très différentes l'une de l'autre et laissent une large place pour la discussion.

En prenant comme base les cours commerciaux actuels, à Paris, et admettant, comme nous l'avons fait précédemment, pour une tonne de soude (à 90 p. 100 NaOH) 2,5 tonnes de chlorure de chaux, la valeur de cet ensemble est de :

| | |
|---|---|
| 1 tonne de soude . . . . . . . . . | 292,5 |
| 2,5 t. de chlorure de chaux . . . . . . | 387,5 |
| | 680,0 |

Ce qui donne pour le prix de vente de la tonne-mixte soude-chlorure de chaux 194,3 francs.

Cette estimation se rapporte aux cours du commerce par 100 kgs, à Paris; la valeur des produits par quantité et à pied d'œuvre est beaucoup plus faible.

D'après ces cours l'évaluation de Moynot (171 fr. 4 pour la tonne-mixte) est beaucoup trop élevée.

D'après Dettmar ces valeurs seraient, en Allemagne, de 212 fr. 5 pour la tonne de soude et 87 fr. 5 pour le chlorure de chaux, ce qui remet la tonne-mixte, calculée sur les mêmes bases que précédemment, à 123,2 francs environ, prix notablement inférieur à l'évaluation de Haeussermann elle-même (150 francs).

Remarquons d'autre part que dans toutes ces estimations il n'est pas tenu compte de la valeur de l'hydrogène.


## Prix de vente.


Le prix de vente par quantités importantes peut varier considérablement suivant les clauses du marché ou de l'adjudication. Pour la vente en gros le prix est réglé annuellement par les syndicats.

Nous donnons, (tableau XL) les cours commerciaux par 100 kilogrammes à Paris, du chlorure de chaux et des alcalis caustiques.

## TABLEAU XL

*Cours du chlorure de chaux et des alcalis caustiques*
(par cent kilogrammes)

| | Chlorure de chaux | Soude caustique | | | Potasse caustique |
|---|---|---|---|---|---|
| | | 60/62 | 70/72 | 73/76 | 74/76 |
| | fr. | fr. | fr. | fr. | fr. |
| 1894 | 24,50 | 27 » | 29,50 | 32 » | 46,50 |
| 1895 | 23 » | 25 » | 27,50 | 30 » | 46,50 |
| 1896 | 22 » | 23,50 | 26 » | 28,50 | 47,50 |
| 1897 | 21 » | 23 » | 25,50 | 28 » | 47 » |
| 1898 | 19,50 | 24 » | 26,50 | 29 » | 42,50 |
| 1899 | 17,50 | 22,75 | 25,25 | 27,75 | 47,50 |
| 1900 | 17,50 | 26,75 | 25,25 | 31,75 | 58 » |
| 1901 | 20,50 | 27,75 | 30,25 | 32,75 | 53,50 |
| 1902 | 18,50 | 26,25 | 28,75 | 31,25 | 46,50 |
| 1903 | 14,50 | 26,25 | 28,75 | 31,25 | 46 » |
| 1904 | 11 » | 26,25 | 28,75 | 31,25 | 42 » |
| 1905 | 13 » | 25 » | 27,50 | 30 » | 45 » |
| 1906 | 14 » | 25 » | 27,50 | 30 » | 47,50 |
| 1907 | 15 » | 26,25 | 28,75 | 31,25 | 53,50 |
| 1908 | 15,50 | 26,75 | 29,25 | 31,75 | 52,50 |
| 1909 | 15,50 | 26,75 | 29,25 | 31,75 | 52,50 |

Le cours de la soude est assez constant, celui du chlorure de chaux est au contraire très variable et, si la forte baisse constatée en 1904 résulte quelque peu des procédés électrolytiques, la surproduction du chlore n'en est pas la cause immédiate.

## Tarifs des douanes.

Le tarif douanier français a été établi par la loi du 11 janvier 1892 modifiée par un certain nombre de lois ultérieures. Il comporte le *tarif général* et le *tarif minimum*, lequel pourra être appliqué aux marchandises originaires des pays qui feront bénéficier les marchandises françaises d'avantages corrélatifs et qui leur appliqueront leurs tarifs les plus réduits (Tableau XLI).

Les colonies françaises ont un tarif spécial variable pour chacune d'elles. Les états étrangers ont dans la plupart des cas un tarif analogue à celui du tableau XL et portant sur les mêmes produits. Aucun des produits précités ne paie d'entrée en Angleterre. La Suisse a un tarif spécial, de 0 fr. 50 par kilogramme, sur le chlore liquide.

# TABLEAU XLI

*Extrait du tarif des douanes françaises*

(par 100 kgs brut (B) ou net (N).

| Numéro d'ordre | Fabrications | Tarif | |
|---|---|---|---|
| | | Général | Minimum |
| 242 | Potasse et carbonate de potasse. . | Exempt | Exempt |
| 246 | Soude caustique (1). . . . . . | B. 8 » | B. 6 50 |
| 251 | Sel marin, sel de saline et sel gemme (2) . . . . . . . . | | |
| | Sel marin, bruts ou raffinés autre que blancs . . . . . . . . | B. 2 40 | — |
| | Sel marin, raffinés blancs. . . . | B. 3 30 | — |
| 264 | Chlorates de potassium . . . . | N. 38 » | N. 32 » |
| | — de sodium, de baryum et autres . . . . . . . . . | N. 38 » | N. 32 » |
| — | Permanganate de potassium (3) . | N. 55 » | N. 35 » |
| 265 | Chlorure de chaux (1) . . . . | B. 4 50 | B. 3 50 |
| | — de potassium. . . . . | Exempt | Exempt |

(1) Y compris la taxe de compensation des frais de surveillance des fabriques de soude.
(2) Non compris la taxe intérieure de consommation.
(3) Loi du 10 juillet 1897.

CHAPITRE XVII

## ETAT ACTUEL DE L'INDUSTRIE DES ALCALIS ELECTROLYTIQUES

Difficultés de la statistique. — France. — Allemagne. — Angleterre. — Autriche. — Belgique. — Espagne. — Etats-Unis. — Italie. — Russie. — Suisse. — Influence de l'industrie des matières colorantes.

### Difficultés de la statistique

La question statistique est très délicate à traiter. Vers l'année 1900, il existait une statistique générale des industries électrochimiques, tout au moins en ce qui concernait les produits importants. Cette statistique était assez exacte du fait que beaucoup d'usines venaient de se monter et la plupart dans le but de faire un seul produit, soit aluminium, soit carbure, soit chlorate, etc.

Peu à peu, en raison de la concurrence, de la limitation de production exigée par les syndicats, un certain nombre d'usines se mirent à faire non pas un seul, mais plusieurs produits ; enfin, les sociétés qui jusque-là, publiaient assez facilement des renseignements d'ordre général sur ce que l'on peut appeler *le classique des procédés*, cédant à un mouvement très étendu, se mirent à refuser les indications les plus élémentaires. D'autre part, la fabrication de certains produits est très irrégulière suivant les cours, la demande, etc., et quelques usines mieux achalandées que d'autres leur repassent en seconde main les commandes qu'elles ne peuvent pas effectuer.

Ces difficultés font que la plupart du temps les données fournies sont erronées. Si, d'une façon générale, les chiffres publiés sur la puissance électrique consommée par différentes usines sont corrects si l'on envisage la production totale, ils ne le sont plus si l'on considère les différentes fabrications. Certaines statistiques attribuent successivement à chacun des produits fabriqués la puissance totale de l'usine. Parmi les chiffres que nous donnons, à titre d'indication, quelques-uns, peut-être, ne se rapportent pas exclusivement à la fabrication des alcalis.

En ce qui concerne la statistique des produits fabriqués on peut prendre, comme évaluation de base qu'une usine de 1.500 chevaux ou 1.000 kilowatts, services accessoires compris, fabrique annuellement 7.700 tonnes de produits, soit 2.200 tonnes de soude caustique (à 70-72

p. cent Na²O) et 5.500 tonnes de chlorure de chaux (à 35 p. cent de chlore) ou des quantités correspondantes d'autres produits, potasse (3.200 tonnes de potasse caustique à 74/76 p. cent K²O), chlore liquide, dérivés chlorés, etc. Soit par mille kilowattjours, 6 tonnes de soude et 15 tonnes de chlorure de chaux.

D'après M. Ph. A. Guye la puissance totale absorbée par les usines de soude électrolytique est de soixante mille chevaux.

La consommation faite dans un pays, d'un produit déterminé, est assez difficile à évaluer lorsque ce pays en fabrique une partie. Il est par contre aisé de se documenter sur l'importance du commerce extérieur, exportation et importation, d'après les statistiques des services de douanes.

Nous donnons dans le tableau XLI ces documents relatifs au chlorure de chaux et à la soude caustique pour notre pays, d'après le Tableau général du Commerce publié chaque année par la Direction des Douanes. Les chiffres expriment les poids nets relatifs au Commerce général. Pour la soude, depuis 1893 les exportations dépassent les importations et l'excès, après avoir crû rapidement jusqu'en 1900, est resté sensiblement stationnaire. C'est depuis cette époque également que la soude électrolytique existe sur le marché français, sa production, également constante, est de l'ordre de grandeur de deux à trois mille tonnes.

## TABLEAU XLII

*Commerce extérieur de la soude et du chlorure de chaux*
(en tonnes)

|  | Soude | | Chlorure de chaux | |
|---|---|---|---|---|
|  | Exportation | Importation | Exportation | Importation |
| 1891 | 351 | 1.432 | 4.619 | 834 |
| 1892 | 857 | 1.760 | 7.877 | 884 |
| 1893 | 2.399 | 1.879 | 8.345 | 675 |
| 1894 | 2.879 | 2.141 | 9.004 | 807 |
| 1895 | 3.982 | 2.117 | 9.450 | 1.070 |
| 1896 | 5.667 | 2.245 | 9.336 | 1.872 |
| 1897 | 5.680 | 2.212 | 11.140 | 1.492 |
| 1898 | 4.762 | 2.332 | 11.336 | 1.134 |
| 1899 | 6.467 | 1.622 | 12.390 | 1.697 |
| 1900 | 15.665 | 1.381 | 13.867 | 1.678 |
| 1901 | 16.750 | 1.931 | 13.857 | 2.135 |
| 1902 | 11.030 | 1.042 | 16.736 | 3.157 |
| 1903 | 10.844 | 742 | 8.234 | 827 |
| 1904 | 11.234 | 1.015 | 6.732 | 1.512 |
| 1905 | 11.812 | 817 | 8.981 | 965 |
| 1906 | 12.675 | 614 | 10.162 | 593 |
| 1907 | 14.945 | 733 | 10.497 | 306 |

(1) Ph. A. Guye, *Bull. Soc. Chim*, Conférence du 24 mai 1909 ; p. XVI.

Le commerce du chlorure de chaux est relativement moins important et les fluctuations ont été plus marquées au cours des dernières années.

La production, en France, du chlorure de chaux provenant du chlore électrolytique est annuellement de 4.000 tonnes. L'excès du chlore est transformé en hypochlorites alcalins et en dérivés chlorés.

Ces points établis, nous allons passer en revue la liste des différentes usines produisant des alcalis électrolytiques.

## France

A. — Société industrielle des produits chimiques.
Usine de Lamotte-Breuil (Oise), 1900.
Procédé Elektron.
Puissance : 2.000 chevaux (vapeur).
B. — Société anonyme « La Volta ».
Usine de la Plombière à Mont-Girod, près Moutiers (Savoie), 1900.
Procédé Outhenin-Chalandre.
Puissance : 800 chevaux (chute d'eau).
L'usine était prévue pour douze-quinze mille chevaux, une partie seulement est installée. l'énergie est utilisée à la fabrication d'autres produits et à la vente directe.
C. — Parmi les usines qui firent des essais en grand, on durent à un certain moment monter des procédés, à l'exclusion des grandes usines de produits chimiques dont nous avons déjà parlé, il y a lieu de citer :

La Société des soudières électrolytiques qui établit, en 1898, le procédé Hulin à l'usine des Clavaux (Isère). Ce procédé avait été étudié au préalable dans la papeterie Mathussière frères et Forrest, à Modane. Après la dissolution de la Société, usine et procédés furent achetés par la Société d'Electrochimie qui abandonna ensuite la fabrication de la soude et emploie actuellement cette usine à la fabrication du sodium et des composés qui en dérivent.

La Société d'Electrochimie fit également des essais sur un appareil de recherches, avec diaphragme, dans son usine de St-Michel-de-Maurienne (Savoie).

La Compagnie générale d'Electrochimie, fondée par la Société de Fives-Lille avec le concours de l'Allgemein Elektrizitäts Gesellschaft de Berlin, installa l'usine de Bozel. qui primitivement devait fabriquer le chlore et la soude par le procédé Elektron. Aucune suite ne fut donnée au projet, mais il en est résulté que l'usine de Bozel, qui fabrique carbure de calcium et ferrosilicium, est équipée en courant continu.

L'usine de Saint-Béron (Isère) devait aussi, lors de sa fondation, fabriquer chlore et soude. Ici également, dès la première heure, une impulsion tout à fait différente fut donnée par la Société à son usine.

Une installation d'essai du procédé Townsend est en montage à l'usine Lafbéry à Chauny (Aisne) et deux ou trois usines sont en projet à l'heure actuelle.

## Allemagne

Les différents modes d'électrolyse des solutions de chlorure sont représentés, en Allemagne, chacune par un procédé ; le plus répandu est celui à diaphragme de la Griesheim-Elektron.

Voici ce qu'écrivait à son sujet le Pr. Lunge (1) :

« A la suite d'un brevet obtenu par Hœpfner (2), en 1884, trois sociétés industrielles (Matthes et Weber à Duisburg, Kunheim et C°, à Berlin, et la Chemische Fabrik de Griesheim, à Francfort-sur-le-Mein), auxquelles s'adjoignirent deux maisons particulières, fondèrent une association pour l'étude d'un procédé de fabrication électrolytique du chlore et de la soude caustique. Les premières recherches furent faites par M. Fabian, associé de la maison Matthes et Weber. M. Fabian étant mort en 1885, la Chemische Fabrik de Griesheim fit continuer les recherches pour le compte de l'association. Elles aboutirent à un projet d'usine, qui fut mis à exécution vers la fin de 1888. L'usine en question fut établie à Griesheim près de l'ancienne manufacture, et disposait, dès le début, d'une force motrice de 200 chevaux. Elle fut mise en marche dans le courant de l'année 1890, et, depuis lors, n'a cessé de fonctionner à aucun moment. En 1892, elle fut même doublée ».

« Ce premier succès fut décisif. M. J. Stroof, qui avait dirigé depuis 1888 l'usine de Griesheim, fut chargé, en 1892, par la société « Chemische Fabrik Elektron », d'une nouvelle entreprise dont il est encore actuellement le directeur. En matière d'électrotechnique, on sait que l'économie de force motrice est un point d'importance capitale. Les chutes d'eau naturelles étant assez rares en Allemagne, on ne pouvait songer à établir une usine hydraulique. Mais on trouva à Bitterfeld (Saxe) un gisement de houille de qualité médiocre, il est vrai, mais d'un extrême bon marché (3). La construction de l'usine de Bitterfeld fut entreprise en 1893 sa mise en marche date de 1894, et sa production a été doublée en 1893. Les procédés de la société « Elektron » seront exploités sous peu dans deux usines d'Allemagne et dans deux autres en construction à l'étranger

(1) Lunge, *Zeitsch. f. angew. Chem.*, p. 517 ; 1896.
(2) Hœpfner, brevet allemand n° 30.222, 1884 ; brevet français n° 162.537 ; 1884.
(3) L'énergie électrique y revient moitié moins cher qu'à Griesheim.

pour le compte de la même société. M. Strooff présenta, en 1891, un rapport détaillé sur les détails de cette entreprise, dont les produits figuraient à l'exposition de Chicago en 1893 ».

En 1898, la « Chemische Fabrik Elektron » et la Chemische Fabrik Griesheim furent réunies en une société : « Chemische Fabrik Griesheim-Elektron », au capital de 9.000.000 de marks (11.250.000 francs) dont 4.500.000 francs furent apportés par « l'Allgemeine Elektricitäts Gesellschaft » de Berlin. Cette société fabrique des produits chimiques de toutes sortes dans ses usines de Griesheim, Bitterfeld, Rheinfelden, Küpperstey, Spandau et Mainthal. Les trois premières usines sont plus spécialement consacrées à la fabrication des produits par voie électrochimique : alcalis caustiques, chlorure de chaux, chlore liquide, hydrogène, phosphore jaune et rouge, magnésium, sodium, chromates et permanganates. Les usines de Bitterfeld et Rheinfelden, qui avaient autrefois fabriqué du chlorate de potassium ont dû abandonner cette fabrication.

En outre les procédés de la « Chemische Fabrik Griesheim-Elektron » pour la fabrication des alcalis sont utilisés dans un certain nombre d'usines allemandes et notamment dans les usines de la Badische Anilin- und Soda-Fabrik qui prépare par ce procédé la soude caustique dont elle use de grandes quantités en raison de sa forte production de matières colorantes et qui possède l'avantage d'avoir l'utilisation de son chlore dans la fabrication de l'indigo artificiel. Le procédé « Elektron » est en exploitation en France à Lamotte-Breuil (Oise). Il est également exploité en Espagne, en Russie et en Suisse.

D'après le Pr. B. Lepsius (1), Directeur de la Société, l'ensemble des usines fonctionnant par ce procédé correspond à une puissance de 33.000 chevaux pouvant donner annuellement 50.000 tonnes de soude caustique et 120.000 tonnes de chlorure de chaux.

A. — Chemische Fabrik Griesheim-Elektron.
1° Usine de Griesheim près Francfort, 1884.
Procédé Elektron.
Puissance : 1.600 chevaux (vapeur).
2° Usine de Bitterfeld (Saxe), 1896.
Procédé Elektron.
Puissance : 3.000 chevaux (vapeur).
B. — Elektrochemische Werke.
1° Usine de Bitterfeld (Saxe), 1894.
Procédé Elektron.
Puissance : 3.000 chevaux (vapeur).

(1) B. Lepsius. *Berichte deutsch. Chem. Gesells.*, t. 42 p. 2892 ; 1909.

2° Usine de Reinfelden (Bade), 1894.

Procédé Elektron.

Puissance : 3.500 chevaux (chute d'eau).

L'Elektrochemische Werke a été fondée en 1894 par l'Allgemein Elektrizitätsgesellschaft de Berlin. Malgré la fusion dans la Griesheim-Elektron elle a conservé une certaine autonomie, de nom tout au moins.

C. — Badische Anilin- und Soda-Fabrik.

Usine de Ludwigshafen (Bade).

Procédé Elektron.

Puissance : 3.300 chevaux (vapeur).

La « Badische » fondée en 1865 est actuellement la plus importante fabrique de matières colorantes et probablement de produits chimiques du monde entier. Contrairement à la plupart des usines allemandes, elle fabrique la soude de préférence à la potasse ; à côté du chlore liquide, de l'hypochlorite de sodium, elle prépare par électrolyse un certain nombre de produits intermédiaires.

Parmi ses installations les plus remarquables, il y a lieu de citer celles du chlore liquide, de l'anhydride sulfurique et de l'indigo.

On peut se rendre compte de l'importance des services de cette société d'après une communication faite par son directeur, le D$^r$ von Brunck, dans une réunion organisée par l'Association des Electriciens allemands (Verband Deutscher Elektrotechniker) au sujet d'un projet d'impôt sur l'électricité (1). La production annuelle d'électricité y serait d'environ 34 millions de kilowattheures, ce qui représente la consommation d'une ville de l'importance de Nüremberg. Cette quantité d'énergie se rapporte à l'ensemble : électrolyse, force motrice, éclairage, etc., elle correspond à une puissance, *en marche continue* de quatre mille kilowatts, soit une puissance effective comprise, au moins, entre le double et le triple.

La « Badische » possède une succursale à Neuville-sur-Saône (Rhône).

D. — Consolidirte Alkaliwerke.

Usine de Westeregeln (1897).

Procédé Elektron.

Puissance : 1.300 chevaux (vapeur).

La Consolidirte Alkaliwerke Aktiengesellschaft fut fondée en 1871 pour l'exploitation d'une concession saline. Elle fabrique les sels de potasse depuis 1875. L'installation de l'usine électrolytique date de 1897. Un point intéressant à noter est que la société retirait électrolytiquement le brome des eaux mères de la fabrication du chlorure de potassium. Elle a rem-

1) D$^r$ von Brunck. *Elektrotechnische Zeitschrift*, t. 29, p. 1209; 1908.

placé depuis quelques années ce procédé par l'emploi d'un courant de chlore, ce qui permet de voir plus facilement la fin de l'opération et d'obtenir ainsi un produit plus pur sans excès de chlore. Elle en produit 700 tonnes par an.

E. — Deutsche Solvaywerke.

Usine d'Osternienburg (1896).

Procédé Solvay.

Puissance : 1.500 chevaux (vapeur).

La Deutsche Solvaywerke fut fondée en 1885 pour l'exploitation d'une concession saline. Elle possède un certain nombre d'usines ; l'installation électrolytique d'Osternienburg fut établie en 1896, elle est à 25 kilomètres de la saline de Bernburg et à 30 kilomètres de la mine de charbon de Roschwitz. Elle fabrique chlore liquide, chlorure de chaux, potasse et soude.

F. — Salzberwerke Neustassfurt.

Usine de Zscherndorf près de Bitterfeld (Saxe).

Méthode avec circulation.

Puissance :        (?)        (vapeur).

La Salzbergwerke Neustassfurt dont le siège social est à Lœderburg, près de Stassfurt (Saxe), fut fondée en 1877 pour l'exploitation d'une concession saline ; elle fabrique les sels de potasse depuis 1885, son installation électrolytique date de 1900.

G. — Aktiengesellschaft für Anilin-Fabrikation.

Usine de Greppin près Bitterfeld (Saxe).

Méthode avec circulation.

Puissance :        (?)        (vapeur).

L'Aktiengesellschaft für Anilin-Fabrikation, dont le siège est à Berlin, fut fondée en 1873 et est actuellement une importante fabrique de matières colorantes.

H. — Aktiengesellschaft für Saccharin-Fabrikation.

Usine de Westerhüsen près Magdebourg (Saxe).

Méthode avec circulation.

Puissance :        (?)        (vapeur).

Cette société est l'ancienne maison Fahlberg, List et Cie, qui lança la saccharine.

Comme nous l'avons dit, il n'a été publié aucune indication sur la puissance individuellement employée par ces trois dernières sociétés pour la fabrication des alcalis électrolytiques. La puissance totale est de 1.000 chevaux environ.

I. — Farbwerke ci-devant Meister, Lucius et Brüning à Hœchst sur le Main.

Usine de Gersthofen près Augsburg, 1907.

Procédé Solvay.

Puissance :　　(?)　　(chute d'eau).

La Société fondée en 1862 fut placée depuis 1880 sous la raison sociale actuelle. Elle fabriqua d'abord les matières colorantes : fuchsine, vert à l'aldéhyde, alizarine, etc., puis les matières premières et entrepris la fabrication des produits chimiques et pharmaceutiques, notamment l'antipyrine. C'est également cette société qui lança la *tuberculine* de Koch et le *sérum antidiphtérique* de Behring. Elle possède une succursale à Creil (Oise) (Compagnie parisienne des couleurs d'aniline), dans laquelle elle fabrique de l'indigo artificiel.

La Société après avoir établi dans son usine de Hœchst l'acide sulfurique par les procédés de contact, vient d'installer l'usine de Gersthofen (1) pour la fabrication de chlore et d'alcalis électrolytiques ; aucune indication n'a été publiée sur l'aménagement de cette usine.

J. — Elektrochemische Werke Ammendorf (Filiale de la Chemische Fabrik Buckau près Magdebourg).

Usine d'Ammendorf près de Halle sur Saale, (Saxe).

Procédé Elektron.

Puissance : ? (vapeur).

K. — La Vereinigte Chemische Fabrik de Leopoldshall (Saxe), fondée en 1872 pour la fabrication des sels de potasse monta le procédé Spilker et Lœwe (2), caractérisé par l'emploi d'un diaphragme en papier parchemin recouvert d'une couche d'oxychlorures alcalinoterreux (p. 86) obtenue en ajoutant à l'auolyte 2 0/0 de chlorure de calcium ou de magnésium. Procédé qui fut rapidement abandonné.

## Angleterre

A. — Castner Kellner Alkali Company.

1º Usine de Weston-Point, près de Runcorn (Cheshire), 1898.

Procédé Castner.

Puissance : 5.000 à 7.000 chevaux (gaz Mond).

2º Usine de Wallsend (Newcastle), 1906.

Procédé Castner.

Puissance : 2.000 chevaux.

Les essais du procédé Castner furent faits à Oldbury dans l'usine de

(1) Lucion. *Elektrolytische Alkalichloridzerlegung mit flüssigen Metallkathoden*, 1906.

(2) Spilker, Brevet français nº 185.894 ; 1887.
Knœfler, Spilker et Lœwe, brevet allemand nº 49.627 ; 1888.
Spilker et Lœwe, brevet français nº 192.593 ; 1888.

l'Aluminium Company. L'usine de Weston-Point fondée en 1895-1897, est équipée avec moteurs à gaz.

B. — Electrolytic Alkali Company.

Usine de Middlewich (Cheshire), 1901.

Procédé Hargreaves-Bird.

Puissance : 3.000 chevaux (vapeur).

## Autriche

A. — Bœsnische Elektrizitäts Aktien-Gesellschaft.

Usine de Jaïce (Bosnie), 1900.

Procédé Kellner.

Puissance : 1.000 chevaux (chute d'eau).

L'usine hydraulique de Jaïce, outre la puissance ci-dessus consacrée à la soude, fabrique également du carbure de calcium.

Le Consortium für elektrochemische Werke, de Nuremberg, est une filiale de cette société.

B. — OEsterreichischer Verein für Chemische und Metallurgische Produktion.

Usine de Aussig (Bohême), 1899.

Procédé à cloche.

Puissance : 2.000 chevaux (vapeur).

Cette société est une des plus importantes du continent européen elle occupait en 1900, 3.350 ouvriers dont les trois quarts dans l'usine d'Aussig. Elle fabrique à côté de la potasse et de la soude, du permanganate de potassium électrolytique.

C. — C'est dans l'usine de Golling, près Hallein (Salzbourg), appartenant à la Société The Kellner Partington Paper Pulp Co que furent faits les essais des procédés Kellner, aussi bien en ce qui concerne la fabrication des alcalis caustiques par la méthode au mercure, que la fabrication directe des solutions d'hypochlorite. La puissance utilisée à cet effet était de 400 chevaux.

## Belgique

Solvay et Cie.

Usine de Jemeppe-sur-Sambre, 1898.

Procédé Solvay.

Puissance : 1.500 chevaux (vapeur).

L'importance de la maison Solvay est suffisamment connue pour qu'il soit inutile de donner aucun détail à son sujet.

L'usine de Jemeppe, située à proximité du bassin houillier de Charleroi, a été construite en 1897-1898. Elle fabrique potasse, soude et chlorure de chaux.

## Espagne

A. — Sociedad Electroquimica.
Usine de Flix-sur-l'Ebre (Tarragone), 1900.
Procédé Elektron.
Puissance : 2.000 chevaux (chute d'eau).
B. — Sociedad anonyma Electra del Besaya.
Usine de Barcena (Santander), 1901.
Procédé Outhenin Chalandre.
Puissance : 1.200 chevaux (chute d'eau).
C. — Cia general de productos quimicos del Aboño.
Usine de Gijon (Oviedo).
Procédé Hargreaves-Bird.
Puissance :      (?)      (gaz Mond).

Dans cet atelier on doit fabriquer, paraît-il, le carbonate de sodium par le procédé Hargreaves-Bird et traiter ensuite ce produit par la chaux pour obtenir la soude caustique ! On n'y a fait que des essais et il doit être fermé à l'heure actuelle.

## Etats Unis d'Amérique

A. — Burgess Sulphide Wood Pulp Co.
Usine de Berlin-Falls, 1900.
Procédé Le Sueur.
Puissance : 700 chevaux (chute d'eau).
B. — New-York and Pensylvania Co.
Usine de Johnsonburg.
Procédé Mac Donald.
Puissance : 2.000 chevaux.
C. — Dow Process Co.
Usine de Middland (Michigan).
Procédé Dow.
Puissance :      (?)      (vapeur).
D. — Acker Process Co.
Usine de Niagara-Falls, 1899.
Procédé Acker.
Puissance : 4.000 chevaux (chute d'eau).
E. — Development and Funding Co.

Usine de Niagara-Falls, 1906.

Procédé Townsend.

Puissance : 2.000 chevaux (chute d'eau).

La puissance utilisée par l'usine a été récemment doublée en élevant l'intensité fournie aux appareils de 2.500 à 4.000 Ampères et cette puissance sera bientôt portée à 5.000 chevaux par l'addition d'une batterie d'appareils à 6.000 Ampères.

Contrairement au principe de la fermeture absolue des usines adopté dans les industries électro-chimiques, la Development and Funding C° laisse visiter ses ateliers et lors du 15ᵉ Meeting de l'American Electrochemical Society une excursion fut organisée à son usine de Niagara.

F. — Mathieson Alkaliworks Castner.

Usine de Niagara-Falls, 1898.

Procédé Castner-Kellner.

Puissance : 6.000 chevaux (chute d'eau).

G. — Roberts Chemical Co.

Usine de Niagara-Falls.

Procédé Roberts.

Puissance : 500 chevaux (chute d'eau).

Fermée à l'heure actuelle.

H. — Pensylvania Salt Co.

Usine de Wyandotte (Michigan).

Procédé au mercure.

Puissance :            (?)            (gaz).

I. — Le procédé Rhodin a été installé en 1901, à Sault-Sainte-Marie (Ontario), sur la rive canadienne, par l'American Alkali Co avec une puissance de 2.000 chevaux (chute d'eau) mais l'usine n'a fonctionné que pendant dix-huit mois.

## Italie

A. — Societa Elettrica ed Elettrochimica del Caffaro.

Usine de Caffaro.

Procédé            (?)

Puissance :            (?)            (chute d'eau).

B. — Societa Elettrochimica Italiana.

Usine de Bussi (Aquila).

Procédé Outhenin-Chalandre.

Puissance : 2.000 chevaux (chute d'eau).

L'usine de Piano d'Orte fabrique du carbure de calcium qui est transformé à Bussi en cyanamide, ammoniaque et sulfate d'ammoniaque.

C. — Curletti et Erba.
Usine de Brescia, 1907.
Procédé Solvay.
Puissance :        (?)        (chute d'eau).

## Russie

A. — Lubimoff, Solvay et Cie.
Usine de Lissitchansk (Donetz).
Procédé Solvay.
Puissance : 1.500 chevaux.
B. — Elektrochemische Werke Bitterfeld.
Usine de Zomkowitz.
Procédé Elektron.
Puissance 1.200 chevaux (vapeur).
C. — Gesellschaft Russki Elektron.
Usine de Slaviansk.
Procédé Elektron.
Puissance :        (?)

## Suisse

A. — Volta Suisse.
Usine de Chèvres.
Procédé Outhenin-Chalandre.
Puissance : 1.200 chevaux (chute d'eau).
B. — Société pour l'Industrie chimique à Bâle.
Usine de Monthey (Valais).
Procédé Elektron.
Puissance :        (?)        (chute d'eau).
L'usine de Monthey a subi de nombreuses vicissitudes, elle fut fermée
à plusieurs reprises ; en dernier lieu, appartenant à la Fabrique de pro-
duits électrochimiques elle préparait divers produits minéraux et organi-
ques chlorés : trichlorure, pentachlorure, oxychlorure de phosphore,
chlorure d'acétyle, etc. Elle vient d'être achetée par la Société pour l'Industrie chimique à la suite de sa fusion avec la Société bâloise de produits chimiques et doit être équipée notamment pour la fabrication des
matières premières destinées à la production annuelle de 600 tonnes
d'indigo.
Cette Société possède une usine à Saint-Fons près de Lyon.
C. — Société anonyme « la Cuprosa ».
Usine de Bex (Valais).

Procédé Granier.

Puissance : 200 chevaux (chute d'eau).

La Société a pour but la fabrication du sulfate de cuivre, de l'acide chlorhydrique et de la soude caustique.

## Influence de l'Industrie des matières colorantes.

La fabrication de la soude caustique était autrefois exclusivement anglaise et pendant longtemps la caustification classique de la soude Leblanc, son évaporation dans les immenses bassines, encore employées aujourd'hui, ne se répandit pas sur le continent. En raison du développement de la soude à l'ammoniaque, la puissance de la maison Solvay lui permit d'entreprendre cette fabrication.

Le principal emploi de la soude était la fabrication des savons, les autres usages n'en représentaient qu'une faible portion. Le développement de l'industrie chimique organique, c'est-à-dire la fabrication des produits pharmaceutiques et surtout des matières colorantes, exigea la production de plus en plus grande de la soude caustique. Parallèlement à l'industrie des matières colorantes, les applications de l'industrie électrique prenaient un essor prodigieux amenant une chute sensible dans son prix de revient ; d'objet de luxe elle devint objet d'usage courant.

C'est alors que le mirage des chutes d'eau amena en France une pression d'opinion considérable en faveur de la soude électrolytique.

Nous avons étudié les trois raisons mises en avant pour expliquer le peu de succès de la soude électrolytique.

Si la question de l'appareillage, celle de la surproduction du chlore et enfin celle de la nécessité de faire des solutions étendues pour avoir un rendement du courant acceptable ont pu empêcher dans une certaine mesure les sociétés s'occupant de grande industrie chimique de se lancer dans cette aventure, arrêter même certaines sociétés déjà fondées en les engageant à changer leur fabrication, on peut se demander pourquoi ces mêmes raisons n'ont pas empêché la soude électrolytique de se développer dans d'autres pays.

Comme nous l'avons dit, elle est très florissante en Allemagne ; même en Italie et en Espagne les usines établies, sans faire, paraît-il, de bien brillantes affaires, tout au moins dans le dernier pays, trouvent le moyen de vivre. Il faut donc ajouter une autre raison primordiale : c'est que chez nous le besoin de soude et de chlore ne se faisait pas sentir.

L'Espagne et l'Italie, important la majeure partie de leurs produits chimiques pouvaient se risquer dans cette affaire et produire ainsi pour leur consommation propre.

Chez nous une grande partie de la consommation était produite sur place et les usines locales appartenant à un nombre extrêmement restreint de gros producteurs, purent satisfaire à la demande sans avoir à changer leur matériel et leurs procédés.

Parallèlement à la consommation nationale, le chiffre des exportations de soude caustique qui s'était considérablement accru pendant les dernières années du XIX° siècle resta stationnaire pendant les premières années du XX° (Tableau XLII) au moment précisément où, les usines électrolytiques ayant réuni leurs capitaux s'apprêtaient à s'installer et même à fonctionner.

Ce qui a donc arrêté chez nous l'essor de la soude électrolytique, ce n'est pas la surproduction du chlore, mais la surproduction de soude, qui se serait produite si les usines prévues avaient fonctionné et marché à pleine charge et d'où devait nécessairement découler, mais en second lieu, la surproduction du chlore ; d'autant plus que pour celui-ci également, les exportations tendaient à décroître.

C'est évidemment ce point qui arrêta certaines sociétés et les engagea à se retourner d'un autre côté avant l'installation complète des usines.

La question était tout autre en Allemagne, comme nous allons le voir.

Aux États-Unis d'Amérique, le développement relatif n'y est pas aussi important en raison de leur étendue et de leur commerce.

Qu'est-ce qui emploie des alcalis caustiques ? Comme nous l'avons vu, actuellement c'est, après la fabrication des savons, celle des produits pharmaceutiques et surtout celle des matières colorantes qui s'est développée depuis trente ans d'une façon extraordinairement intense.

La garance n'existe plus que de nom (sauf pour la fabrication de certaines laques qui en usent encore une quantité infime). Le principe colorant : l'alizarine, exige l'emploi de la soude caustique pour sa fabrication ; son commerce annuel représente *vingt-cinq millions de francs*.

L'indigo naturel est en passe de disparaître au point qu'une grande partie de la fabrication artificielle est expédiée au Japon, en Chine, en Indo-Chine.

La fabrication de l'indigotine synthétique demande du chlore, de la soude et pour certains procédés de l'hypochlorite de sodium ; son commerce annuel dépasse actuellement *soixante millions de francs*.

Quant au *campêche*, si son principe colorant n'est pas fabriqué synthétiquement, on cherche de plus en plus à lui substituer des produits artificiels ; en ce qui concerne la teinture du coton, les colorants dits « sulfurés » prennent chaque jour une extension plus grande et le principal d'entre eux a pour point de départ le benzène chloré. Le commerce annuel des noirs sulfurés atteint *vingt-cinq millions de francs*.

La garance, l'indigo, le campêche, étaient les trois grands colorants naturels.

A l'heure actuelle, le commerce des colorants artificiels se chiffre annuellement par centaines de millions et seule, l'industrie électrique a eu un essor aussi prodigieux.

Cette industrie des colorants artificiels exige des alcalis caustiques, beaucoup d'alcalis caustiques, elle exige du chlore, elle exige de l'anhydride sulfurique.

Lorsqu'il y a quelques années la « Badische Anilin- und Soda-Fabrik » exposa ses procédés catalytiques pour la fabrication de l'anhydride sulfurique, la suppression à brève échéance des chambres de plomb pour la fabrication de l'acide sulfurique semblait un fait accompli et cependant elles fonctionnent et fonctionneront encore pendant longtemps chez nous. Les procédés dits *de contact*, intéressants pour l'acide anhydre, l'étant beaucoup moins pour les acides commerciaux à 66° B. ou à 53° Baumé.

Tous ces changements, tous ces besoins nouveaux sont donc l'œuvre de l'industrie des matières colorantes.

Qui eût dit, il y a une trentaine d'années, que cette petite industrie des matières colorantes artificielles, de ce que l'on appelait avec dédain les *colorants d'aniline*, au point que l'appellation en est restée et qu'elle s'applique toujours aux couleurs fugaces..., qui eût dit que cette petite industrie devait un jour imposer ses volontés à ce que l'on désignait sous le nom de *grande industrie chimique*.

Il est certain qu'actuellement l'enseigne est à retourner et que l'industrie des matières colorantes est à proprement parler la *grande industrie chimique*.

Si la France fabrique à l'heure actuelle une certaine quantité des produits pharmaceutiques dont nous parlions tout à l'heure, elle ne fabrique pas de matières colorantes ou du moins si peu qu'il vaut mieux ne pas en parler. C'est pour cela qu'elle n'a pas besoin d'alcalis électrolytiques, pas plus qu'elle n'a besoin de chlore ou d'anhydride sulfurique.

La seule usine électrolytique qui reste parmi les cinq ou six que l'on devait monter il y a dix ans, venant se joindre aux deux fabriques de soude caustique et aux sept fabriques d'hypochlorite de soude ou de chlorure de chaux déjà existantes, a suffi chez nous pour correspondre à l'accroissement de consommation.

Une autre considération permet encore de comprendre pourquoi l'industrie des alcalis électrolytiques devait normalement se développer en Allemagne et pourquoi, même en admettant que si l'industrie des matières colorantes reprenait un jour chez nous la place à laquelle elle a droit, en considérant simplement la consommation nationale, l'industrie des alcalis électrolytiques et surtout de la potasse ne marcherait pas nécessairement de pair.

Examinons les sociétés allemandes fabriquant des alcalis électrolytiques et nous voyons qu'un certain nombre ne sont autres que des concessionnaires des importants gisements salins de Stassfurt, fabriquant antérieurement les sels de sodium, de potassium, les alcalis, etc. Cette remarque pourrait être étendue à d'autres pays que l'Allemagne, en ce qui concerne le chlorure de sodium.

L'Allemagne tient donc le marché des matières colorantes, elle possède les gisements de Stassfurt et à côté de ceux-ci d'importantes mines de charbon. Mauvais charbon, comme le faisait remarquer il y a une douzaine d'années le Pr. Lunge, mais cette remarque a de moins en moins d'importance par suite de l'emploi de plus en plus général des gazogènes, aussi bien pour le chauffage que pour la production de force motrice.

A ce triple point de vue économique, l'Allemagne était donc bien placée pour le développement de l'industrie des alcalis électrolytiques.

En ce qui concerne notre pays, remarquons pour terminer, que les usines dont nous parlions précédemment et qui n'ont osé entreprendre la fabrication du chlore et des alcalis électrolytiques, ou y ont renoncé, se sont retournées d'un autre côté, notamment vers l'électro métallurgie et à l'heure actuelle nous sommes vraisemblablement en tête des nations si nous considérons l'ensemble des produits chimiques et métallurgiques fabriqués au moyen de la houille blanche : chlorate, aluminium, acier carbure, ferrosilicium.

Ce rang nous sera disputé d'ici peu par la Norvège et ici encore l'industrie des matières colorantes aura fait sentir son influence pour activer la mise en servitude des formidables chutes d'eau de ce pays.

Comme l'anhydride sulfurique, l'acide nitrique est un produit essentiel de la fabrication des colorants ; la presque totalité étant retirée, jusqu'à présent, du nitrate de sodium du Chili. Les nombreux travaux entrepris depuis un certain nombre d'années, ont conduit, entre autres, à l'installation en Norvège du procédé Birkeland et Eyde, basé sur la combinaison à haute température, dans un four électrique, de l'oxygène et de l'azote de l'air. Les résultats obtenus ont été concluants et ont amené un mouvement d'opinion considérable de ce côté.

A la Société Norvégienne de l'Azote, qui pourra disposer d'une puissance de plus de 100.000 chevaux, dont 40.000 sont déjà installés à l'usine de Nottoden, est venu s'adjoindre un puissant syndicat de matières colorantes, composé des sociétés suivantes :

Badische Anilin- und Soda-Fabrik (Mannheim).
Farbenfabrik ci-devant F. Bayer et Cⁱᵉ (Elberfeld).
Aktiengesellschaft für Anilinfabrikation (Berlin).

Ce syndicat exploitera, en compte à demi avec la Société Norvégienne de l'Azote, une modification du procédé Birkeland et Eyde dû à Schönherr ; il pourra disposer de 400.000 chevaux et d'ici peu une usine pouvant disposer d'une puissance nette de 80.000 kilowatts sera installée à Saaheim.

Naturellement tout l'acide nitrique obtenu ne servira pas uniquement à l'usage personnel de l'industrie des matières colorantes, mais il entrera en concurrence directe avec le nitrate du Chili pour la fabrication des produits explosifs et l'emploi comme engrais, ce dernier de beaucoup le plus important puisque sur les deux millions de tonnes de nitrate importé en 1908 de l'Amérique du Sud, il constitue à lui seul les quatre cinquièmes.

Lorsque l'on examine la fabrication de ces produits, on se rend rapidement compte de l'influence énorme que les théories physico-chimiques ont eu sur les procédés en marche ou encore à l'étude. Dans un cadre plus restreint on peut en dire autant, d'après ce que nous avons exposé, en ce qui concerne la fabrication de la soude, en particulier, et celle des autres produits fabriqués avec le concours de l'Electricité, en général. Si dans toutes ces questions, l'empirisme a pu conduire à des découvertes intéressantes, celles-ci n'ont eu leur effet réel et utile que lorsqu'elles ont pu être complétées par l'étude théorique, conduisant à l'examen des questions de détail et permettant, en élevant les rendements de l'opération, de rendre leur application industrielle.

# TABLE DES MATIÈRES

# TABLE DES AUTEURS CITÉS DANS L'OUVRAGE

# TABLEAUX

# TABLE DES FIGURES